T0225081

Die Leistungssteigerung des menschlichen Gehirns

Nicola Erny · Matthias Herrgen
Jan C. Schmidt
(Hrsg.)

Die Leistungssteigerung des menschlichen Gehirns

Neuro-Enhancement
im interdisziplinären Diskurs

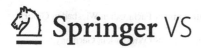 Springer VS

Herausgeber
Nicola Erny
Darmstadt, Deutschland

Jan C. Schmidt
Darmstadt, Deutschland

Matthias Herrgen
Darmstadt, Deutschland

Das Diskursprojekt ELSA (Ethical Legal and Social Aspects) wurde an der Hochschule Darmstadt durchgeführt; der vorliegende Band wurde u.a. aus Projektmitteln (BMBF-Förderkennzeichen 01GP1173) für Publikationszuschüsse finanziert.

h_da

.....::::::
....::::::|||| **HOCHSCHULE DARMSTADT**
....::::::|||||| **UNIVERSITY OF APPLIED SCIENCES**

ISBN 978-3-658-03682-9   ISBN 978-3-658-03683-6   (eBook)
https://doi.org/10.1007/978-3-658-03683-6

Die Deutsche Nationalbibliothek verzeichnet diese Publikation in der Deutschen Nationalbibliografie; detaillierte bibliografische Daten sind im Internet über http://dnb.d-nb.de abrufbar.

Springer VS

Gedruckt auf säurefreiem und chlorfrei gebleichtem Papier

Springer VS ist ein Imprint der eingetragenen Gesellschaft Springer Fachmedien Wiesbaden GmbH und ist ein Teil von Springer Nature
Die Anschrift der Gesellschaft ist: Abraham-Lincoln-Str. 46, 65189 Wiesbaden, Germany

Inhalt

Einleitung und Horizontbestimmung

Nicola Erny, Matthias Herrgen, Jan C. Schmidt

1 Leistungssteigerung in der Leistungsgesellschaft

Der rasante Fortschritt der Biomedizin, der Neurowissenschaften und der Neuro-
pharmakologie hat das menschliche Gehirn erreicht – und damit auch die Kognition und Psyche des Menschen. So sind die biomedizintechnologischen Möglichkeiten der Leistungssteigerung des Menschen nicht mehr auf den Körper
beschränkt, sondern erstrecken sich auch auf das „Innerste" des Menschen und
seiner personalen Identität: sein Denken und Fühlen, Entscheiden und Handeln.
Neuroenhancement, also die Stimulierung und Verbesserung kognitiver Fähigkeiten – wie Denkfähigkeit, Gedächtnis, Aufmerksamkeit, Konzentration und
Wachheit – ist etwa durch „Ritalin" und „Modafinil" möglich, die eigentlich zur
Therapie von pathologischen Aufmerksamkeitsstörungen entwickelt wurden.
Durch die Einnahme des Arzneistoffes „Fluoxetin"[1], der in der Therapie als
Antidepressivum eingesetzt wird, kann eine Stimmungsverbesserung erreicht
werden, die wiederum der Steigerung der geistigen Leistungsfähigkeit dient.
Zudem verbessert es das Wohlbefinden. In den USA, aber auch in anderen Län-
dern, wird „Ritalin" auch ohne klinische Symptome – im so genannten „off-
label-use" – eingenommen, mit dem Ziel, die Gedächtnis- und Aufmerksamkeitsleistungen zu verbessern.

Zwei Entwicklungen verdeutlichen die Aktualität der gesellschaftlichen wie
ethischen Problematik: (1) *Nachfrageseite:* Spätmoderne Wissensgesellschaften
sind Leistungsgesellschaften, die zur Sicherung ihrer Chancen, insbesondere der
internationalen Wettbewerbsfähigkeit, eine hohe Leistungsbereitschaft und -fä-
higkeit von ihren Arbeitnehmern und Führungspersonen erwarten. So gilt eine

---

1   US-Handelsname „Prozac", in Deutschland z.B. „Fluctin".

© Springer Fachmedien Wiesbaden GmbH, ein Teil von Springer Nature 2018
N. Erny et al. (Hrsg.), *Die Leistungssteigerung des menschlichen Gehirns*,
https://doi.org/10.1007/978-3-658-03683-6_1

Verbesserung der Leistungsfähigkeit als wünschenswert und als notwendig. (2) *Angebotsseite:* Die biomedizintechnologische Entwicklung kann diesem Bedarf zunehmend entsprechen. Eine deutliche Leistungssteigerung des menschlichen Gehirns durch neuropharmakologische Präparate ist möglich, wird erprobt oder sogar schon durchgeführt.

Die gegenwärtige Konvergenz von Nachfrage- und Angebotsseite eröffnet ein gesellschaftliches wie individuelles Problemfeld, das Dringlichkeit aufweist und zu ethischen wie politischen Entscheidungen drängt: Soll eine pharmakologische bzw. biomedizintechnische Verbesserung des Funktionsniveaus und der Leistungsfähigkeit des Menschen verstärkt herbeigeführt oder eher gebremst werden? Kann bzw. soll eine Grenze gezogen werden zwischen bereits alltäglich gewordenen konventionellen Mitteln der Leistungssteigerung bzw. der kognitiven Veränderung, wie der Konsum von Kaffee, Alkohol oder Zigaretten, einerseits, und neueren neuropharmakologischen Präparaten andererseits? Welcher Zustand des Wahrnehmens, Denkens, Fühlens und Entscheidens soll als gegeben hingenommen und welcher als veränderbar angesehen werden? Wie kann mit der hohen Eigendynamik der Leistungsgesellschaft umgegangen werden? Welche Gestaltungsoptionen sollten genutzt werden? – Die Entwicklung der modernen Lebenswissenschaften fordert somit zu einer „Grenzziehung im Zeitalter der Entgrenzung" heraus; eine „Grenzpolitik" wird notwendig, die nicht nur technische und wissenschaftliche, sondern insbesondere auch gesellschaftliche und ökonomische Dimensionen umfasst, so Ulrich Beck und Christoph Lau.

Die Herausgeber des vorliegenden Buches haben zu dieser Problemstellung ein Diskursprojekt („brave new brain") im Rahmen des ELSA-Programms des Bundesministeriums für Bildung und Forschung konzipiert und realisiert. Das Projekt sollte einen fundierenden Beitrag zur Stützung und Stärkung individueller und gesellschaftlicher Wahrnehmungs-, Urteilsbildungs- und Entscheidungsprozesse im Angesicht einer weitreichenden biomedizinisch-pharmakologischen Technikentwicklungslinie leisten – nämlich die Ermöglichung und Fortentwicklung von Neuroenhancement. Damit schloss das Projekt an Konzepte und Verfahren der Technikfolgenabschätzung (TA) und der Innovations- und Technikanalyse (ITA) an, die im gesellschaftlichen Schnittfeld von Wissenschaft, Technik, Politik und Wirtschaft zu lokalisieren sind. Einige der Autoren dieses Sammelbandes waren als Redner oder Diskutanten in das „brave new brain"-Projekt eingebunden; zur Erweiterung des disziplinären Spektrums wurden zudem weitere Wissenschaftlerinnen und Wissenschaftler eingeladen, die Bedingungen, Wirkungen und möglichen Folgen des Neuroenhancements in gesellschaftlicher und ethischer Hinsicht zu beleuchten.

2 Zu den Beiträgen

Das vorliegende Buch ist in drei Sektionen gegliedert. *Zugänge und Perspektiven* (Teil I) eröffnet das Buch mit Phänomen- und Gegenstandsanalysen sowie Reflexionen zentraler Begriffe und Definitionen, verbunden mit empirischen Studien zum Neuroenhancement. *Motive, Felder, Kontexte* (Teil II) entwickelt darauf aufbauend gesellschaftlich relevante Problemdimensionen. Von Fragen nach der Regulierungsnotwendigkeit, gelingender Lebensführung unter gesellschaftlichem Leistungsdruck über kritische Perspektiven einer Pathologisierung bis hin zu sozialethischen Befunden wird das Diskursfeld markiert. *Hintergründe und Horizonte* (Teil III) vertieft einerseits method(olog)ische Hintergründe, sucht andererseits aber auch den Anschluss an etablierte Diskurse, beispielsweise der Technikfolgenabschätzung und der Angewandten Ethik, teils verbunden mit Fragen des ‚guten Lebens'.

In ihrem Beitrag *Neuroenhancement, Individuum und Gesellschaft* gibt Elisabeth Hildt einen Überblick über die derzeitigen Verfahren und Methoden des kognitiven bzw. Neuroenhancements sowie deren Verbreitung. Neben individuellen sind insbesondere gesellschaftliche Wirkungen und Folgen in der Debatte um Neuroenhancement zu berücksichtigen, fordert Hildt. Sie geht dem zentralen, so genannten Autonomieargument der liberalen Enhancementbefürworter nach, die behaupten, es solle letztlich „Sache eines jeden Einzelnen [sein], ob er oder sie entsprechende psychoaktive Substanzen einnehmen möchte". Die liberale Sicht blendet jedoch wesentliche gesellschaftliche Kontexte aus, die eine individualistische Perspektive verunmöglicht, so Hildt. Denn beispielsweise entstehe demjenigen, der in kompetitiven Situationen auf Neuroenhancement setzt, ein Wettbewerbsvorteil. Dieser Vorteil sei gleichzeitig als Benachteiligung oder gar Schädigung Dritter zu verstehen – und damit ethisch fragwürdig. Zudem setze, so Hildt weiter, das Autonomieargument vorschnell voraus, Ziele und Wünsche – wie etwa die Verwendung von Neuroenhancern – würden rein individuell im Einzelnen entstehen. Dass Ziele und Wünsche jedoch stets im gesellschaftlichen Kontext, wie etwa der Arbeitswelt oder im schulischen Umfeld, entstehen und auf diese Anwendungsbereiche bezogen sind, werde übersehen. So plädiert Hildt dann auch für eine umfassende Diskussion mit verschiedensten gesellschaftli-

chen Akteuren, um proaktiv „über angemessene Formen des Umgangs mit Neuroenhancement zu reflektieren".

Johann S. Ach, Birgit Beck, Beate Lüttenberg und Barbara Stroop diskutieren in ihrem Beitrag *Neuroenhancement: Worum es geht* zentrale Argumente, die
aus ihrer Sicht die Debatte um Neuroenhancement bestimmen. Sie starten mit
einer Analyse unterschiedlicher Verständnisweisen von „Enhancement" und
zeigen, dass normative Vorentscheidungen zentral dafür sind, ob etwas als „Enhancement" bezeichnet wird. Diese Vorentscheidungen liegen nicht in der Natur
der Sache, sondern sind Teil unserer Kultur – und damit sind sie geformt und
formbar. Daran anschließend werden von Ach *et al.* moralische Probleme des
Neuroenhancements auf drei Ebenen lokalisiert, nämlich in Sicherheits-, Auto-
nomie- und Gerechtigkeitsdimensionen; diese „erfordern allgemein gültige Lösungen" der jeweiligen Gesellschaften, wie sie auch in rechtlichen Regulierungen zum Ausdruck kommen können. Von diesen „moralischen" Fragen unterscheiden Ach *et al.* „ethische", die „unter den normativen Vorzeichen einer
liberalen und faktisch pluralen Gesellschaft dem Ermessen des Einzelnen anheimgestellt werden". Sie beziehen sich primär auf individualethische Fragen,
nämlich ob Neuroenhancement das individuelle menschliche Glück fördert bzw.
die personale Identität gefährdet. Eine dritte Diskussionslinie rekurriert auf anthropologische Grundfragen, die sich auf Fragen nach dem Wesen des Menschen, nach dem gattungsethischen Selbstverständnis (Habermas) sowie nach der
sukzessiven Technisierung des Menschen beziehen. Zusammengenommen plädieren Ach *et al.* für eine „unvoreingenommene und öffentliche Diskussion über
Neuroenhancement".

Gegenüber dem Ansatz von Ach *et al.* kann man fragen, ob die Angewandte
Ethik hinreichend präpariert ist, um Fragen des Neuroenhancements anzugehen,
zumal vieles davon als spekulative Zukunftsmusik erscheint. Christopher Coenen, Arianna Ferrari und Armin Grunwald bestreiten dies in ihrem Beitrag *Wider
die Begrenzung der Enhancement-Debatte auf Angewandte Ethik*. Ihr Ziel ist es,
eine erweiterte Rahmung vorzunehmen, um eine grundlegendere Perspektive auf
die Visionen technowissenschaftlicher Verbesserungen menschlicher und gesellschaftlicher Leistungsfähigkeit zu ermöglichen. Schließlich gehe es heute um gesellschaftliche Fragen, die begrifflich, technikphilosophisch, hermeneutisch und
anthropologisch ausgerichtet sind – und die durchaus als gesellschaftstheoretisch
anzusehen sind. Die Relevanz der Fragen zeigt sich in den Hinter- und Unter-
gründen, die den Zielen und Zwecken von Forschungs- und Entwicklungsprogrammen zugrunde liegen. So fordern Coenen, Ferrari und Grunwald mehr In-

terdisziplinarität als es die Angewandte Ethik üblicherweise leistet. Schließlich gehe es darum zu entscheiden, „wie – genauer: mit welchen Technologien – wir als Gesellschaft zukünftig leben wollen". Was unter „Neuroenhancement" verhandelt wird, stellt mithin im umfassenden Sinne eine gesellschaftliche Fragestellung dar. Wollen wir die Entwicklung zu einer Leistungssteigerungsgesellschaft unter Einsatz avancierter Technologie weiter beschleunigen?

Die zweite Sektion *Motive, Felder, Kontexte* wird von Manfred Gerspach eröffnet. Gerspach entwickelt einen umfassenden Betrachtungsrahmen, der den Bogen *von der Behandlung einer „Krankheit"* bis *zum Hirndoping für alle* spannt. Das Schlagwort einer Medikalisierung trifft wohl am ehesten den Ausgangsbefund des Beitrags, da „die pharmakologische Behandlung eines Konstrukts" eine Pathologisierung von Verhaltensweisen aufzeigen möchte, die die grundsätzliche Frage nach der Diagnostizierbarkeit – damit einhergehend der Therapie-Möglich- und -notwendigkeit – von ADHS stellt. Der Autor zeigt – unterlegt durch zahlreiche empirische Befunde –, dass diese implizite Pathologisierung dazu führt, dass „Psychopharmaka immer unverhohlener ohne Diagnosestellung zur Leistungssteigerung eingesetzt werden": „Kosmetische Pharmakologie". Die zur Lösung des Problems eingeforderte „Rebiologisierung psychosozialer Problemlagen" führt zu einer Grundsatzdebatte gesellschaftlicher Funktion, Rahmenbedingungen und Kriterien von Bildung im Allgemeinen, die auch in Anschluss an Adorno eine kritische Bestimmung des Wissens-Begriffs (in klassischer Degradierung des Halb-Verstandenen als Feind, nicht als Vorstufe des Verstandenen) leistet. Somit wird eine „Absurdität" der vermeintlichen „Steigerungsleistung" jedweder Neuroenhancement-Praxis herausgearbeitet, die von Gerspach im Sinne einer Prognose zu einem Acht-Punkte-Szenario kondensiert wird. Sofern das gegenwärtig neoliberale Klima der Medikalisierung keine Einschränkungen erfährt, sind auf vielerlei Ebenen Probleme zu erwarten; der normative Schlusspunkt ist somit: „Die ‚Entgrenzung der Medizin' schreitet voran [...]. Dem gilt es, Einhalt zu bieten."

In einem Versuch der Horizonterweiterung, wie es das vorliegende Buch anstrebt, darf die empirische Seite nicht zu kurz kommen: Der Beitrag *Neuroenhancement im Studienkontext: Die Bedeutung von Studienbelastung und Stressempfinden* von Jonas Poskowsky widmet sich einem nahezu ‚klassischen' Feld der Nutzungsstudien, das seit Anbeginn der Debatte um Neuroenhancement, spätestens seit dem Memorandum *Das optimierte Gehirn* in ‚Gehirn und Geist' aus dem Jahre 2009, thematisiert wird: Hochschulstudierende sind nicht zuletzt durch die kontrovers diskutierte Bologna-Reform einer hohen Anzahl von Studien- und Prüfungsleistungen ausgesetzt; sie scheinen sich in genau jenem Milieu zu bewegen, in denen das Leistungsversprechen neuro-pharmazeutischer Präparate dankend angenommen werden könnte. Neben reinen Nutzungsdaten, die einen geringen Verbreitungsgrad der NE-Praxis aufzeigen, werden in detaillierteren Studien aber auch die motivationalen Hintergründe des Einsatzes von Enhancern freigelegt, die zum einen die subjektive Wahrnehmung der Studienbelastung betonen, andererseits die hohe Relevanz der Prüfungssituationen mit dem einhergehenden Kriterium der Bewältigung von Wissenserwerb aufzeigen. Es finden sich ausschlaggebende Indikatoren für den Einsatz von Enhancern auch in Formen des Sozialverhaltens, so dass Poskowsky seinen Beitrag mit Hinweisen zur Notwendigkeit von Präventivstrategien abschließt.

In dem Beitrag von Marc-Andre Wulf, Ljiljana Joksimovic und Wolfgang Tress *Das Ringen um Sinn und Anerkennung – Eine psychodynamische Sicht auf das Phänomen des Neuroenhancement* wird die Untersuchung der Felder des Neuroenhancements um eine tiefenpsychologische Perspektive erweitert: es werden hier somit Aspekte der Motivation, die der Nutzung von Neuroenhancement psychologisch zugrunde liegen, zum zentralen Gegenstand der Analyse gemacht. Einen breiten Raum nimmt in diesem Kontext das Phänomen der Selbstwirksamkeit ein, das die Freude am Gelingen bezeichnet. Störungen der Selbstwirksamkeit können dann eintreten, wenn der Erfolg nicht dem Selbst zugeschrieben wird, sondern sich der Einnahme von Medikamenten verdankt. Dies hat weitreichende Konsequenzen für die Frage nach der Autonomie des Menschen, da die Störung der Selbstwirksamkeit die Wahrnehmung der Selbstverantwortung fundamental verändert. Die von Wulf, Joksimovic und Tress vorgenommene Erörterung der psychologischen Gefahren und Folgen von Neuroenhancement stellt darüber hinaus ein zentrales Argument *für* Neuroenhancement infrage, nämlich das der Autonomie, und verdeutlicht somit aus psychologischer Perspektive die Notwendigkeit interdisziplinärer Zusammenarbeit.

Üblicherweise wird Neuroenhancement zumeist unspezifisch als Verbesserung und Steigerung kognitiver Fähigkeiten angesehen. Nun kann Verbesserung vielerlei bedeuten, etwa auch das Wohlbefinden. Trägt Neuroenhancement auch zum Wohlbefinden des Menschen – und damit, philosophisch betrachtet: zum guten Leben – bei, wie Befürworter des Neuroenhancements unterstellen? Dieser Frage stellen sich Caroline Harnacke und Ineke Bolt in ihrem Beitrag *Viel Lärm um nichts? Konzeptionen von Wohlbefinden in der Debatte um Neuroenhancement*. Nun ist „Wohlbefinden" selbst ein vielschichtiger, klärungsbedürftiger Terminus, der zu rekonstruieren ist. Harnacke und Bolt präsentieren in kritischer

Absicht drei Konzepte des Wohlbefindens: hedonistische Theorien, Wunschtheorien und Objektive-Listen-Theorien, die an Glücksvorstellungen, Wünschen und Kriterienkatalogen orientiert sind. Dass Neuroenhancement das Wohlbefinden fördert und somit ein Allzweckgut (*all-purpose good*) darstellt, ist nun die These des Transhumanisten Julian Savulescu, die Harnacke und Boldt vor dem Hintergrund der drei Konzepte einer entschiedenen Kritik unterziehen. Dabei beziehen sie sich auf die empirische Glückforschung, insbesondere die so genannten *disability studies*. So zeigen Harnacke und Boldt, dass die Verbesserung kognitiver Fähigkeiten keineswegs das Wohlbefinden – und das „gute Leben" – allgemein erhöht. Damit ist kein im engeren Sinne ethisches Argument gegenüber der Entwicklung und Verbreitung von Neuroenhancement-Substanzen gewonnen, wohl aber eine der zentralen Hintergrundprämissen dekonstruiert, die in der Debatte um Neuroenhancement vielfach präsentiert werden.

Carmen Kaminsky untersucht in ihrem Beitrag *Was motiviert zum Neuroenhancement?* das Problemfeld im Kontext konkret gegebener gesellschaftlicher Verhältnisse. Sie konstatiert in der bisherigen Debatte eine Engführung, die auf einem externen kritischen Standpunkt beruhe und deren Geltungsanspruch deshalb begrenzt sei. Demgegenüber verweist sie auf die Notwendigkeit, einen internen Standpunkt einzunehmen, der auf die konkrete gesellschaftliche Verfassung Bezug nimmt und diese als den relevanten normativen Bezugsrahmen versteht. Im weiteren Verlauf ihrer Untersuchung macht sie auf Lücken der bisher erfolgten ethischen Reflexion der Problemlage aufmerksam und legt den Fokus auf die Notwendigkeit der Veränderung der gesellschaftlichen Praktiken. Eine angemessene Erörterung der Problematik, so Kaminsky, müsse deshalb analysieren, welche gesellschaftlichen Bedingungen Einzelne motivieren, Neuro-Enhancer zu konsumieren, anstatt die sozialen und individuellen Folgen des Neuroenhancements zu erörtern. Sie kritisiert somit grundsätzlich die einseitige Beschränkung des Diskurses auf eine hauptsächlich individualethische Perspektive, bei der die sozialethische Perspektive in ihrer Konzentration auf gerechtigkeitsrelevante Konsequenzen individueller Praktiken zu kurz greife. Deshalb, so das Ergebnis der Untersuchung, dürfe Neuroenhancement nicht als Mittel der Selbstverwirklichung aufgefasst, sondern müsse als Ausdruck einer Kompensations- und Bewältigungsstrategie betrachtet werden. Dementsprechend votiert Kaminsky dafür, die gängigen Argumentationsfiguren des ethischen Diskurses zum Thema Neuroenhancement in praktischer Hinsicht zu erweitern und neu zu überdenken.

Die dritte Sektion zu *Horizonten und Hintergründen* eröffnet Nicola Erny mit ihrem Beitrag *Die Frage nach dem gelingenden Leben. Neuroenhancement vor dem Hintergrund des Aristotelischen Eudämonie-Begriffs.* In diesem Beitrag werden die Argumente der Enhancementdebatte im Kontext der Fragestellung nach den Bedingungen eines gelingenden Lebens untersucht. Dazu wird ein an der Aristotelischen Eudämonielehre ausgerichteter Ansatz gewählt, bei dem Neuroenhancement in Hinblick auf seine Funktion als eines möglichen Konstituens des gelingenden Lebens betrachtet wird. In einer sowohl systematisch als auch philosophiegeschichtlich orientierten Perspektive wird zunächst die Aristotelische Eudämonielehre vor dem Hintergrund der Fragestellung analysiert, um dann, nach einer Kontrastierung durch Kants Eudämonismuskritik, abschließend zwei moderne tugendethische Konzeptionen (MacIntyre und Nussbaum) zu prüfen. Zentrale Fragestellungen im Kontext von Neuroenhancement und Glück beziehen sich im Fortgang der Untersuchung auf die Rolle der Handlungsaktivität und auf die Wirkungen der Selbstformung vor dem Hintergrund tugendethischer Argumentationen.

Ein Plädoyer für eine methodologisch-kritische Perspektive auf Neuroenhancement, einhergehend mit einer Kritik an terminologischen Schwächen in der Debatte, steuert Mathias Gutmann mit seinem Beitrag *Neuroenhancement: Für oder wider die Natur?* bei. Ausgehend vom Funktionsbegriff in der Beschreibung von Organen, deren Abstrahierung aus dem Kontext (Organismus!) unzulässig wäre, wird die Kernfrage gestellt, was das ‚Zielobjekt' des Enhancements ist, das dieses Bewertungsprädikat trägt. Ob der suggerierte Organbezug, also der Zusammenhang von ‚Denken' und ‚Gehirn', statthaft ist, wird als explikationsbedürftiges Problem entfaltet und ausgeführt. Die Wissenschaftlichkeit der Debatte, bzw. die Belastbarkeit der naturwissenschaftlichen Befunde, ist gekoppelt an die Geltungsbedingungen biologischer Aussagen; hier wird eine grundsätzliche Unterscheidung in biotische und biologische Spielarten der Verbesserung angemahnt. In der Schlussbetrachtung wird der gesamte Evolutionsprozess hinsichtlich eines ‚Verbesserungscharakters' motivisch eingeführt – somit wartet das Pangloss-Problem, in Voltaires *Candide* als Figur eingeführt, als problematisches Muster vermeintlicher ‚Natürlichkeit' in der Phänomenbeschreibung jedweder Enhancement-Tätigkeiten.

Giovanni Maio setzt mit *Der moderne Mensch in der Optimierungsfalle. Über die Schattenseiten des Enhancements* einen anthropologischen Kontrapunkt. Er nimmt eine weithin holistische Perspektive ein und analysiert nicht die Leistungsversprechen des Enhancements, sondern stellt die grundsätzliche Frage nach der ‚Optimierbarkeit' des Menschen. Durch die Rückführung der Frage, was denn überhaupt eine Verbesserung des Menschen sei, auf die Frage nach dem Menschen *an sich*, wird das Tableau philosophischer Anthropologie eröffnet, in dem ‚gutes Leben' jenseits des reinen Leistungs-Denkens und Bestehens in Anforderungskontexten zu Sprache kommt. „Warum Enhancement-Methoden nicht automatisch zum guten Leben führen", so der Titel eines Unterkapitels, bringt Schlaglichter der Debatte um eine notwendige Selbstgestaltung des Menschen ans Licht, die alle letztlich „Mittel zum Glück" sein sollen – alle aufgezeigten Parameter sind jedoch nicht derart konstituiert, dass sie sich „enhancen" ließen. Die Enhancement-Debatte erfährt in diesem Beitrag also eine anthropologische Konturierung, da Bedingungen des guten Lebens – bis dato als motivationale Basis des Enhancement-Vorhabens eingeführt – aus der Engführung gelöst werden und im Anschluss an Autoren diverser Epochen und Strömungen (von Epikur über Kierkegaard zu Heidegger und Blumenberg) als klassische Fragestellungen der Philosophie vorgestellt werden. Maios Argumentation läuft sogar darauf hinaus, dass Enhancement schlimmstenfalls ‚gelingendes Leben' verhindert, denn: „Der problematische Umgang des modernen Menschen mit dem Schicksal beginnt daher nicht dort, wo gegen das Schicksal gekämpft wird, sondern wo suggeriert wird, dass der moderne Mensch gar kein Schicksal mehr anzunehmen brauche, weil die Medizin ihm, dem modernen Menschen, die absolute Freiheit geben könne […] Die Idee der Perfektion läuft somit basalen Erkenntnissen der Anthropologie zuwider."

Schließlich untersucht Jan Cornelius Schmidt unter dem Titel *Über kognitive Optimierung des Menschen* anthropologische Vorfragen, die im Hinblick auf eine ethische Beurteilung der kognitiven Leistungssteigerung des Menschen in Anschlag gebracht werden können. Ausgehend von der Beobachtung, dass Neuroenhancement – sollte es in der Breite realisiert werden, wie die visionären Protagonisten behaupten – als neue Form von Anthropotechniken oder Techniken des Selbst anzusehen ist, fragt Schmidt zunächst, ob Angewandte Ethik und Technikfolgenabschätzung gut präpariert sind, um zu einer Urteilsbildung beizutragen. Er sieht einen deutlichen Erweiterungs- und Entwicklungsbedarf, den er sodann exemplifiziert und argumentativ vertritt. Auf Grundlage einer Analyse des bipolaren Wechselverhältnisses von Anthropologie und Ethik legt Schmidt eine *Technonaturalisierung des Menschenbildes* durch das Neuroenhancement offen – so sein zentraler, diagnostischer Begriff. Dabei ist das *techno*naturalistische Menschenbild freilich schon im naturalistischen Naturverständnis der Neuro- und Kognitionswissenschaften angelegt, doch erfährt es aus der technischen

Perspektive einer Technowissenschaft, wie des Neuroenhancements, eine Verschärfung und Vertiefung. In kritischer Absicht zeigt Schmidt hier inhärente Widersprüche des technonaturalistischen Selbstverhältnisses des menschlichen Selbst auf. Das menschliche Selbst entzieht sich offenkundig „seinen" Ansprüchen und Wünschen auf technische Zugänglichkeit. Diesen Entzug legt Schmidt dar, indem er auf aktuelle Entwicklungen der Neuro- und Kognitionswissenschaften rekurriert, die mit Selbstorganisations-, Komplexitäts- und Chaostheorien verbunden sind. Eine sich hieran anschließende kritische Wissenschaftstheorie der Neurowissenschaften kann zu einer offenen und klaren Kritik der Tendenz der Technonaturalisierung beitragen. Im Durchgang durch diese Kritik wird ein erweiterter Horizont sichtbar. Der zentrale Fokus liegt sodann nicht in der reduzierten Frage nach der Veränderung der kognitiven Leistungsfähigkeit, sondern umfassender in der Frage nach der kulturellen Transformation der menschlichen Selbst- und Weltverhältnisse, und auf dieser Basis in der Frage nach der Transformation der Gesellschaft.

So zeigt das vorliegende Buch nicht nur die Breite und Tiefe des Diskurses zum Neuroenhancement – und weist klärungsbedürftige ethische und philosophische Fragen aus. Vielmehr plädiert es für eine ebenso grundlegende wie kritische Analyse gegenwärtiger Tendenzen des wissenschaftlich-technischen Fortschritts im Rahmen der Gesamtgesellschaft, die durchaus als Leistungs- oder gar als Leistungssteigerungsgesellschaft bezeichnet werden kann.

Der in diesem Buch gewählte erweiterte Horizont betont die Vielschichtigkeit und Zweischneidigkeit unseres heutigen Blicks in soziotechnische Zukünfte. Es legt die mit den Visionen einhergehenden (teils vielversprechende, teils verunsichernde) Möglichkeitshorizonte offen. Neuroenhancement erscheint, so betrachtet, als ein Diskurs um die Frage, wie wir arbeiten und wie wir konsumieren wollen, wie wir konkurrieren und wirtschaften wollen. Es geht um die Frage, wie wir uns selbst verstehen wollen, wie wir miteinander und mit uns selbst umgehen wollen, wie wir leben wollen. Kurz, es steht die kulturelle Kernfrage im Mittelpunkt, in welcher Gesellschaft wir zukünftig *und* heute leben wollen. Das macht Neuroenhancement zu einem Politikum ersten Ranges.

Teil I:

Zugänge und Perspektiven

Neuroenhancement, Individuum und Gesellschaft

Vom Umgang mit einem gesellschaftlichen Phänomen

Elisabeth Hildt

1 Einleitung

Das Bestreben, durch Einsatz medizinischer Verfahren, psychoaktiver Substanzen oder anderer Methoden bei gesunden Personen eine Verbesserung von Hirnfunktionen zu erreichen (Neuroenhancement), ist in den letzten Jahren verstärkt ins öffentliche Bewusstsein gerückt. Während beginnend mit den 1990er Jahren in erster Linie im Vordergrund stand, mittels Antidepressiva wie insbesondere Prozac® bei gesunden Personen eine Verbesserung der psychischen Befindlichkeit (Stimmungsenhancement) zu bewirken (Kramer 1993; DeGrazia 2000; Elliott 2000), befindet sich seit einigen Jahren der Gesichtspunkt der geistigen Leistungssteigerung (kognitives Enhancement) im Mittelpunkt des Interesses. Hierbei besteht das Ziel darin, eine verbessernde Einflussnahme auf kognitive Funktionen wie Aufmerksamkeit, Konzentrationsfähigkeit oder Gedächtnisleistung zu erreichen. Entsprechende Verbesserungen der geistigen Leistungsfähigkeit werden bspw. angestrebt durch Ansätze wie Meditation oder Mnemotechnik (Dresler et al. 2012) oder in jüngster Zeit durch den Einsatz transkranieller Gleichstromstimulation oder anderer Verfahren zur nicht-invasiven Gehirnstimulation (Kadosh et al. 2012; Fitz, Reiner 2013). Zumeist kommen hierzu derzeit jedoch pharmakologische Substanzen zum Einsatz: Neben Coffein (Coffeintabletten) insbesondere verschreibungspflichtige Stimulanzien wie Methylphenidat (u.a. Ritalin®) oder Modafinil sowie illegale Drogen wie Amphetamine.

© Springer Fachmedien Wiesbaden GmbH, ein Teil von Springer Nature 2018
N. Erny et al. (Hrsg.), *Die Leistungssteigerung des menschlichen Gehirns*,
https://doi.org/10.1007/978-3-658-03683-6_2

Im Rahmen dieses Beitrags wird in erster Linie eingegangen auf den Gebrauch verschreibungspflichtiger und illegaler Stimulanzien durch Gesunde mit dem Ziel der Verbesserung geistiger Leistungsfähigkeit. Für die Bereitschaft zur geistigen Leistungssteigerung zentral ist zumeist das Vorhandensein von Zeit- oder Leistungsdruck, vor dem Hintergrund des Bestrebens, erfolgreich zu sein oder Dinge, die einem nicht so leicht von der Hand gehen, schneller oder besser zu bewältigen.

Jedoch ist derzeit unklar, ob die als kognitive Enhancer eingesetzten Stimulanzien tatsächlich in der Lage sind, bei gesunden Personen kognitive Funktionen in signifikanter Weise zu verbessern; zudem ist hier auch von einem möglichen Einfluss auf Motivation, Stimmung und gefühlsbezogene Aspekte auszugehen (Vrecko 2013). Auch wenn sich die Wirkung der entsprechenden Substanzen also nicht als eine eindeutige selektive Verbesserung kognitiver Funktionen beschreiben lässt, so wird in diesem Beitrag dennoch der Begriff „kognitives Enhancement" anstelle des weiteren Begriffs „Neuroenhancement" verwendet (vgl. Hildt 2013). Dies erfolgt, um deutlich zu machen, dass es sich hierbei um den Einsatz psychoaktiver Substanzen handelt mit dem Ziel, eine verbessernde Einflussnahme auf die geistige Leistungsfähigkeit zu erzielen, um in einem zumeist kompetitiven Umfeld wie z.B. Arbeitsplatz, Schule oder Universität besser zurecht zu kommen – und nicht um die subjektive Erfahrung einer Steigerung des Wohlbefindens oder um einen Einsatz im Partyzusammenhang.

2   Wie ist die aktuelle Situation?

Bei den verschreibungspflichtigen Stimulanzien kommt derzeit in erster Linie Methylphenidat (u.a. Ritalin®) zum Einsatz, eine Substanz, die im medizinischen Kontext insbesondere zur Behandlung der Aufmerksamkeitsdefizit-Hyperaktivitätsstörung (ADHS) eingesetzt wird. Aber auch Modafinil, welches zur Behandlung von Narkolepsie zugelassen ist, wird verwendet. In einigen Ländern wie bspw. in den USA ist hier zudem der Gebrauch von – im medizinischen Kontext insbesondere zur Behandlung von ADHS eingesetzten – Amphetaminsalzen (Adderall®) zu nennen. Diese sind allerdings in Deutschland nicht zugelassen. Hinzu kommt die Verwendung illegaler Drogen zur geistigen Leistungssteigerung, wobei hier bezogen auf Deutschland in erster Linie Amphetamine anzuführen sind.

Jede dieser Substanzen besitzt unterschiedliche Wirkungen und Nebenwirkungen (Repantis et al. 2010; Morein-Zamir, Sahakian 2011; Smith, Farah 2011). Insgesamt werden aus den wenigen bislang mit gesunden Personen durchgeführten Studien uneindeutige Ergebnisse darüber erhalten, inwieweit mit den derzeit als kognitive Enhancer eingesetzten Stimulanzien eine Verbesserung der geistigen Leistungsfähigkeit erzielt werden kann. Bei gesunden Personen wurden zumeist nur äußerst geringfügige kognitionssteigernde Effekte ermittelt, wobei die größten Wirkungen auf einfache kognitive Domänen (z.B. Aufmerksamkeit, psychomotorische Fähigkeiten, Reaktionszeit) festgestellt wurden. Am ehesten traten Effekte auf, wenn die Betreffenden unter Schlafentzug standen. Zudem sind vielfältige Nebenwirkungen zu nennen wie Schlafstörungen, Unruhe, Herz-Kreislauf-Probleme, Kopfschmerzen oder depressive Phasen. Auch das Risiko einer Abhängigkeitsentwicklung muss hier mitbedacht werden.

Demgegenüber ist auffallend, dass studentische Nutzer teilweise über eindeutig stimulierende oder fokussierende Effekte oder über deutliche positive Auswirkungen auf motivations- und emotionsbezogene Gesichtspunkte berichteten (Vrecko 2013; Hildt et al. 2014). Allerdings bleibt bislang weitgehend unklar, ob mit der Einnahme sog. kognitiver Enhancer tatsächlich erhöhte geistige Leistungsfähigkeit oder eine Verbesserung der im konkreten Kontext erbrachten Leistungen einherging. Verschiedene mögliche Gründe für diese auffällige Diskrepanz zwischen den in wissenschaftlichen Studien festgestellten allenfalls äußerst geringen kognitiven Effekten der derzeit verwendeten Substanzen und der demgegenüber teilweise äußerst positiven subjektiven Einschätzung der Konsumenten sind denkbar. Zum einen mögen hohe, nicht zuletzt auch durch die Medien angeheizte Erwartungen an substanzbedingte Wirkungen eventuell einen gewissen Placebo-Effekt mit sich bringen. Zum anderen mag unter Stimulanzieneinfluss auftretende Selbstüberschätzung eine Rolle spielen, welche zu einem subjektiven Eindruck verbesserter geistiger Leistungsfähigkeit in Abwesenheit entsprechender objektiver Veränderungen führen mag (vgl. Ilieva et al. 2013). Als weitere Möglichkeit kommt in Betracht, dass die von den Nutzern als erwünscht angesehenen Effekte, so bspw. ein positiver Einfluss auf die Motivation, in den bisherigen wissenschaftlichen Studien nicht in adäquater Weise Berücksichtigung fanden.

Im Rahmen einer Interview-Studie mit Studierenden, die bereits auf Stimulanzien mit dem Ziel der geistigen Leistungssteigerung zurückgegriffen hatten, ergaben sich zwei unterschiedliche Muster des Stimulanzienmissbrauchs (Franke et al. 2011a): Mitglieder der einen Gruppe verwendeten verschreibungspflichtige

Stimulanzien in Tablettenform, zumeist Ritalin®. Diese verschreibungspflichtigen Stimulanzien weisen eine definierte Zusammensetzung und eine definierte Wirkstoffdosis auf, was für die Konsumenten zu festgelegten Effekten führt; die Wirkung erscheint bei gleicher Dosis vorhersehbar. Die interviewten Konsumenten setzten die Stimulanzien zumeist sehr spezifisch im Umfeld von Prüfungen ein. Die Einnahme verschreibungspflichtiger Stimulanzien mit dem Ziel der geistigen Leistungssteigerung lässt sich als Medikamentenmissbrauch beschreiben. Demgegenüber verwendeten Mitglieder der anderen Gruppe in Pulverform vorliegende Amphetamine, d.h. illegale Drogen, die auch im Partykontext konsumiert werden. Das zumeist nasal verabreichte Pulver besitzt je nach Quelle unterschiedliche Zusammensetzung, sodass die jeweils bewirkten Effekte unter Umständen beträchtlich variierten. Die Sorge vor Abhängigkeit stellte in dieser Gruppe ein relevantes Thema dar. Zudem wurde bei dieser Gruppe ein erhöhter Missbrauch weiterer illegaler Drogen festgestellt. Die Praxis der beabsichtigten Leistungssteigerung ist hier im Drogenkontext angesiedelt.

Die in Deutschland bislang im Rahmen wissenschaftlicher Studien erzielten Daten zur Prävalenz kognitiven Enhancements unter Einsatz verschreibungspflichtiger Stimulanzien und illegaler Drogen stimmen im Großen und Ganzen überein. Bei einer Fragebogen-Studie der Universitätsmedizin Mainz, bei der Studierende und 18/19-jährige SchülerInnen teilnahmen, gaben ca. 1,3 % an, bereits verschreibungspflichtige Stimulanzien zur Leistungssteigerung eingenommen zu haben, während ca. 2,6 % einräumten, bereits illegale Stimulanzien zur Leistungssteigerung verwendet zu haben (Franke et al. 2011b). Die sog. „HISBUS-Befragung zur Verbreitung und zu Mustern von Hirndoping und Medikamentenmissbrauch" (Middendorff et al. 2012) ermittelte ca. 5% „Hirndopende" unter den befragten Studierenden. Dem von der Deutsche Angestellten-Krankenkasse veröffentlichten „DAK Gesundheitsreport 2009" zufolge haben ca. 5% der befragten Erwerbstätigen bereits ohne medizinische Notwendigkeit Medikamente zur Verbesserung der geistigen Leistungsfähigkeit oder psychischen Befindlichkeit eingenommen (DAK 2009). Im AOK-Fehlzeiten-Report aus dem Jahr 2013 (Badura et al. 2013) gaben ca. 5% der Erwerbstätigen an, in den vorausgegangenen 12 Monaten Medikamente zur Steigerung der Arbeitsleistung eingenommen zu haben.

Wurde allerdings bei der Befragung die sog. „Randomized Response Technique" eingesetzt, so wurden deutlich höhere Prävalenzraten erzielt. Bei Verwendung dieses Verfahrens, das den Betreffenden vollständige Anonymität zusichert, gaben ca. 20% der befragten Studierenden an, im zurückliegenden Jahr auf kognitive Enhancer zurückgegriffen zu haben – wobei hier jedoch neben verschreibungspflichtigen Stimulanzien und illegalen Drogen auch Coffeintabletten mit eingeschlossen sind (Dietz et al. 2013). Zudem räumten bei einer mittels „Randomized Response Technique" durchgeführten Befragung von Chirurgen ca. 20% der Befragten ein, bereits einmal auf verschreibungspflichtige Substanzen oder illegale Drogen zur geistigen Leistungssteigerung zurückgegriffen zu haben, während ca. 15% angaben, Antidepressiva ohne medizinische Notwendigkeit zur Verbesserung von Stimmung und/oder Selbstwertgefühl eingenommen zu haben (Franke et al. 2013). Diese Ergebnisse mag man dahingehend interpretieren, dass mit Befragungsstrategien, die nicht vollständige Anonymität zusichern, bei dem als heikel empfundenen Kontext des kognitiven Enhancements möglicherweise zu niedrige Prävalenzraten ermittelt werden.

Aus den USA werden zumeist relativ hohe Prävalenzraten berichtet. Allerdings differieren die ermittelten Daten in den einzelnen Studien stark: So haben gemäß einer Metaanalyse 5-35% der Studierenden im Jahr vor Durchführung der jeweiligen Studie nicht-verschriebene Stimulanzien eingenommen, wobei jedoch hierbei nicht zwischen verschiedenen Einnahmekontexten und -zielen (Spaß, Leistungssteigerung im universitären Umfeld, Ausprobieren etc.) unterschieden wurde (Wilens et al. 2008). Die unterschiedlichen Zahlen erklären sich durch unterschiedliche Fragestellungen in den jeweiligen Studien, was die Berücksichtigung unterschiedlicher Substanzen, unterschiedlicher Einnahmezusammenhänge und -zielsetzungen mit sich bringt. So steht bei den meisten dieser Studien allgemein die nicht medizinisch indizierte Einnahme verschreibungspflichtiger Stimulanzien im Zentrum des Interesses; nur selten wird selektiv der Stimulanzien-Gebrauch zur geistigen Leistungssteigerung ermittelt. Insgesamt scheint der Gebrauch unter Studierenden in den USA im Bereich von 5-15% zu liegen (Smith/Farah 2011; Ragan et al. 2013). Einiges deutet darauf hin, dass der Einsatz von Stimulanzien zur geistigen Leistungssteigerung in Europa derzeit niedriger als in den USA ist.

3 Implikationen des Gebrauchs von Neuroenhancern

Der Einsatz von als Neuroenhancer angesehenen Substanzen kann vielfältige Implikationen sowohl für die betreffenden Konsumenten als auch auf gesellschaftlicher Ebene besitzen (President's Council on Bioethics 2003; Farah et al. 2004; Glannon 2008; Bublitz, Merkel 2009; Metzinger, Hildt 2011; Ragan et al.

2013; Hildt, Franke 2013). Diese umfassen zum einen den möglichen Nutzen, der Konsumenten aus dem Gebrauch entsprechender Stimulanzien erwächst, sowie mögliche gesundheitliche Beeinträchtigungen und Risiken. Zudem sind hier Auswirkungen auf Dritte zu berücksichtigen, und zwar sowohl auf das individuelle Umfeld der Betreffenden als auch auf gesellschaftlicher Ebene.

Auf die jeweiligen Konsumenten bezogen sind hier Gesichtspunkte relevant wie tatsächlicher Nutzen im jeweiligen Lebenskontext, Wirksamkeit und Sicherheit, wobei in besonderer Weise auch die Möglichkeit einer Abhängigkeitsentwicklung zu berücksichtigen ist. So sind die gesundheitlichen Risiken und insbesondere die langfristigen Auswirkungen des Gebrauchs von Neuroenhancern derzeit weitgehend unbekannt, während sich demgegenüber auch zahlreiche Fragezeichen bezüglich des möglichen Nutzens erheben. Hinzu kommen Fragen nach dem Umgang mit substanzbedingten Veränderungen individueller Charakteristika, die Fragen nach Individualität, Authentizität und Identität nach sich ziehen. Wie wirkt sich die Erfahrung substanzbedingter Veränderungen individueller Charakteristika auf die betreffenden Personen aus? Inwiefern können regelmäßig herbeigeführte Veränderungen ein einheitliches Selbstkonzept gefährden? Zudem sind hier grundlegende Fragen zu thematisieren, so bspw. in Bezug auf den Wert menschlicher Leistung oder eine Medikalisierung menschlichen Lebens.

Bezogen auf die jeweiligen Nutzer sind neben gesundheitlichen Risiken aber auch juristische und auf gesellschaftliche Konventionen Bezug nehmende Zusammenhänge von Bedeutung (vgl. Ragan et al. 2013): So ist es nicht zulässig, verschreibungspflichtige Stimulanzien wie das unter das deutsche Betäubungsmittelgesetz fallende Methylphenidat (z.B. Ritalin®) ohne Verschreibung zu erwerben oder illegale Drogen zu kaufen; werden beim Arzt Symptome vorgegaukelt um eine Verschreibung zu erhalten, so handelt es sich um Betrug; zahlreiche Graubereiche sind beim Kauf in nicht selten dubiosen online-Apotheken anzutreffen, nicht zuletzt auch in Bezug auf die genaue Zusammensetzung der erworbenen Substanzen.

Zudem sind auf den gesellschaftlichen Kontext bezogene Aspekte zu berücksichtigen. Diese drehen sich in wesentlicher Hinsicht um Gerechtigkeit und Fairness. So kann man es schwerlich als gerecht empfinden, wenn in kompetitiven Situationen manche über einen mutmaßlichen Vorteil verfügen, den andere nicht haben. Hierbei spielt zum einen die Heimlichkeit der jeweiligen, eine Verbesserung anstrebenden Maßnahme eine Rolle. Zum anderen stellen sich Fragen in Bezug auf die Zugangsbedingungen zu den jeweiligen Verfahren oder Substanzen. So werden nicht alle Personen in gleichem Maße die finanziellen Voraussetzungen zum Einsatz entsprechender Neuroenhancer besitzen, anderen fehlen möglicherweise die entsprechenden Kenntnisse oder das für einen Zugang erforderliche Umfeld. Zudem ist nicht zu erwarten, dass Neuroenhancement-Verfahren bei allen Personen in gleichem Ausmaß erwünschte Wirkungen erzeugen. Auch werden keineswegs alle Personen bereit sein, entsprechende Risiken, Kosten oder Unwägbarkeiten auf sich zu nehmen.

Darüber hinaus ist die Möglichkeit des Entstehens von direktem oder indirektem Druck zur Einnahme leistungssteigernder Substanzen zu nennen, so bspw. am Arbeitsplatz. Hierzu gehört auch der möglicherweise entstehende Eindruck, unter Umständen unfairen Rahmenbedingungen unterworfen zu sein, weil andere sich einen Vorteil verschaffen, über den man selbst nicht verfügt – ein Eindruck, der letztlich auch dazu führen mag, selbst auf entsprechende Substanzen zurückzugreifen. Solange keine genauen Daten über die Wirksamkeit und die tatsächliche Verwendung der als Neuroenhancer angesehenen Substanzen vorliegen, solange in der Literatur und in den Medien aber immer wieder vom – mutmaßlich erfolgreichen – Einsatz entsprechender Substanzen berichtet wird, mag es unter Umständen schwierig sein, sich dieses Eindrucks und seiner negativen Implikationen zu entziehen. Wichtig ist daher eine möglichst umfassende Kenntnis der tatsächlichen Situation.

4 Individuelle Autonomie im gesellschaftlichen Kontext

Will man das Phänomen des Neuroenhancements adäquat erfassen, so sind also sowohl auf die individuellen Konsumenten bezogene Gesichtspunkte als auch gesellschaftliche Zusammenhänge zu berücksichtigen. Allerdings mag man hier vorbringen: Ist es nicht letztlich Sache eines jeden Einzelnen, ob er oder sie entsprechende psychoaktive Substanzen einnehmen möchte?

Zunächst einmal ist es zweifellos eine Frage der Autonomie einer jeden Person, selbst darüber zu entscheiden, ob und mit welchen Mitteln sie Einfluss auf ihre Hirnfunktionen nehmen möchte. In diesem Zusammenhang spielt der Begriff der „kognitiven Freiheit" eine große Rolle. Wrye Sententia (2004) beschreibt denn auch „kognitive Freiheit" als das Recht einer jeden Person, unabhängig und selbstständig ihre Meinung zu bilden, ihre geistigen Fähigkeiten in vollem Maße auszuschöpfen und selbstbestimmt über ihre eigene Gehirnchemie zu entscheiden. Ausgehend von einer an das Recht auf Gedankenfreiheit anknüpfenden allgemein gehaltenen Formulierung beschreibt Wrye Sententia zwei fundamentale Prinzipien der kognitiven Freiheit: Dass Individuen, solange ihr Verhalten nicht andere in Gefahr bringt oder schädigt, weder gegen ihren Willen gezwungen werden dürfen, auf das Gehirn einwirkende Technologien oder psychoaktive Substanzen einzusetzen, noch durch Verbote oder Kriminalisierung davon abgehalten werden sollten.

Hierdurch wird die Selbstbestimmung einer jeden Person in Bezug auf jegliche Maßnahme, die Einfluss auf die eigene Gehirnaktivität nehmen kann, unterstrichen. Eine solche Argumentation kann als analog zum im medizinischen Kontext stehenden Konzept des *informed consent* gesehen werden. Allerdings, und dies ist ein Punkt, der innerhalb der Diskussion gerne übersehen wird, beschränkt sich die kognitive Freiheit auf Zusammenhänge, in denen nicht Dritte durch das Handeln in Gefahr gebracht oder geschädigt werden. Diese Einschränkung steht ganz im Sinne der Tradition John Stuart Mills. Geht man davon aus, dass kognitive Enhancer häufig mit dem Ziel einer Verbesserung von geistiger Leistungsfähigkeit oder Motivation am Arbeitsplatz oder im schulischen oder universitären Umfeld eingesetzt werden, wird jedoch das mit dem Gebrauch von Neuroenhancern einhergehende grundlegende Potenzial zur Benachteiligung Dritter deutlich. So besteht der durch kognitives Enhancement angestrebte Nutzen ja häufig darin, bessere Leistung zu erbringen oder die geforderte Leistung schneller zu erbringen, womit in vielen Fällen direkte oder indirekte Auswirkungen auf Dritte verbunden sein werden. In kompetitiven Situationen wird es sich hierbei häufig um einen Nachteil für Dritte handeln. Allerdings sind auch Zusammenhänge denkbar, in denen ein positiver Effekt resultiert. So wurde bspw. argumentiert, durch Enhancement werde die Produktivität der Gesellschaft erhöht. Die relevanten Details müssen daher im jeweiligen konkreten Einzelfall ermittelt werden.

Insgesamt kann das mögliche Auftreten von negativen Auswirkungen für Dritte die Notwendigkeit einer Beschränkung der kognitiven Freiheit des Einzelnen mit sich bringen und das Ergreifen gesellschaftlicher Regelungen, welche auf den Umgang mit kognitiven Enhancern Einfluss nehmen, legitimieren. Als zweite mögliche Legitimation zugunsten des Ergreifens gesellschaftlicher Maßnahmen mag man die Annahme einer paternalistisch begründeten Verpflichtung nennen, das Auftreten von gesundheitlichen Schädigungen bei denjenigen Personen, die auf kognitive Enhancer zurückgreifen wollen, zu verhindern. Letztlich steht bei diesen Überlegungen die Frage im Vordergrund, wie weit die Autonomie des Einzelnen und sein Handlungsspielraum im gesellschaftlichen Kontext im Umgang mit Neuroenhancern reichen sollen. Diese Frage muss von zwei Seiten reflektiert werden. Zum einen von gesellschaftlicher Seite aus, hierbei stehen Überlegungen bezüglich eines möglichen Ergreifens geeigneter allgemeiner Maßnahmen im Vordergrund (vgl. Kap. 5).

Zum anderen ist jedoch auch eine eingehende Reflexion auf Seiten jedes Einzelnen vonnöten. Besteht für die betreffende Person das zentrale Ziel darin, sich in die bestehenden Rahmenbedingungen einzufügen und eine möglichst hohe Arbeitsleistung zu erreichen – was unter Umständen einschließt, mögliche negative Auswirkungen auf Gesundheit und das vorübergehende Herbeiführen von Veränderungen individueller Charakteristika in Kauf zu nehmen? Autonomiebezogene Überlegungen schließen jedoch demgegenüber auch die tiefer gehende Frage nach Selbstbestimmung im Umgang mit der jeweiligen Situation ein. Hierzu gehören Überlegungen zu den persönlichen Zielen der jeweiligen Person und darüber, was für die jeweilige individuelle Person geeignete Ziele und geeignete Rahmenbedingungen darstellen. Während bei der ersten Zugangsweise die Ziele und Rahmenbedingungen als gegeben angenommen werden und vorausgesetzt wird, das jeweilige Individuum müsse sich darin einfinden, wird im anderen Fall die betreffende Person mit ihren individuellen Charakteristika ins Zentrum gerückt und vor diesem Hintergrund überlegt, welche Ziele und Strategien für die jeweilige Person angemessen sind.

Diese beiden unterschiedlichen Blickrichtungen unterscheiden sich in zentraler Weise hinsichtlich der Frage nach dem Handlungsspielraum von Individuen in der Gesellschaft. So nimmt die erste Sichtweise letztlich einen geringen Handlungsspielraum an, indem sie von einem Einfügen oder Anpassen des Einzelnen in die vorgegebenen Zusammenhänge ausgeht. Demgegenüber stellt die zweite Sichtweise die Basis für ein Hinwirken auf eine Veränderung der Rahmenbedingungen dar. Nun mag man demgegenüber einwenden: Aber es sind doch immer die jeweiligen Personen, die sich ihre Ziele selbst aussuchen! Um ein Beispiel zu nennen: Eine Person setzt sich das Ziel, einen bestimmten Studienabschluss mit einer sehr guten Note in einer bestimmten Zeit zu erreichen und unternimmt dann alles in ihren Möglichkeiten stehende, dieses Ziel zu erreichen. Was spräche dagegen, hierunter auch die selbstbestimmte Entscheidung zur Einnahme kognitiver Enhancer zu fassen? Demgegenüber mag man jedoch kritisch fragen, ob die Auswahl der individuell anzustrebenden Ziele oder die Strategien zum Erreichen der Ziele tatsächlich so angemessen sind, wenn diese Ziele nur unter Rückgriff auf mutmaßliche Neuroenhancer erreicht werden können. Denn hat man sich auf einen solchen, auf Enhancement rekurrierenden Zugang eingelassen, so ist naheliegend, auch weiterhin auf entsprechende Neuroenhancer zurückzugreifen, um die aufgrund der durch die erbrachten Vorleistungen erweckten Erwartungen auch künftig erfüllen zu können. Auf diese Weise werden die bestehenden Rahmenbedingungen am Arbeitsplatz oder im schulischen oder universitären Umfeld verfestigt. Denn wer die Erfahrung macht, dass entsprechende Leistungen von anderen ohne größere Schwierigkeiten oder ohne Widerspruch erbracht werden können, der wird auch künftige entsprechende Leistungen erwarten: sei es von einem einzelnen Arbeitnehmer, der sich in der Vergangenheit als besonders leistungsstark oder besonders leistungswillig erwiesen hat; sei es von einer größeren Gruppe von Schülern oder Studierenden, wenn die Erfahrung gemacht wurde, dass ein beträchtlicher Teil der Gruppe in der Lage ist, bestimmte Anforderungen zu erfüllen.

Demnach kann es als eine Form umfassender Autonomiewahrnehmung angesehen werden, sich den gegebenen Rahmenbedingungen und einer hiermit einhergehenden durch Leistungsdruck bedingten Tendenz zur Einnahme von kognitiven Enhancern zu entziehen. Eine solche Zugangsweise schließt nicht zuletzt das Verfolgen des Ideals eines konsistenten Lebensentwurfs ein.

5 Zur Diskussion um Neuroenhancement

Mit dem in den letzten Jahren stark angestiegenen Interesse der Öffentlichkeit an Neuroenhancement waren eine intensive Berichterstattung in den Medien sowie vielfältige Reflexionen in Fachzeitschriften verbunden.

Gerade der Beginn der öffentlichen Diskussion wurde dabei von einem teilweise überoptimistischen Zugang geprägt. Nicht selten erfolgten sensationsheischende Berichte über starke, die geistige Leistungsfähigkeit steigernde Effekte bestimmter psychoaktiver Substanzen, nicht selten wurde eine bereits weite Verbreitung des Gebrauchs entsprechender Substanzen suggeriert. Im internationalen Kontext standen sich liberale Transhumanisten und sog. Biokonservative teilweise unerbittlich gegenüber. Hierbei wurden und werden häufig Argumentationen vorgebracht, die sich auf hypothetische extreme Verbesserungen des Menschen beziehen. Basierend auf einer solchen Strategie wurde in Bezug auf pharmakologisches Neuroenhancement über fiktive, gut wirksame Substanzen ohne unerwünschte Nebenwirkungen reflektiert, die zudem frei verfügbar sein sollten, um einen gerechten Umgang zu ermöglichen (Jones 2006; Greely et al. 2008; Partridge et al. 2011; Reiner 2013).

Insgesamt ist hier jedoch dringend ein nüchterner Zugang erforderlich, der sich an den bislang vorhandenen Kenntnissen der empirischen Gegebenheiten orientiert. Denn entsprechende, auf fiktiven Annahmen beruhende Argumentationen neigen dazu, in die Irre zu führen. Zwar ist es durchaus nicht ausgeschlossen, dass künftig Substanzen verfügbar sein könnten, die eine wirksame Verbesserung der geistigen Leistungsfähigkeit bei gesunden Personen bewirken können. Allerdings ist dann nicht anzunehmen, dass diese von keinerlei Nebenwirkungen begleitet sein werden.

Wichtig ist daher, nicht mittels fiktiver Annahmen falsche Erwartungen zu wecken und die Debatte in eine nicht der Realität entsprechende Richtung zu lenken. Vielmehr besteht hier eine Verantwortung von Wissenschaftlern, in der Öffentlichkeit stehenden Personen und Journalisten, sich in angemessener, empirisch fundierter Weise zum Thema zu äußern. Denn bereits mit der Art und Weise, mit der über das Thema gesprochen wird, gehen zahlreiche Implikationen einher, die unter Umständen zu drastischen Fehleinschätzungen verleiten können.

So suggeriert eine Aussage wie „Das Thema Neuroenhancement ist eine Phantomdebatte", dass der Gebrauch von putativen Enhancern letztlich kein reales Problem darstellt, da es sich um ein selten anzutreffendes Phänomen handelt, das lediglich in bestimmten Wissenschaftlerkreisen und in den Medien intensiv diskutiert wird. Mit solchen Äußerungen sollte jedoch Zurückhaltung geübt werden, weisen doch die in den letzten Jahren erhobenen Prävalenzdaten in eine andere Richtung. Andererseits sei natürlich auch vor einer überbesorgten Reaktion gewarnt. Denn es handelt sich derzeit zwar um ein mit signifikanter Häufigkeit anzutreffendes Phänomen, allerdings nicht um eines, das bereits weite Teile der Bevölkerung erfasst hätte. Hier besteht eine deutliche Verantwortung, pharmakologisches Neuroenhancement nicht als nicht existent zu bezeichnen, sondern über bestehende Zusammenhänge und Risiken aufzuklären.

Andererseits ist auch ein Hochspielen im Sinne von „Aber ganz viele greifen schon auf Neuroenhancer zurück, wer dies nicht tut, erfährt Benachteiligung" nicht angemessen. Dies gilt insbesondere, da derzeit gar nicht geklärt ist, inwieweit mit der Einnahme entsprechender Substanzen tatsächlich ein Vorteil für die betreffenden Personen einhergeht. Insbesondere ist hier kritisch anzumerken, dass die Gefahr besteht, durch Berichte über eine mutmaßlich weite Verbreitung innerhalb der Gesellschaft oder durch Berichte über mutmaßlich stark leistungssteigernde Effekte der verwendeten Substanzen dritte, bislang unbeteiligte Personen zur Nachahmung anzuregen.

Auch Aussagen wie „Die Substanzen bewirken doch sowieso keine Verbesserung kognitiver Fähigkeiten, wozu soll man dann überhaupt ernsthaft darauf
eingehen?" gehen davon aus, dass es sich hierbei um eine unnötige Debatte handelt. Dem kann jedoch entgegengehalten werden: Auch wenn vieles darauf hin-
deutet, dass durch die derzeit eingesetzten psychoaktiven Substanzen keine Verbesserung höherer kognitiver Fähigkeiten erzielt wird, so ist doch festzustellen,
dass es die mit dem Substanzgebrauch einhergehenden Effekte – in welcher
Form auch immer – für die Konsumenten Wert zu sein scheinen, die hiermit
verbundenen Risiken auf sich zu nehmen. Fragen nach der lebensweltlichen
Relevanz des Gebrauchs entsprechender Substanzen muss daher dringend nachgegangen werden.

In eine andere Richtung weisen Aussagen wie „Aber wir trinken doch alle
Kaffee". Sie neigen zur Trivialisierung des Zusammenhangs. Auch wenn die
Grenzen fließend sind und Kaffee durchaus auch nicht zu vernachlässigende
stimulierende Wirkungen besitzt, so bestehen hier sowohl in Bezug auf gesund-
heitliche Risiken als auch in Bezug auf den gesellschaftlichen Kontext deutliche
Unterschiede zu verschreibungspflichtigen Stimulanzien und illegalen Drogen.

Andererseits handelt es sich bei pharmakologischem Neuroenhancement im
Allgemeinen und kognitivem Enhancement im Besonderen keineswegs um ein
völlig neues Phänomen. Bereits in der Vergangenheit wurde auf Drogen und
Stimulanzien zur Beeinflussung der Psyche oder zur Steigerung der Leistungsfähigkeit zurückgegriffen, zudem bestehen vielfältige Ähnlichkeiten zum Doping
im Sport. Dennoch liegt hier zweifelsfrei ein relevantes gesellschaftliches Phänomen vor, für das Formen geeigneten Umgangs gefunden werden müssen –
auch wenn es durchaus in anderen Kontexten ähnliche, ebenfalls keineswegs
unproblematische Zusammenhänge geben mag.

6 Mögliche Maßnahmen

Wie aus dem zuvor Gesagten hervorgeht, handelt es sich bei kognitivem Enhancement um ein derzeit feststellbares Phänomen mit nicht zu vernachlässigender
gesellschaftlicher Verbreitung, für welches nicht zuletzt auch eine in der Bevölkerung feststellbare Bereitschaft zur Leistungssteigerung von Bedeutung ist.

Angesichts vielfältiger mit Neuroenhancement einhergehender individueller
und gesellschaftlicher Implikationen ist eine gemeinsame Diskussion unter Be-
teiligung der verschiedensten gesellschaftlichen Gruppierungen erforderlich,

welche darauf ausgerichtet ist, über angemessene Formen des Umgangs mit Neuroenhancement zu reflektieren. Hierbei steht zunächst das Ziel der Schadensvermeidung im Vordergrund, welches darauf ausgerichtet ist, negative Effekte und Risiken des aktuellen Missbrauchs verschreibungspflichtiger Stimulanzien und illegaler Drogen durch Gesunde einzudämmen. Die Notwendigkeit eines breiten gesellschaftlichen Dialogs besteht insbesondere angesichts der weit verbreiteten Erwartung, dass künftig mit einer Ausbreitung von pharmakologischem kognitivem Enhancement zu rechnen sein wird, sollten in Zukunft besser kognitiv wirksame Substanzen mit nicht zu großen gesundheitlichen Risiken entwickelt werden und zur Verfügung stehen. Allerdings ist gemäß der von Ragan und Mitarbeitern durchgeführten Analyse nicht mit einer unmittelbar bevorstehenden Entwicklung entsprechender Medikamente, die bei Gesunden als Enhancer eingesetzt werden könnten, durch die pharmazeutische Industrie zu rechnen (Ragan et al. 2013).

Wie könnten nun geeignete Maßnahmen aussehen, um auf einen angemessenen gesellschaftlichen Umgang mit Neuroenhancern hinzuwirken? Zunächst einmal gestaltet es sich als problematisch, dass in vielerlei Hinsicht nicht ausreichende Kenntnisse vorhanden sind, um eine empirisch informierte Diskussion zu führen. Daher ist detaillierteres Wissen über Wirkungen und gesundheitliche Risiken der als kognitive Enhancer benutzten Substanzen erforderlich. So liegen über die bei gesunden Personen auftretenden Auswirkungen des Gebrauchs verschreibungspflichtiger Stimulanzien nur sehr wenige Kenntnisse vor, da diese im Kontext der Behandlung spezifischer Erkrankungen entwickelt und erprobt wurden. Demgegenüber mag man in Bezug auf die Auswirkungen des Gebrauchs illegaler Drogen zur geistigen Leistungssteigerung einige Analogien zu den Auswirkungen des entsprechenden Drogenkonsums in anderen Kontexten ziehen. Allerdings bestehen aufgrund der unterschiedlichen Randbedingungen bezüglich Dosis sowie Häufigkeit und Zielsetzung des Gebrauchs auch erhebliche Unterschiede, sodass auch hier ein Ermitteln detaillierter empirischer Daten erforderlich ist.

Neben genaueren Kenntnissen über die Prävalenz kognitiven Enhancements sind zudem empirische Untersuchungen erforderlich, die sich mit der Motivation zum Einsatz von leistungssteigernden Substanzen und mit den einen Gebrauch begünstigenden Rahmenbedingungen beschäftigen. Auch detailliertere Kenntnisse über die von den Konsumenten genutzten Zugangswege zu verschreibungspflichtigen Stimulanzien und illegalen Drogen und in Bezug auf die Informationsweiterleitung innerhalb der Bevölkerung sind erforderlich. Von wesentlicher

Bedeutung wird auch sein, größeres Wissen über die lebensweltliche Relevanz des Einsatzes der als kognitive Enhancer angesehenen Substanzen zu erlangen. Eine Analyse dieser Zusammenhänge stellt eine wesentliche Voraussetzung für eine wirksame Reflexion über geeignete regulierende Maßnahmen dar.

Allerdings sind an die Durchführung von Studien über die Enhancement-Wirkung von Stimulanzien in ethischer Hinsicht besonders hohe Anforderungen zu stellen. Diese ergeben sich durch die gesundheitlichen Risiken einer Studienteilnahme, durch das unter Umständen bestehende Risiko einer Abhängigkeitsentwicklung sowie durch die Möglichkeit, dass durch entsprechende Studien ein verstärktes Interesse an entsprechendem Substanz-Gebrauch geweckt werden könnte (vgl. Heinz et al. 2012).

Hinzu kommt: Die verschiedenen Formen biomedizinischen Enhancements sind insofern in einen generellen Kontext gesellschaftlicher Praxis eingebunden, als sie von spezifischen Faktoren abhängen, die wiederum bestimmten Rahmenbedingungen unterliegen. Hierbei kann es sich um die Angewiesenheit auf medizinische oder technische Unterstützung oder um den Zugang zu psychoaktiven Substanzen oder technischen Geräten handeln. All diese spezifischen Faktoren stehen im Zusammenhang einer etablierten medizinischen oder gesellschaftlichen Praxis. Der Zugang zu entsprechenden Verfahren oder Materialien unterliegt allgemeinen Regelungen. Wenn eine solche Angewiesenheit auf externe Faktoren gegeben ist, muss jeweils der konkrete Rahmen, innerhalb dessen das jeweilige Enhancement-Verfahren angesiedelt ist, berücksichtigt werden. Etablierte Praxis und entsprechende Regelungen, die hier gelten, sind auch im jeweiligen Enhancement-Zusammenhang von Relevanz.

Von großer Bedeutung ist darüber hinaus, durch Aufklärung der Bevölkerung über die Zusammenhänge und Risiken pharmakologischen Neuroenhancements einem unreflektierten Einsatz putativer Neuroenhancer entgegenzuwirken sowie durch präventive Maßnahmen und Schulungen über andere Formen des Umgangs mit Leistungsdruck einer entsprechenden Verwendung vorzubeugen. Hierzu gehört auch, auf die Abschaffung von Zeitdruck begünstigenden Rahmenbedingungen an Schulen, Universitäten und in der Arbeitswelt hinzuwirken.

Ungeachtet all dieser Vorschläge für mögliche gesellschaftliche Maßnahmen, die teilweise größere gesellschaftliche Veränderungen voraussetzen und daher als schwer realisierbar wenn nicht gar illusorisch erachtet werden mögen, muss gesehen werden, dass die Einnahme von Neuroenhancern zumeist auf der individuellen Entscheidung einzelner Personen beruht. Ein wichtiger Ansatzpunkt für eine kritische Auseinandersetzung mit Neuroenhancement besteht daher meines Erachtens nicht zuletzt darin, Personen, die unter Neuroenhancement begünstigenden Rahmenbedingungen stehen, zur Reflexion darüber anzuregen, wie sie ihr Leben sinnvollerweise gestalten möchten und ob hierzu ein Rückgriff auf mutmaßlich die geistige Leistungssteigerung fördernde verschreibungspflichtige oder illegale Substanzen erforderlich ist.

Literatur

Badura B, Ducki A, Schröder H, Klose J, Meyer M (Hg) (2013) Fehlzeiten-Report 2013, Schwerpunktthema: Verdammt zum Erfolg - die süchtige Arbeitsgesellschaft? Berlin

Bublitz JC, Merkel R (2009) Autonomy and authenticity of enhanced personality traits. Bioethics 23: 360-374

DAK (Deutsche Angestellten-Krankenkasse) (2009) DAK Gesundheitsreport 2009. Vgl.: http://www.presse.dak.de/ps.nsf/Show/A9C1DFD99A0104BAC 1257551005472DE/$File/DAK_Gesundheitsreport_2009.pdf

DeGrazia D (2000) Prozac, enhancement, and self-creation. Hastings Center Report 30: 34-40

Dietz P, Striegel H, Franke AG, Lieb K, Simon P, Ulrich R (2013) Randomized response estimates for the 12-month prevalence of cognitive-enhancing drug use in university students. Pharmacotherapy 33(1): 44-50

Dresler M, Sandberg A, Ohla K, Bublitz C, Trenado C, Mroczko-Wąsowicz A, Kühn S, Repantis D (2012) Non-pharmacological cognitive enhancement. Neuropharmacology, Epub ahead of print. http://dx.doi.org/10.1016/j.neuropharm.2012.07.002

Elliott C (2000) Pursued by happiness and beaten senseless. Prozac and the American dream. Hastings Center Report 30: 7-12

Farah MJ, Illes J, Cook-Deegan R, Gardner H, Kandel E, et al. (2004) Neurocognitive enhancement: what can we do and what should we do? Nature Reviews. Neuroscience 5: 421-425

Fitz NS, Reiner PB (2013) The challenge of crafting policy for do-it-yourself brain stimulation. Journal of Medical Ethics, Online First, doi:10.1136/medethics-2013-101458

Franke AG, Hildt E, Lieb K (2011a) Muster des Missbrauchs von (Psycho-) Stimulantien zum pharmakologischen Neuroenhancement bei Studierenden. Suchttherapie 12(04): 167-172

Franke AG, Bonertz C, Christmann M, Huss M, Fellgiebel A, Hildt E, Lieb K (2011b) Non-Medical Use of Prescription Stimulants and Illicit Use of Stimulants for Cognitive Enhancement in Pupils and Students in Germany. Pharmacopsychiatry 44: 60-66

Franke AG, Bagusat C, Dietz P, Hoffmann I, Simon P, Ulrich R, Lieb K (2013) Use of illicit and prescription drugs for cognitive or mood enhancement among surgeons. BMC Medicine 11:102

Glannon W (2008) Psychopharmacological Enhancement. Neuroethics 1: 45-54

Greely H, Sahakian B, Harris J, Kessler RC, Gazzaniga M, et al. (2008) Towards responsible use of cognitive-enhancing drugs by the healthy. Nature 456: 702-705

Heinz A, Kipke R, Heimann H, Wiesing U (2012) Cognitive neuroenhancement: false assumptions in the ethical debate. Journal of Medical Ethics 38(6): 372-375

Hildt E (2013) Cognitive Enhancement – A Critical Look at the Recent Debate. In: Hildt E, Franke AG (2013): S 1-14

Hildt E, Franke AG (Hg) (2013) Cognitive Enhancement. An Interdisciplinary Perspective. Dordrecht

Hildt E, Lieb K, Franke AG (2014) Life context of pharmacological academic performance enhancement among university students – a qualitative approach. BMC Medical Ethics 15: 23

Ilieva I, Boland J, Farah MJ (2013) Objective and subjective cognitive enhancing effects of mixed amphetamine salts in healthy people. Neuropharmacology 64: 496-505

Illes J, Sahakian B (Hg) (2011) Oxford Handbook of Neuroethics. Oxford

Jones DG (2006) Enhancement: are ethicists excessively influenced by baseless speculations? Medical Humanities 32: 77-81

Kadosh RC, Levy N, O'Shea J, Shea N, Savulescu J (2012) The neuroethics of non-invasive brain stimulation. Current Biology 22(4): R108

Kramer PD (1993) Listening to Prozac. A Psychiatrist Explores Antidepressant Drugs and the Remaking of the Self. New York

Metzinger T, Hildt E (2011) Cognitive Enhancement. In: Illes J, Sahakian B (2011): S 245-264

Middendorff E, Poskowsky J, Isserstedt W (2012) Formen der Stresskompensation und Leistungssteigerung bei Studierenden, HISBUS-Befragung zur Verbreitung und zu Mustern von Hirndoping und Medikamentenmissbrauch, HIS Hochschul-Informations-System GmbH, Hannover

Morein-Zamirv S, Sahakian BJ (2011) Pharmaceutical cognitive enhancement. In: Illes J, Sahakian B (2011): 229-244

Partridge BJ, Bell SK, Lucke JC, Yeates S, Hall WD (2011) Smart Drugs 'As Common As Coffee': Media Hype about Neuroenhancement. PLoS ONE 6(11): e28416

President's Council on Bioethics (2003) Beyond Therapy. Biotechnology and the Pursuit of Happiness. Washington, DC

Ragan CI, Bard I, Singh I (2013) What should we do about student use of cognitive enhancers? An analysis of current evidence. Neuropharmacology 64: 588-595

Reiner PB (2013) The Biopolitics of Cognitive Enhancement. In: Hildt E, Franke AG (2013): S 189-200

Repantis D, Schlattmann P, Laisney O, Heuser I (2010) Modafinil and methylphenidate for neuroenhancement in healthy individuals: A systematic review. In: Pharmacological Research 62: 187-206

Sententia W (2004) Neuroethical considerations: cognitive liberty and converging technologies for improving human cognition. Annals of the New York Academy of Sciences 1013: 221-228

Smith ME, Farah MJ (2011) Are Prescription Stimulants "Smart Pills"? The Epidemiology and Cognitive Neuroscience of Prescription Stimulant Use by Normal Healthy Individuals. Psychological Bulletin 137(5): 717-741

Vrecko S (2013) Just How Cognitive Is 'Cognitive Enhancement'? On the Significance of Emotions in University Students' Experiences with Study Drugs. AJOB Neuroscience 4: 4-12

Wilens TE, Adler LA, Adams J, Sgambati S, Rotrosen J, et al. (2008) Misuse and diversion of stimulants prescribed for ADHD: a systematic review of the literature. Journal of the American Academy of Child and Adolescent Psychiatry 47: 21-31

Neuro-Enhancement: Worum es geht

Ein kritischer Blick auf die Debatte um Neuro-Enhancement

Johann S. Ach, Birgit Beck, Beate Lüttenberg, Barbara Stroop

1 Worum es geht

In den seit einigen Jahren kontrovers geführten Debatten über Human Enhancement und speziell Neuro-Enhancement lassen sich typische Positionen und Argumentationsmuster ausmachen, die spezifische Zugangsweisen zu diesem komplexen Thema betonen. In aller Kürze lassen sich drei „Lager" unterscheiden: das Lager der Biokonservativen, die technischen Eingriffen in die „menschliche Natur" generell eher ablehnend gegenüberstehen, das Lager der Bioliberalen, die auf der Basis einer hypothetischen Gewährleistung sicherer und effektiver Interventionen für einen autonomen und verantwortungsvollen Umgang mit Enhancement plädieren, und das Lager der Transhumanisten, die eine mitunter utopisch anmutende Überwindung menschlicher Schwächen und Unzulänglichkeiten durch technischen Fortschritt für möglich halten und propagieren. Zentrale Streitpunkte in dieser Debatte betreffen begriffliche, insbesondere aber auch moralische, ethische sowie anthropologische Aspekte einer „Verbesserung" menschlicher Eigenschaften und Fähigkeiten.

Im vorliegenden Beitrag verfolgen wir ein doppeltes Ziel: Einerseits geben wir einen systematisch orientierten Überblick über die in der Debatte um Neuro-Enhancement diskutierten Argumente; andererseits unterziehen wir diese – zumindest teilweise – einer kritischen Bewertung, die der (liberalen) Einsicht Mills folgt, wonach jeder „der eigene Hüter seiner Gesundheit, der körperlichen, wie der seelischen und geistigen" ist (Mill 2009, 20), und der zufolge Freiheitseinschränkungen nur zugunsten der Rechte oder Interessen Dritter gerechtfertigt

© Springer Fachmedien Wiesbaden GmbH, ein Teil von Springer Nature 2018
N. Erny et al. (Hrsg.), *Die Leistungssteigerung des menschlichen Gehirns*,
https://doi.org/10.1007/978-3-658-03683-6_3

werden können. Unter anderem aus diesem Grund unterscheiden wir im Folgenden – deutlicher als es in der Debatte häufig der Fall ist – zwischen verschiedenen evaluativen bzw. normativen Perspektiven und den damit jeweils verbundenen Geltungsansprüchen. Wir wollen, mit anderen Worten, vorstellen, worum es
in der aktuellen Debatte über Neuro-Enhancement geht; und gleichzeitig aber
auch kenntlich machen, worum es – recht verstanden – gehen sollte.

2 Enhancement: begriffliche Fragen

Enhancement bedeutet wörtlich übersetzt so viel wie „Verbesserung", „Steigerung", „Potenzierung", „Erweiterung", „Verstärkung", „Erhöhung" oder „Er-
tüchtigung". Da sich – nicht zuletzt vor dem Hintergrund, dass die genannten
deutschen Begriffe Konnotationen mit sich führen, die im Begriff „Enhancement" nicht notwendig mitschwingen und die zudem in unterschiedliche Rich-
tungen weisen – bislang keine allgemein anerkannte deutsche Übersetzung etab-
lieren konnte, wird der Begriff „Enhancement" auch in der deutschen Debatte als
Terminus technicus gebraucht und gewöhnlich für bestimmte Arten von pharmazeutischen, chirurgischen oder biotechnischen Eingriffen verwendet. Dazu gehört im Hinblick auf Neuro-Enhancement insbesondere die Anwendung von
pharmazeutischen Substanzen zur Steigerung der intellektuellen Leistungsfähigkeit (*cognitive enhancement*) sowie zur Stimmungsaufhellung (*mood enhancement*). Beispiele sind Substanzen wie Fluoxetin (Prozac®), Modafinil® oder Methylphenidat (Ritalin®). Diese derzeit als Neuro-Enhancer diskutierten bzw.
genutzten Substanzen entstammen einem medizinischen Kontext, dienen einem
engen, mehr oder minder klar umrissenen Zweck und sind in ihren Auswirkungen eher moderat. Neben pharmazeutischen Substanzen werden auch verschiedene bioelektrische Verfahren wie die transkranielle Magnetstimulation, die
Tiefenhirnstimulation, Gehirn-Computer-Schnittstellen (BCIs) oder Neuro-
Prothesen als Enhancement-Maßnahmen diskutiert (vgl. Nagel, Stephan 2009).
Wie aussichtsreich der Einsatz solcher Techniken für Zwecke des Enhancements
tatsächlich ist, wird in der Literatur kontrovers diskutiert. Bis dato kommen sie
„aufgrund der Komplexität des jeweiligen Verfahrens, des ungünstigen Nutzen-
Risiko-Verhältnisses und der fraglichen Rechtfertigbarkeit aus ärztlicher Sicht
praktisch nicht zur Anwendung" (Hildt 2012, 89). Auch ein zukünftiger Einsatz
gilt manchen aus den genannten Gründen als „grundsätzlich nicht angemessen"
(ebd., 79). Nicht wenige Stimmen in der Debatte sagen gleichwohl die Entwick-

lung radikaler Enhancement-Optionen voraus (vgl. Khushf 2008). Nicht zuletzt von den sog. NBIC-Technologien (Nano-, Bio-, Informations- und auf den Kognitionswissenschaften basierende Technologien) bzw. von deren Konvergenz erhoffen sich deren Befürworter radikale Möglichkeiten der Verbesserung der kognitiven Fähigkeiten des Menschen, seines Vorstellungsvermögens oder seiner Gedächtnisleistung, eine günstige Beeinflussung seiner psychischen Eigenschaften und sozialen Kompetenzen sowie eine drastische Steigerung seiner Kommunikationsmöglichkeiten (vgl. Roco, Bainbridge 2003).

Ob auch herkömmliche Formen der Selbstverbesserung bzw. „Selbstformung" (Kipke 2011) als Enhancement aufzufassen sind, ist umstritten und hängt letztlich von der Enhancement-Definition ab, die man wählt. Etwas vereinfachend kann man in der Debatte zwei Arten von Definitionsvorschlägen unterscheiden:

(1) Einer weit verbreiteten Auffassung nach lässt sich der Begriff „Enhancement" am besten als Gegenbegriff bzw. in Abgrenzung zum Begriff der Therapie verstehen. Juengst verwendet den Terminus Enhancement zur Bezeichnung solcher Eingriffe, welche „die menschliche Gestalt oder Leistungsfähigkeit über das Maß hinaus verbessern sollen, das für die Erhaltung oder Wiederherstellung von Gesundheit erforderlich ist" (Juengst 2009, 25).

Manche Autoren halten die hier in Anspruch genommene Unterscheidung zwischen Therapie und Enhancement für eine (rein) deskriptive Unterscheidung. Dies ist allerdings wenig plausibel: Zum einen, weil verschiedene Krankheits- bzw. Gesundheitstheorien unterschiedliche Implikationen hinsichtlich der Frage haben, was als Enhancement gilt; zum anderen, weil die verschiedenen Theorien von Gesundheit und Krankheit ihrerseits von Natürlichkeits- und Normalitätsvorstellungen Gebrauch machen.

Andere Autoren verwenden die Unterscheidung dagegen von vorneherein normativ. Enhancement-Maßnahmen wären demzufolge Eingriffe, die außerhalb des Bereichs zulässiger bzw. gebotener medizinischer Maßnahmen liegen (vgl. President's Council on Bioethics 2003) und/oder die mit dem ärztlichen Ethos evtl. nicht vereinbar sind (vgl. Talbot 2009).[1]

---

1   Mit dem normativen Begriffsgebrauch verbunden ist die *politisch* und *rechtlich* interessante Frage danach, ob Enhancement-Maßnahmen in den Leistungskatalog der sozial verbürgten Gesundheitsfürsorge aufgenommen werden sollten und ob deren Erforschung aus Steuermitteln bezahlt werden sollte (vgl. Merkel 2009; Heinrichs 2016).

Das Problem, das mit dem Vorschlag, Enhancement in Abgrenzung zur Therapie zu definieren, verbunden ist, liegt vor allem darin, dass er Begriffe wie „Gesundheit", „Krankheit" und „Normalität" in Anspruch nimmt, die selbst einigermaßen unscharf sind (vgl. Quante 2008; Synofzik 2009; Ach, Lüttenberg 2011; Heilinger 2010).

Dies lässt sich an einem Vorschlag zur Einordnung von Enhancement ganz gut ablesen, den Armin Grunwald, Überlegungen von Fabrice Jotterand (2008) aufgreifend, unterbreitet hat. Grunwald unterscheidet zwischen Heilen, Doping, Verbesserungen und Veränderungen. Während „Heileingriffe" der Behebung individueller Defizite relativ zu anerkannten Standards eines durchschnittlich gesunden Menschen dienen, handelt es sich, folgt man dem Vorschlag Grunwalds, bei „Doping" um nicht-heilungsbezogene Eingriffe zur Steigerung der individuellen Leistungsfähigkeit, wobei die Leistung, die durch den Eingriff bewirkt wird, im Rahmen dessen bleibt, was relativ zu der üblichen menschlichen Leistungsfähigkeit noch als „normal" vorstellbar ist. „Verbesserungen" (enhancements) sind für Grunwald Formen der Leistungssteigerung über die Fähigkeiten hinaus, die im Rahmen gesunder und leistungsfähiger wie auch leistungsbereiter Menschen unter optimalen Bedingungen als „normal" erreichbar angesehen werden. Eine „Veränderung" (alteration) schließlich liegt Grunwald zufolge dann vor, wenn der Eingriff auf eine Modifikation der menschlichen Verfasstheit zielt (Grunwald 2008, 255).

Auch wenn Grunwalds Differenzierung intuitiv plausibel sein mag, so sind die von ihm herangezogenen Unterscheidungskriterien („durchschnittlich gesund", „übliche menschliche Leistungsfähigkeit", „menschliche Verfasstheit") doch alles andere als klar – und verdanken sich letztlich impliziten, unausgewiesenen normativen Vorentscheidungen.

(2) Ein zweiter Typ von Definitionsvorschlägen stellt auf das Wohlergehen ab, das durch Enhancement-Eingriffe erreicht werden soll. Der von Savulescu und Kollegen so genannten „[w]elfarist definition of enhancement" (Savulescu, Sandberg, Kahane 2011, 7) zufolge umfasst Enhancement „[a]ny change in the biology or psychology of a person which increases the chances of leading a good life in the relevant set of circumstances" (ebd.). Eine ähnlich positive Bestimmung findet sich auch bei John Harris: „If it wasn't good for you, it wouldn't be enhancement" (Harris 2009, 131).

Im deutschsprachigen Raum hat Jan-Christoph Heilinger einen Vorschlag unterbreitet, der „eine möglichst neutrale Definition von ‚Enhancement'" zum

Ziel hat, die „ohne normative Vorannahmen und Vorurteile auskommt" (Heilinger 2010, 59 f.). Seine „dynamische Minimaldefinition" bestimmt Enhancement folgendermaßen: „Ein Enhancement ist ein auf bestimmte Veränderungen zielender, intentionaler Eingriff in den – material organisierten und mental repräsentierten – menschlichen Funktionszusammenhang, der subjektiv positiv evaluiert wird" (ebd., 92; Hervorhebung des Originals entfernt). Um herkömmliche Methoden und Techniken der Selbstverbesserung aus dem „bioethischen Problembereich" von Enhancement ausgrenzen zu können, fügt Heilinger zwei Einschränkungen an: Als Enhancement sollen nur solche Eingriffe gelten, die durch „neuartige biotechnische Mittel" erfolgen und die sich durch „weitreichende Auswirkungen" auszeichnen (ebd.).

Die Unterscheidung zwischen Therapie und Enhancement wird durch welfaristische Definitionen unterlaufen. Therapie erscheint hier als Unterklasse bzw. Teilmenge möglicher Enhancements. Interventionen, die zwar zur Erweiterung der eigenen Fähigkeiten führen, aber nicht zugleich dem Wohlergehen zuträglich sind, fallen somit nicht unter die Kategorie „Enhancement".

Auch welfaristische Definitionsvorschläge sind freilich alles andere als unproblematisch: Dies betrifft bereits den Umstand, dass manche Vertreter dieses Vorschlags dazu neigen, „enhancen" als Erfolgsverb zu verstehen. Nimmt man dies ernst, dann folgt, dass eine Intervention, insofern ihr Beitrag zum subjektiven Wohlergehen der Person erst ex post festgestellt werden kann, auch erst dann als Enhancement bezeichnet (oder eben nicht bezeichnet) werden kann. Wichtiger sind zwei weitere Einwände: Fraglich ist erstens, ob der von manchen Proponenten des welfaristischen Vorschlags erhobene Anspruch auf Neutralität tatsächlich eingelöst werden kann. Immerhin verdanken sich auch die Festlegung auf eine dezidiert liberale Position und die Betonung der evaluativen Souveränität der subjektiven Perspektive einer (wenn auch vielleicht weithin geteilten) normativen Entscheidung. Zweitens besteht die Gefahr, dass welfaristische Definitionen von Enhancement allzu inklusiv sind: Wenn alles, was zum subjektiven Wohlergehen der Person beiträgt, als Enhancement bezeichnet werden muss, dann verliert der Begriff offenbar jede Trennschärfe. Der Umstand, dass Heilinger sich dazu genötigt sieht, seine Minimaldefinition durch Einschränkungen („neuartige Mittel", „weitreichende Folgen") anzureichern, illustriert dieses Problem.

Als Fazit kann man vielleicht festhalten, dass, wenn eine konsentierte Definition von Enhancement nicht in Sicht ist, dies gewissermaßen in der Natur der Sache liegt: Was als Enhancement gilt und was nicht, hängt von Voraussetzun-

gen und Prämissen ab, die ihrerseits Gegenstand einer kontroversen Debatte
sind.[2]

3 Moralische Probleme des Neuro-Enhancements

Enhancement-Verfahren werfen eine Reihe moralischer Probleme auf. Für ihre
Bewertung sind aus individual- und sozialethischer Perspektive insbesondere die
Prinzipien des (1) Nutzens bzw. der Schadensvermeidung, des (2) Respekts vor
der Autonomie und der (3) Gerechtigkeit einschlägig.

(1) Ob der von potentiellen Anwendern erhoffte Nutzen eines Enhancement-
Eingriffs realisiert werden kann oder nicht, hängt insbesondere auch davon ab,
ob Nutzer die unterschiedlichen Verfahren mit realistischen Erwartungen in
Anspruch nehmen, über die möglichen Risiken und Effektstärken informiert sind
und diese entsprechend in ihre Nutzen/Risiken-Abwägung mit einbeziehen können. Dies ist derzeit kaum gewährleistet, da – sieht man einmal von dem generellen Problem ab, dass die Abschätzbarkeit der Auswirkungen neuer Techniken in
ihrer Reichweite problematisch sein kann – verlässliche Daten, die Auskunft
über Nutzenchancen und Schadensrisiken geben könnten, bislang kaum vorliegen. Tatsächlich gibt es nur wenige Evaluations- und Risikostudien, welche die
Auswirkungen eines *off label use* pharmazeutischer Substanzen, die ursprünglich
zu präventiven, therapeutischen oder palliativen Zwecken entwickelt wurden, als
Enhancement untersucht haben (vgl. Franke et al. 2011; Franke et al. 2012; Repantis et al. 2009; Repantis et al. 2010a; Repantis et al. 2010b). Mögliche Enhancement-Optionen, die außerhalb eines medizinischen Kontextes entwickelt
werden, werden davon nicht erfasst.

Gesundheitliche Risiken, zu denen Abhängigkeitsrisiken ebenso zählen
können wie unvorhersehbare Wechsel- oder Langzeitwirkungen, fallen bei „verbessernden" Interventionen möglicherweise besonders ins Gewicht, da es sich
dabei um Eingriffe handelt, die gerade nicht auf die Linderung oder Heilung
einer Krankheit abzielen, womit die Inkaufnahme von Risiken und unerwünsch-
ten Wirkungen im medizinischen Kontext üblicherweise gerechtfertigt wird (vgl.

---

2   Um die verschiedenen Verwendungsweisen des Enhancement-Begriffs unterschei-
     den zu können und ihn beispielsweise auch vom Begriff der Perfektionierung unter-
     scheiden zu können, ist eine genaue Analyse der verschiedenen semantischen Di-
     mensionen des Begriffs der Verbesserung hilfreich. Vgl. dazu Ach (2016).

Schleim 2010, 180, Anm. 1). Liberale Gesellschaften müssen den Individuen aber gleichwohl die Möglichkeit einräumen, gegebenenfalls sogar erhebliche Risiken oder Nebenwirkungen leistungssteigernder Mittel in Kauf zu nehmen, wenn diese aus ihrer Sicht wichtige Vorteile versprechen. Voraussetzung dafür ist, dass mögliche Nutzer ausreichend über die Risiken und Chancen von Enhancement informiert sind. Aus der Perspektive des Nichtschadensprinzips ist daher vor allem eine Verbesserung der Wissensbasis über die mit Enhancement-Interventionen verbundenen Nutzenchancen und die Schadensrisiken erforderlich. Enhancement-Interessenten müssen die Möglichkeit haben, sich zuverlässig über die Risiken und Chancen von Enhancement-Eingriffen und gegebenenfalls auch über Alternativen zur Nutzung pharmazeutischer, chirurgischer oder biotechnischer Methoden der Verbesserung menschlicher Leistungsmerkmale zu informieren, da nur dies die Möglichkeit einer informierten Entscheidung für oder wider deren Nutzung ermöglicht.

(2) Wie eine Bewertung von Enhancement-Eingriffen im Licht des Prinzips des Respekts vor der Autonomie aussehen muss, wird in der Literatur kontrovers diskutiert. Enhancement-Befürworter argumentieren, dass ein paternalistisches Verbot von Enhancement-Nutzung mit den Voraussetzungen einer liberalen Gesellschaft nicht vereinbar sei. Dies gelte umso mehr, insofern die Nutzung von Enhancements mit der Eröffnung von Handlungsoptionen einhergehe, die es dem Einzelnen ermögliche, instrumentell, aber auch intrinsisch wertvolle Güter zu realisieren (Galert et al. 2009, 44). Kritiker befürchten dagegen eine Zunahme des ohnehin vorhandenen gesellschaftlichen Leistungsdrucks. Eine um sich greifende Enhancement-Praxis werde, so das Argument, eine Erwartungshaltung erzeugen, die den Einzelnen, ungeachtet entgegenstehender persönlicher Überzeugungen oder ungeachtet auch gesundheitlicher Risiken, eine beständige Bereitschaft zur Selbstverbesserung abverlange. Darüber hinaus sei eine „Medikalisierung" sozial unerwünschter oder von der Idealnorm abweichender Einstellungen und Verhaltensweisen zu befürchten. Von der „Freiwilligkeit" von Entscheidungen für (oder wider) die Nutzung von Enhancements auszugehen, sei entsprechend naiv.

Mit Blick auf das Prinzip des Respekts vor der Autonomie muss vor diesem Hintergrund gefordert werden, dass einem möglichen Recht auf die Nutzung von Enhancement-Maßnahmen ein Recht korrespondieren muss, auf entsprechende Eingriffe zu verzichten; ein Recht darauf also, nicht-enhanced oder „naturbelassen" (Schöne-Seifert 2006, 285) zu bleiben. Darüber hinaus setzt eine moralisch akzeptable Nutzungspraxis von Enhancement offenbar voraus, dass die Möglichkeit eines Missbrauchs durch Arbeitgeber, Ausbildungsinstitutionen, das Militär etc. durch wirksame politische Vorkehrungen soweit als möglich eingeschränkt wird und Ausnahmen von einer strikten Freiwilligkeitsregel – sofern überhaupt begründbar – auf genau definierte Ausnahmesituationen begrenzt werden.

(3) Mit Blick auf das Prinzip der Gerechtigkeit wird Enhancement einerseits als Problem, andererseits aber auch als Chance diskutiert.

(a) Enhancement-Kritiker äußern die Sorge, dass (zumindest manche) Formen von Neuro-Enhancement insofern ein moralisches Problem aufwerfen könnten, als sie Enhancement-Nutzern in Wettbewerbssituationen einen unfairen Vorteil gegenüber Konkurrenten verschaffen. Dies wird beispielsweise mit Blick auf die Möglichkeit einer Steigerung des Konzentrationsvermögens diskutiert. Wie überzeugend Argumente dieses Typs tatsächlich sind, ist allerdings fraglich:

Sieht man einmal davon ab, dass der Grundsatz „ohne Fleiß kein Preis", der oft genug hinter dieser Form der Kritik zu stehen scheint (Nagel 2010, 315), nicht sonderlich überzeugend ist, beruht auch die Befürchtung, Enhancement-Nutzung werde zu Wettbewerbsverzerrung und sozialer Unfairness führen, auf überzogenen und empirisch jedenfalls nicht belegbaren Vorstellungen über die Verbreitung und die Effizienz von Enhancement-Maßnahmen. Darüber hinaus kann Enhancement offensichtlich nicht per se (persönlichen oder beruflichen) Erfolg garantieren, sondern allenfalls eigene Anstrengungen unterstützen. Dies ist beim Sport-Doping im Übrigen genauso: Auch dort bleiben Trainingsleistungen trotz der Möglichkeit des Dopings offenbar weiter notwendig. Es ist daher weder ohne Weiteres einsichtig, warum Enhancement-Nutzer sich ihre – unter Verwendung von Hilfsmitteln erreichten – Leistungen nicht selbst sollten zurechnen können, wie mitunter behauptet wird; noch, weshalb die Inanspruchnahme von Enhancement-Mitteln unter allen Umständen zu einem unfairen Vorteil führen sollte.

Im Übrigen trifft die Kritik, Enhancement verschaffe dem Nutzer unfaire Vorteile, im Wesentlichen ohnehin nur kompetitive Formen von Enhancement. Bei den durch Enhancement erzielten Vorteilen kann es sich aber durchaus auch um absolute Güter (im Unterschied zu positionalen Gütern) handeln. Argumente, die auf mögliche soziale Verwerfungen durch den Gebrauch von Neuro-Enhancement-Mitteln abzielen, werden in diesem Fall keine große Rolle spielen. Eine primär an der Vermeidung von sozioökonomischen Ungleichheiten orientierte Einschränkung von Neuro-Enhancement-Möglichkeiten liefe insofern Gefahr, auch die Möglichkeiten der Realisierung intrinsischer Ziele und Werte zu vereiteln.

(b) Als ein weiteres mögliches Gerechtigkeitsproblem wird die Frage der Verfügbarkeit von bzw. der Zugangsmöglichkeiten zu wirksamen Enhancement-Mitteln diskutiert. Teure Neuro-Enhancement-Maßnahmen könnten, so das Argument, aus ökonomischen Gründen für viele unerreichbar bleiben. Selektive Zugangsmöglichkeiten aber bergen, so die Befürchtung der Kritiker, die Gefahr des Ausschlusses Einzelner vom gesellschaftlichen Leben und beschwören auf diese Weise neue Formen der Diskriminierung herauf. Dabei darf man allerdings nicht übersehen, dass sozial ungleiche Verteilungen und selektive Zugangsmöglichkeiten nicht erst mit der Möglichkeit des Neuro-Enhancements in die Welt kommen, sondern vielmehr eines der Kennzeichen des vorherrschenden Gesellschaftsmodells sind (Merkel et al. 2007, 359; Galert et al. 2009, 44 f.). Vor diesem Hintergrund stellt sich die Frage, inwiefern die aus der Nutzung von Enhancement möglicherweise resultierende Ungleichheit sich von gegenwärtig in unserer Gesellschaft bereits existierenden Ungleichverteilungen unterscheiden würde. Ein Gerechtigkeitsproblem sui generis stellen Enhancement-Mittel nämlich nur dann dar, wenn sie tatsächlich zu einem qualitativ unvergleichbar größeren Wettbewerbsvorteil führen würden (vgl. Nagel 2010, 281). Diese Möglichkeit allerdings scheint derzeit (noch) nicht gegeben zu sein.

Ein Gerechtigkeitsproblem oder vielleicht auch eine Gerechtigkeitschance kann die Nutzung von Enhancement auch in einer anderen Hinsicht darstellen. So ist verschiedentlich dafür plädiert worden, Enhancement als eine Chance zur Beseitigung von Ungerechtigkeit zu begreifen (Galert et al. 2009, 45); als eine Chance dafür, „von Natur aus" benachteiligten Menschen durch den Einsatz von Enhancement Möglichkeiten zu eröffnen, die sie sich aus eigener Kraft nicht hätten erarbeiten können. Für liberale Gesellschaften, die dem Prinzip der fairen Chancengleichheit verpflichtet sind, scheint damit allerdings konsequenterweise die Pflicht einherzugehen, unter bestimmten Voraussetzungen und jedenfalls bis zu einem gewissen Ausmaß nicht nur einen fairen Zugang zu Enhancement-Maßnahmen zu ermöglichen, sondern diese für benachteiligte Gesellschaftsmitglieder vorzuhalten – jedenfalls dann, wenn die Maßnahmen sowohl wirksam und finanzierbar als auch notwendig sind, um „natürliche" Nachteile auszugleichen.

4 Ethische Probleme des Neuro-Enhancements

Einige Fragestellungen, die in der Debatte um Neuro-Enhancement verhandelt werden, betreffen weniger moralische Probleme im engeren Sinne als vielmehr unterschiedliche Ansichten über relevante Bedingungen eines guten Lebens. Solche ethischen Argumente und Perspektiven sind offenbar mit einem deutlich abgeschwächten Geltungsanspruch verbunden. Einzig moralische Probleme im engeren Sinne (sowie natürlich rechtliche Regelungen) erfordern allgemein gültige Lösungen, die allen Beteiligten gegenüber mit demselben starken Geltungsanspruch vertreten werden können. Antworten auf ethische Probleme dagegen müssen unter den normativen Vorzeichen einer liberalen und faktisch pluralen Gesellschaft dem Ermessen des Einzelnen anheimgestellt werden. Wohl lassen sich Klugheitsgründe angeben, die gegen zu hohe Erwartungen an Neuro-Enhancement als Mittel zur Realisierung eines guten Lebens sprechen. Wie überzeugend entsprechende Argumente jedoch jeweils sind, hängt nicht zuletzt von den entsprechenden normativen, werttheoretischen und anthropologischen Grundannahmen ab, auf deren Basis sie entwickelt werden. Mit Kant gesprochen: Ethische Urteile unterscheiden sich von moralischen Urteilen durch die „Ungleichheit der Nötigung des Willens". Sie sind „Ratschläge der Klugheit", keine „Gebote (Gesetze) der Sittlichkeit" (Kant GMS BA, 43/44).

Die ethische Debatte über Enhancement und Neuro-Enhancement kreist vor diesem Hintergrund im Wesentlichen um zwei Fragen: (1) Kann Neuro-Enhancement das individuelle Glück befördern? (2) Gefährdet Enhancement die Authentizität von Nutzern?

(1) Hinsichtlich der Möglichkeit einer Verbesserung der affektiven oder emotionalen Befindlichkeit von Enhancement-Nutzern (vgl. Savulescu et al., Part III) wird in der Literatur vor allem die Frage diskutiert, ob durch Enhancement nicht möglicherweise ein bloß „künstliches Glück" (Bayertz et al. 2012) erzeugt wird. Den Anstoß zur Diskussion über die Verheißungen der „kosmetischen Psychopharmakologie" und das Versprechen, sich mittels *mood enhancement* „besser als gut" fühlen zu können, gab Peter Kramer in seiner einflussreichen Studie „Listening to Prozac" (Kramer 1993). Auch bei dieser Frage scheiden sich freilich die Geister. Während insbesondere die sog. Transhumanisten in Neuro-Enhancern eine neue Möglichkeit sehen, das individuelle Wohlergehen dadurch zu steigern, dass potentiell glückszuträgliche Eigenschaften „enhanced" werden, sind die Kritiker überwiegend der Auffassung, dass das Resultat eines solchen

Enhancements allenfalls in „trügerischem Glück" (President's Council on Bio-ethics 2003, 212) bestehen könne. Enhancement-Glück, das mit Hilfe von künst-lichen Mitteln entstanden sei und nicht durch eigene Mühe und Arbeit, sei kein „echtes" Glück. Einwände dieser Art stützen sich häufig auf normative Natür-lichkeitsargumente (vgl. Birnbacher 2006) oder auf sehr spezifische Konzepte von Glück und Wohlergehen – verzichten in der Regel aber darauf, diese Vo-raussetzung explizit zu machen (vgl. Beck, Stroop 2015).

(2) Ein weiterer Topos in der Debatte, der sowohl im Lager der Befürworter als auch in dem der Kritiker von Neuro-Enhancement diskutiert wird, ist das Ideal der Authentizität (vgl. Taylor 1991; Guignon 2004). Während die einen Einbu-ßen an personaler „Identität"[3] und „Authentizität" befürchten (vgl. Elliott 2003; Bolt 2007; Berghmans et al. 2011), betonen die anderen umgekehrt, dass Neuro-Enhancement unter bestimmten Voraussetzungen ein Mittel dazu sein könne, authentische Erfahrungen bzw. die Erfahrung der Authentizität zu machen. In diesem Zusammenhang wird nicht selten auf ein Fallbeispiel verwiesen, das bei Kramer geschildert wird. Kramer berichtet u.a. von der Patientin Tess, die sich nach der Einnahme von Prozac® mit ihrer „neuen" Persönlichkeit positiv identi-fiziert. Dies wird von manchen als Evidenz dafür herangezogen, dass die erfolg-reiche Anwendung von Enhancement-Maßnahmen tatsächlich dazu führen kön-ne, dass Nutzer sich erst wirklich als sie selbst wahrnehmen (vgl. Schmidt-Felzmann 2009; Krämer 2009; Krämer 2011).

Der Begriff der Authentizität ist freilich vieldeutig (vgl. Janßen 2010). Tat-sächlich, so der Eindruck, den man als Beobachter dieser Debatte gewinnen kann, scheinen Kritiker und Befürworter des Neuro-Enhancements Unterschied-liches darunter zu verstehen. Eric Parens (2005) hat vorgeschlagen, die verschie-denen Verständnisse von Authentizität, die in der Debatte herangezogen werden, auf unterschiedliche „ethische Bezugssysteme" zurückzuführen. Parens spricht von einem „gratitude framework" und einem „creativity framework" (ebd., 36 f.). Während das „gratitude framework" von der Vorstellung ausgeht, es gebe

---

3   Bezüglich einer Klärung des relevanten Begriffs personaler Identität im Zusammen-hang mit Neuro-Enhancement wurde vielfach darauf verwiesen, dass eine mögliche Gefährdung der Personalität oder der diachronen Identität von Enhancement-Nutzern nicht zu befürchten steht. Vielmehr werfen die neuen Techniken Fragen hinsichtlich der psychologischen bzw. narrativen Identität möglicher Anwender auf, betreffen also Eigenschaften ihrer *Persönlichkeit* (vgl. Galert 2009; DeGrazia 2005; ders. 2005a; Merkel et al. 2007; Nagel 2010).

so etwas wie ein „essentielles, wahres Selbst", das durch Introspektion entdeckt werden könne und dem es treu zu bleiben gelte, geht das „creativity framework" davon aus, dass Authentizität in einem kontinuierlichen Prozess autonomer Selbsterschaffung entsteht (vgl. dazu auch Bublitz, Merkel 2009). Der Forderung nach Respekt vor dem „Gegebenen" und der „natürlichen" Konstitution der Person (vgl. President's Council on Bioethics 2003) steht damit auf der anderen Seite die Empfehlung gegenüber, nicht derjenige zu werden, der man immer schon war, sondern derjenige, zu dem man sich aktiv und kreativ macht. Einige Autoren haben allerdings – und vermutlich durchaus zu Recht – darauf hingewiesen, dass Enhancement mit verschiedenen Ansichten von Authentizität in Einklang gebracht werden kann (vgl. Levy 2011; Quante 2008: 46; Leefmann 2015).

Wie auch immer es sich damit verhalten mag, ist Oliver Müller Recht zu geben, der feststellt, dass es „auch hinsichtlich einer normativ verstandenen Authentifizierung des Lebens [...] Grenzen" (Müller 2008, 200) gebe. „Kann man", so fragt Müller, „etwa aus der Intuition, dass der Mensch danach strebt, authentisch zu leben, auch fordern, dass er authentisch leben *soll*? Auch hier kann man in erster Linie pragmatisch-anthropologische Empfehlungen auf der Basis einer schwachen Normativität aussprechen und keine starken Handlungsnormen einfordern" (ebd., Hervorhebung im Original).

5 Enhancement und die „menschliche Natur"

Die weitreichenden Erwartungen, die vor allem von transhumanistischer Seite mit zukünftigen Enhancement-Möglichkeiten verbunden werden, haben die Aussicht einer Manipulation der „menschlichen Natur" (vgl. Bayertz 2005; Birnbacher 2008) auf die Tagesordnung gesetzt. Neben moralischen und ethischen Argumenten spielen in der Debatte über Enhancement und Neuro-Enhancement daher auch anthropologische Argumente eine nicht unwichtige Rolle (vgl. Heilinger 2010). Die Diskussion über Enhancement konfrontiert uns, wie man auch sagen könnte, mit der Frage nach unserem menschlichen Selbstverständnis (vgl. Beck 2013). In diesem Zusammenhang werden insbesondere Argumente diskutiert, die (1) auf das „Wesen" des Menschen zielen, (2) auf unser gattungsethisches Selbstverständnis verweisen, oder die (3) vor einer fortschreitenden Technisierung bzw. „Cyborgisierung" des Menschen warnen.

(1) Eine von Enhancement-Kritikern häufig herangezogene Strategie besteht darin, das „Wesen" oder zumindest bestimmte Eigenschaften und Fähigkeiten des Menschen für inhärent wertvoll und unantastbar zu erklären und Enhancement-Eingriffe damit von vorneherein zu delegitimieren (vgl. Fukuyama 2002; President's Council on Bioethics 2003; Sandel 2008). Dem Anspruch nach wollen die Vertreter solcher Positionen einen menschlichen „Wesenskern" oder eine Kombination verschiedener würdekonstitutiver Eigenschaften – den „Faktor X" (Fukuyama 2002, 210 f.) – identifizieren und für sakrosankt gegenüber biotechnischer Manipulation erklären. Entsprechende Argumente sind allerdings problematisch. Insbesondere deshalb, weil es alles andere als klar ist, was unter einem menschlichen „Wesen" oder der menschlichen „Natur" genau zu verstehen wäre (vgl. Bayertz 2005a). Die Ansichten von Enhancement-Kritikern und Befürwortern jedenfalls scheinen in dieser Frage auseinanderzugehen. Während die einen die „menschliche Natur" als ein Geschenk ansehen, dessen Manipulation als „Hybris" (President's Council on Bioethics 2003, 323 ff.) zu verurteilen wäre, halten die anderen es gerade für ein wesentliches Kennzeichen des Menschen, dass er in der Lage und bestrebt ist, seine „erste" Natur nach seinen eigenen Vorstellungen zu verändern (Birnbacher 2006, 179).

Eine weitere Argumentationsstrategie der Enhancement-Kritiker betont weniger die Schutzwürdigkeit der (biologischen) menschlichen Natur per se, sondern stellt diese als grundlegende Basis für unser normatives und evaluatives menschliches Selbstverständnis heraus. So ist zum Beispiel behauptet worden, dass es gerade die menschliche Vulnerabilität und Imperfektibilität seien, die uns Grund dazu gäben, unser Leben in Demut anzunehmen und einen verantwortungs- und würdevollen Umgang miteinander zu pflegen (vgl. Sandel 2008). Gegen dieses Argument lässt sich freilich einwenden, dass Verletzlichkeit und Bedürftigkeit, wiewohl sie moralisches Verhalten motivieren mögen, keine erstrebenswerten Eigenschaften sind; und dass es im Gegenteil sogar ein unmoralischer Zynismus wäre, wollte man menschliche Imperfektibilitäten oder Behinderungen allein deshalb bewahren, weil dies anderen Anlass und Gelegenheit dazu gäbe, sozial wünschenswerte Verhaltensweisen auszuprägen (vgl. Merkel et al. 2007, 345).

(2) Auch Habermas hat – mit Blick auf genetisches Enhancement und verschiedene Formen der assistierten Reproduktion – für eine „Moralisierung der menschlichen Natur" und den Erhalt eines „gattungsethischen Selbstverständnisses" plädiert (Habermas 2001). Dabei geht es ihm im Kern allerdings nicht um

die (faktische oder normative) „Unverfügbarkeit" der biologischen menschlichen
Natur. Anders als Autoren, denen es um den Erhalt eines vorgängigen „Wesens"
des Menschen zu tun ist, meint Habermas, dass eine „gattungsethische Einbet-
tung der Moral" erforderlich sei. Der Einsatz von Enhancement-Techniken, so
Habermas, berge die Gefahr einer Aushöhlung oder sogar Zerstörung der Vo-
raussetzungen einer auf Autonomie und egalitärer Anerkennung basierenden
Moral. Dass dieses Argument zielführend ist, kann man allerdings mit guten
Gründen bezweifeln (vgl. Özmen 2013). Sieht man einmal davon ab, dass die
Überlegungen von Habermas an dieser Stelle auf eher unwahrscheinlichen empi-
rischen Vorhersagen beruhen (vgl. Bayertz 2005a, 21), scheint sein zentrales
Argument auf eine biokonservative Umkehrung einer liberalen Begründungsfi-
gur hinauszulaufen, die gerade darin bestanden hatte, die Idee der Gleichheit
oder auch den Begriff der Menschenwürde gegen die Folgen der natürlichen
Lotterie in Stellung zu bringen.

(3) Einen weiteren Topos in der Debatte über Neuro-Enhancement stellt schließ-
lich die Warnung vor einer fortschreitenden „Technisierung" der menschlichen
Natur dar. Als „Reflexionsfigur" (Müller 2009, 493) dient dabei das Bild des
„Cyborg" (*cybernetic organism*), zu dem sich der Mensch, folgt man den Befürchtungen der Kritiker bzw. den Hoffnungen der Befürworter, Schritt für
Schritt entwickeln werde. Entsprechende Spekulationen sind aufgrund ihrer
Hypothetizität und Realitätsferne kritisiert worden und es ist zu Recht darauf
hingewiesen worden, dass sie nicht selten „den Blick auf das Realisierbare und
vernünftigerweise Wünschbare" zu verstellen drohen (Hildt 2012, 75 f.). Als
Versuch einer Vergewisserung über unser menschliches Selbstverständnis sollte
der Diskurs über die „Artefaktibilität des Menschen" (Gordijn 2004, 133)
gleichwohl ernst genommen werden.

6 Fazit

Unsere Überlegungen lassen sich abschließend in Form der folgenden Thesen
zusammenfassen:

Erstens: Die Darstellung zentraler Argumente und Diskussionsfelder in der Debatte um Neuro-Enhancement hat gezeigt, dass man nur angemessen beschreiben
und verstehen kann „worum es geht", wenn man die angesprochenen moralischen, ethischen und anthropologischen Argumente und Perspektiven unter-

scheidet und differenziert diskutiert. Wer dies nicht in ausreichendem Maße tut, neigt dazu, normative Verbindlichkeiten zu formulieren (und ggf. sogar als gesetzliche Regelung einzufordern), wo der Sache nach nur Ratschläge im Sinne Kants angebracht sind. Die Enhancement-Literatur ist voll von Beispielen für Verwechslungen dieser Art.

Zweitens: Die vorhandene Wissensbasis im Hinblick auf Effektstärken und unerwünschte Nebenwirkungen sowie gesundheitliche, biographische und soziale Risiken einer möglichen Enhancement-Nutzung ist offenkundig unzureichend. Die derzeit als Enhancement oder Neuro-Enhancement verfügbaren Möglichkeiten sind zwar eher bescheiden; eine Erweiterung des Spektrums der Möglichkeiten durch neue pharmazeutische, chirurgische und biotechnologische Verfahren ist aber mittel- und langfristig wahrscheinlich. Zumindest mittelfristig wird man daher auch über die Frage diskutieren müssen, wie ein umfassender „Verbraucherschutz" im Hinblick auf solche Enhancement-Mittel und -Verfahren garantiert werden kann, die außerhalb der etablierten Regularien des Medizinsystems entwickelt und angeboten werden. Erste Ansätze dazu gibt es inzwischen.

Drittens: Entsprechende utopische (oder, je nach Standpunkt, dystopische) Spekulationen dürfen nicht dazu führen, dass man die – vielleicht weniger aufregenden – schon jetzt vorhandenen oder kurzfristig verfügbaren Enhancement-Optionen aus den Augen verliert oder gar auf eine *case-by-case* Analyse verzichtet. Eine Diskussion über ethische, rechtliche und soziale Aspekte sowie konkrete regulatorische Erfordernisse ist (zumindest im Sinne eines „Vorratsdiskurses") unerlässlich und kommt keineswegs, wie es manchmal heißt, „zu früh".

Viertens: Eine unvoreingenommene und öffentliche Diskussion über Neuro-Enhancement ist vor diesem Hintergrund in doppelter Perspektive wünschenswert und wichtig: Zum einen, weil nur im Zuge einer solchen Diskussion ein Klima entstehen kann, in dem die Nutzenchancen und Schadensrisiken von konkreten Enhancement-Eingriffen ausgeleuchtet und erforscht und möglicher Regulierungsbedarf eruiert werden können; zum andern aber auch deshalb, weil sie uns, unabhängig von aller Realisierbarkeit von Enhancement-Optionen, etwas über uns selbst und über die Gesellschaft lernen lässt, in der wir leben – bzw. über die Welt, in der wir leben wollen.

Literatur

Ach JS (2016) Gibt es eine Pflicht zur Verbesserung des Menschen? In: Liessmann KP (2016): 116-144

Ach JS, Lüttenberg B (2011) Ungleich besser? Zwölf Thesen zur Diskussion über Neuro-Enhancement. In: Viehöfer W, Wehling P (Hg) (2011): 231-250

Ach JS, Pollmann A (Hg) (2006) no body is perfect. Baumaßnahmen am menschlichen Körper. Bioethische und ästhetische Aufrisse. Bielefeld

Bayertz K (Hg) (2005) Die menschliche Natur. Welchen und wieviel Wert hat sie? Paderborn

Bayertz K (2005a) Die menschliche Natur und ihr moralischer Status. In: ders. (Hg) (2005): 9-31

Bayertz K, Beck B, Stroop B (2012) Künstliches Glück? Biotechnisches Enhancement als (vermeintliche) Abkürzung zum guten Leben. Literaturbericht. Philosophischer Literaturanzeiger 65(4): 339-376

Beck B (2013) Ein neues Menschenbild? Der Anspruch der Neurowissenschaften auf Revision unseres Selbstverständnisses. Münster

Beck B, Stroop B (2015) A Biomedical Shortcut to (Fraudulent) Happiness? An Analysis of the Notions of Well-Being and Authenticity Underlying Objections to Mood Enhancement. In: Søraker JH et al. (Hg): 115-134

Berghmans R, ter Meulen R, Malizia A, Vos R (2011) Scientific, Ethical, and Social Issues in Mood Enhancement. In: Savulescu J, ter Meulen R, Kahane G (Hg) (2011): 153-165

Birnbacher D (2006) Natürlichkeit. Berlin

Birnbacher D (2008) Was leistet die ›Natur des Menschen‹ für die ethische Orientierung? In: Maio G, Clausen J, Müller O (Hg) (2008): 58-78

Bolt LLE (2007) True to Oneself? Broad and Narrow Ideas on Authenticity in the Enhancement Debate. Theoretical Medicine and Bioethics 28: 285-300

Bublitz JC, Merkel R (2009) Autonomy and Authenticity of Enhanced Personality Traits. Bioethics 23(6): 360-374

Clausen J, Müller O, Maio G (Hg) (2008) Die »Natur des Menschen« in Neurowissenschaft und Neuroethik. Würzburg

DeGrazia D (2005) Human Identity and Bioethics. Cambridge

DeGrazia D (2005a) Enhancement Technologies and Human Identity. Journal of Medicine and Philosophy 30: 261-283

Elliott C (2003) Better than well? American medicine meets the American dream. New York

Fink H, Rosenzweig R (Hg) (2010) Künstliche Sinne, gedoptes Gehirn. Neurotechnik und Neuroethik. Paderborn

Franke AG, Bonertz C, Christmann M, Huss M, Fellgiebel A, Lieb K (2011) Non-Medical Use of Prescription Stimulants and Illicit Use of Stimulants for Cognitive Enhancement in Pupils and Students in Germany. Pharmacopsychiatry 44: 60-66

Franke AG, Lieb K, Hildt E (2012) What Users Think about the Differences between Caffeine and Illicit/Prescription Stimulants for Cognitive Enhancement. PLoS ONE 7(6): e40047

Fukuyama F (2002) Das Ende des Menschen. Darmstadt

Galert T (2009) Wie mag Neuro-Enhancement Personen verändern? In: Schöne-Seifert B, Talbot D, Opolka U, Ach JS (Hg) (2009): 159-187

Galert T, Bublitz JC, Heuser I, Merkel R, Repantis D, Schöne-Seifert B, Talbot D (2009) Das optimierte Gehirn. Gehirn & Geist 11: 40-48

Glannon W (2006) Psychopharmacology and memory. Journal of Medical Ethics 32: 74-78

Gordijn B (2004) Medizinische Utopien. Eine ethische Betrachtung. Göttingen

Grunwald A (2008) Auf dem Weg in eine nanotechnologische Zukunft. Philosophisch-ethische Fragen. Freiburg/München

Guignon C (2004) On Being Authentic. London/New York

Habermas J (2001) Die Zukunft der menschlichen Natur. Auf dem Weg zu einer liberalen Eugenik? Frankfurt am Main

Harris J (2009) Enhancements Are a Moral Obligation. In: Savulescu J, Bostrom N (Hg) (2009): 131-154

Heilinger JC (2010) Anthropologie und Ethik des Enhancements. Berlin

Heinrichs JH (2016) Enhancement nüchtern betrachtet. In: Schütz R, Hildt E, Hampel J (2016): 145-160

Hildt E (2012) Neuroethik. München

Janßen N (2010) Der Authentizitätsbegriff in der Enhancementdebatte. Berlin

Jotterand F (2008) Beyond Therapy and Enhancement: The Alteration of Human Nature. Neuroethics 2: 15-23

Jotterand F (Hg) (2008) Emerging Conceptual, Ethical, and Policy Issues in Bionanotechnology. Dordrecht

Juengst ET (2009) Was bedeutet Enhancement? In: Schöne-Seifert B, Talbot D (Hg) (2009) Enhancement. Die ethische Debatte. Paderborn, S 25-46

Kant I (1974) Grundlegung zur Metaphysik der Sitten (zit. als GMS). In: ders. (1974) Kritik der praktischen Vernunft/Grundlegung zur Metaphysik der Sitten. Werkausgabe Band VII, Frankfurt am Main, S 7-102

Khushf G (2008) Stage Two Enhancements. In: Jotterand F (Hg) (2008) Emerging Conceptual, Ethical, and Policy Issues in Bionanotechnology. Dordrecht, S 203-218

Kipke R (2011) Besser werden. Eine ethische Untersuchung zu Selbstformung und Neuro-Enhancement. Paderborn

Knoepffler N, Savulescu J (Hg) (2009) Der neue Mensch? Enhancement und Genetik. Freiburg/München

Kramer PD (1993) Listening to Prozac. New York

Krämer F (2009) Neuro-Enhancement von Emotionen. Zum Begriff emotionaler Authentizität. In: Schöne-Seifert B, Talbot D, Opolka U, Ach JS (Hg) (2009): 189-217

Krämer F (2011) Authenticity Anyone? The Enhancement of Emotions via Neuro-Psychopharmacology. Neuroethics 4(1): 51-64

Leefmann J (2015) Der unartikulierte Verdacht. Varianten des Authentizitätsbegriffes in der Debatte um Neuro-Enhancement. In: Ranisch R, Rockoff M, Schuol S (2015): 141-156

Levy N (2011) Enhancing Authenticity. Journal of Applied Philosophy 28(3): 308-318

Liessmann KP (Hg) (2016) Neue Menschen! Bilden, optimieren, perfektionieren. Wien

Maio G, Clausen J, Müller O (Hg) (2008) Mensch ohne Maß? Reichweite und Grenzen anthropologischer Argumente in der biomedizinischen Ethik. Freiburg/München

Merkel R, Boer G, Fegert J, Galert T, Hartmann D, Nuttin B, Rosahl S (2007) Intervening in the Brain. Changing Psyche and Society. Berlin/Heidelberg

Merkel R (2009) Mind Doping? Eingriffe ins Gehirn zur „Verbesserung" des Menschen: Normative Grundlagen und Grenzen. In: Knoepffler N, Savulescu J (Hg) (2009): 177-212

Mill, JS (2009): Über die Freiheit (1859). Hamburg

Müller O (2008) Der Mensch zwischen Selbstgestaltung und Selbstbescheidung. Zu den Möglichkeiten und Grenzen anthropologischer Argumente in der Debatte um das Neuroenhancement. In: Clausen J, Müller O, Maio G (Hg) (2008): 185-209

Müller O (2009) Neurotechnologie und Menschenbild. Anmerkungen zu den anthropologischen Reflexionsfiguren ›Homo Faber‹ und ›Cyborg‹. In: Müller O, Clausen J, Maio G (Hg) (2009): 479-501

Müller O, Clausen J, Maio G (Hg) (2009) Das technisierte Gehirn. Paderborn

Nagel SK, Stephan A (2009) Was bedeutet Neuro-Enhancement? Potentiale, Konsequenzen, ethische Dimensionen. In: Schöne-Seifert B, Talbot D, Opolka U, Ach JS (Hg) (2009): 19-47

Nagel SK (2010) Ethics and the Neurosciences. Ethical and social consequences of neuroscientific progress. Paderborn

Özmen E (2013) Bedeutet das Ende des Menschen auch das Ende der Moral? Zur Renaissance anthropologischer Argumente in der Angewandten Ethik. Studia Philosophica 72: 257-270

Parens E (2005) Authenticity and Ambivalence. Towards Understanding the Enhancement Debate. Hastings Center Report 35(3): 34-41

Persson I, Savulescu J (2012) Unfit for the Future. The Need for Moral Enhancement. Oxford

President's Council on Bioethics (2003) Beyond Therapy. Biotechnology and the Pursuit of Happiness. Washington DC

Quante M (2008) Neuroenhancement. Bulletin der Association Suisse des Enseignant-e-s d'Université 34: 40-47

Ranisch R, Rockoff M, Schuol S (Hg) (2015) Selbstgestaltung des Menschen durch Biotechniken. Tübingen

Repantis D, Schlattmann P, Laisney O, Heuser I (2009) Antidepressants for neuroenhancement in healthy individuals: a systematic review. Poiesis & Praxis 6: 139-174

Repantis D, Laisney O, Heuser I (2010a) Acetylcholinesterase inhibitors and memantine for neuroenhancement in healthy individuals: a systematic review. Pharmacological Research 61: 473-481

Repantis D, Schlattmann P, Laisney O, Heuser I (2010b) Modafinil and methylphenidate for neuroenhancement in healthy individuals: a systematic review. Pharmacological Research 62: 187-206

Roco MC, Bainbridge WS (Hg) (2003) Converging Technologies for Improving Human Performance. Nanotechnology, Biotechnology, Information Technology and Cognitive Science. Dordrecht

Sandel M (2008) Plädoyer gegen die Perfektion. Ethik im Zeitalter der genetischen Technik. Berlin

Savulescu J, Bostrom N (Hg) (2009) Human Enhancement. Oxford

Savulescu J, Sandberg A, Kahane G (2011) Well-Being and Enhancement. In: Savulescu J, ter Meulen R, Kahane G (Hg) (2011): 3-18

Savulescu J, ter Meulen R, Kahane G (Hg) (2011) Enhancing Human Capacities. Chichester

Schleim S (2010) Cognitive Enhancement – Sechs Gründe dagegen. In: Fink H, Rosenzweig R (Hg) (2010): 179-207

Schmidt-Felzmann H (2009) Prozac und das wahre Selbst: Authentizität bei psychopharmakologischem Enhancement. In: Schöne-Seifert B, Talbot D, Opolka U, Ach JS (Hg) (2009): 143-158

Schöne-Seifert B (2006) Pillen-Glück statt Psycho-Arbeit. Was wäre dagegen einzuwenden? In: Ach JS, Pollmann A (Hg) (2006): 279-291

Schöne-Seifert B, Talbot D (Hg) (2009) Enhancement. Die ethische Debatte. Paderborn

Schöne-Seifert B, Talbot D, Opolka U, Ach JS (Hg) (2009) Neuro-Enhancement. Ethik vor neuen Herausforderungen. Paderborn

Schütz R, Hildt E, Hampel J (2016): Neuro-Enhancement. Interdisziplinäre Perspektiven auf eine Kontroverse. Bielefeld

Søraker JH, van der Rijt JW, de Boer J, Wong PH, Brey P (Hg) (2015) Well-Being in Contemporary Society. Cham

Synofzik M (2009) Psychopharmakologisches Enhancement: Ethische Kriterien jenseits der Treatment-Enhancement-Unterscheidung. In: Schöne-Seifert B, Talbot D, Opolka U, Ach JS (Hg) (2009): 49-68

Talbot D (2009) Ist Neuro-Enhancement keine ärztliche Angelegenheit? In: Schöne-Seifert B, Talbot D, Opolka U, Ach JS (Hg) (2009): 321-345

Taylor C (1991) The Ethics of Authenticity. Cambridge

Viehöfer W, Wehling P (Hg) (2011) Entgrenzung der Medizin – Von der Heilkunst zur Verbesserung des Menschen. Bielefeld

Wider die Begrenzung der Enhancement-Debatte auf angewandte Ethik

Zur Dynamik und Komplexität technowissenschaftlicher Entwicklungen

Christopher Coenen, Arianna Ferrari, Armin Grunwald

1 Einführung und Überblick

Reflexionen zum Verhältnis von Mensch und Technik durchziehen die Technikphilosophie und angrenzende Bereiche spätestens seit den grundlegenden Überlegungen von Karl Marx (vgl. Quante 2013) und haben vor allem im deutschsprachigen Raum wesentliche Anregungen durch Arnold Gehlen (vgl. Gutmann 2013) und andere Vertreter der Philosophischen Anthropologie erhalten. Visionen einer Technisierung des Menschen, einer „Verwissenschaftlichung" gesellschaftlicher Beziehungen und eines Verschmelzens von Mensch und Technik – die aktuell insbesondere aufgrund des sog. ‚Transhumanismus' und im Diskurs über ‚Cyborgs' viel diskutiert werden – gewinnen im Verlauf des 20. Jahrhunderts an Bedeutung und Konkretheit. Ein hervorstechendes, in den letzten Jahren verstärkt Aufmerksamkeit findendes Beispiel sind die proto- und frühtranshumanistischen Essays, die John Desmond Bernal und andere Naturwissenschaftler oder Literaten im ersten Drittel des letzten Jahrhunderts zur Zukunft von Mensch, Naturwissenschaft und Technik veröffentlichten (vgl. dazu und zum Folgenden Coenen 2013). Ihre Visionen stießen in ihrer Zeit auf einiges Interesse und inspirierten z.B. Schriftsteller wie Aldous Huxley und C.S. (Clive Staples) Lewis zu dystopischen und technisierungs- oder technokratiekritischen Werken. Da einige dieser Werke weiterhin viel gelesen und zitiert werden und zudem der Transhumanismus unserer Tage stark von Bernal und seinem Kreis

N. Erny et al. (Hrsg.), *Die Leistungssteigerung des menschlichen Gehirns*,
https://doi.org/10.1007/978-3-658-03683-6_4

beeinflusst ist, prägen diese Visionen auch noch den heutigen Diskurs über „Human Enhancement" (HE). In den neueren Diskussionen spielt zudem insbesondere im akademischen Bereich und im politikberatungsorientierten wissenschaftlichen und ethischen Diskurs der Ansatz der „Converging Technologies" (siehe dazu den grundlegenden Bericht von Roco, Bainbridge 2002; vgl. zum Konvergenzdiskurs z.B. Kogge 2008; Coenen 2013) eine wichtige Rolle. Die dort vorgetragenen Visionen einer umfassenden technowissenschaftlichen Verbesserung menschlicher und gesellschaftlicher Leistungsfähigkeit haben internationale Diskussionen u.a. über die Zukunft der Natur des Menschen (vgl. dazu auch Habermas 2001), über die Bedeutung der Leistungsorientierung in unseren Gesellschaften und über die Rolle von extrem weitreichenden Zukunftsvisionen im Diskurs über Naturwissenschaft, Technik und Gesellschaft ausgelöst oder intensiviert. Der historische Hintergrund der neueren Diskussionen über das Mensch-Technik-Verhältnis und der aktuelle Kontext der Enhancement-Debatte legen also bereits die Annahme nahe, dass diese stark interdisziplinärer Ansätze sowie einer breiten philosophischen Reflexion bedarf.

Die Enhancement-Debatte wurde aber, so unsere Ausgangsbeobachtung, bisher vor allem stark geprägt von ethischen Fragen des Dürfens und Sollens (z.B. Siep 2006; Schöne-Seifert et al. 2009; Harris 2010). Auf diese Weise wurde die Diskussion über HE nach Maßgabe der Angewandten Ethik gerahmt: Es gehe um Technologien mit dem Versprechen einer „Verbesserung" (zur Semantik der Verbesserung vgl. Grunwald 2008, Kap. 9), die es nach ethischen Kriterien zu analysieren und zu beurteilen gelte. Diese Rahmung ziehen wir im vorliegenden Beitrag in Zweifel und machen auf der Basis eigener Vorarbeiten (Ferrari et al. 2012) einen Vorschlag für eine stark erweiterte Rahmung.

Ein Anhaltspunkt, dass die angewandte Ethik einen zu engen Rahmen bildet, liefert bereits der im Jahre 2009 publizierte Bericht „Challenging futures of science in society - emerging trends and cutting-edge issues" der MASIS Expert Group der Europäischen Kommission (Siune et al. 2009). Sein Ausgangspunkt sind Überlegungen zur Ko-Evolution von Wissenschaft und Gesellschaft und der Notwendigkeit einer stärker reflexiven Thematisierung dieses Wechselverhältnisses. Der MASIS-Bericht sieht unter dem Stichwort der Ethisierung (Bogner 2013) durchaus die Bedeutung der Ethik in dieser Reflexion, versteht jedoch „reflexive science" in einem breiteren Sinne. Als ein Beispiel dient gerade das Feld des HE:

„In the ongoing debate on human enhancement many new questions arise, ranging from ethical ones of how to deal with the increased use of pharmaceuticals for enhancement purposes in daily life and in sports to far-ranging philosophical questions about human nature, and future relations between human kind and the environment. [...] Beyond ethical considerations at the individual level, there are also questions about how society will evolve – into an 'enhancement society'? Science-in-society activities such as public engagement will be needed to mediate between public attitudes, stakeholder positions and scientific interests. This is one sort of 'reflexive science' at work." (Bogner 2013, 14)

Ethik ist danach nur ein Teil dessen, was reflexive Wissenschaft ausmacht. Als weitere Bestandteile werden gesellschaftstheoretische, zeitdiagnostische und übergreifende philosophische Fragen genauso angesprochen wie die Notwendigkeit von Partizipation und öffentlicher Debatte.

Einen zweiten Anhaltspunkt, dass der Rahmen angewandter Ethik zu eng ist, bildet die Debatte zur „spekulativen Nano-Ethik" (Nordmann 2007; Nordmann/Rip 2009; Grunwald 2010). Sie hat darauf aufmerksam gemacht, dass die Gegenstände der Reflexion zum Teil epistemologisch nicht greifbar sind, sondern in technikfuturistischen Visionen bestehen, deren Reflexion nicht mit Mitteln der angewandten Ethik wie etwa der Medizin- oder der Bioethik erfolgen könne (vgl. dazu Kap. 2).

Im vorliegenden Beitrag werden wir dieser Ausgangsbeobachtung nachgehen und für ein erweitertes Verständnis von „reflexiver Wissenschaft" im Bereich des HE, aber auch in ähnlichen Konstellationen argumentieren. Unser Fokus liegt dabei auf den technikfuturistischen, transhumanistischen und anderen stark optimistischen Visionen, die die Debatte über HE prägen.

Visionen und Erwartungen finden seit etwa den 1990er Jahren verstärkt das Interesse reflektierender Forschungsfelder wie der STS („science, technology and society" bzw. „science and technoloy studies"; z.B. Jasanoff, Kim 2009), der Soziologie der Erwartungen (van Lente 1992) und der Technikfolgenabschätzung (z.B. Grunwald 2009, 2010). Da sich in der Debatte zur spekulativen Nano-Ethik interessante Hinweise finden, warum der Fokus angewandter Ethik hier nicht passt, widmen wir der Auswertung dieser Debatte ein eigenes Kapitel (Kap. 2). Sodann wenden wir uns dem Fallbeispiel der Verbesserung kognitiver Fähigkeiten durch Pharmazeutika zu („pharmacological cognitive enhancement", PCE). Hier lässt sich zeigen, wie das geringe Wissen bzw. das hohe Maß an Nichtwissen über Einsatz und mögliche Risiken dieser Pharmazeutika eine Beurteilung nach ethischen Kriterien konterkarieren und es stattdessen notwendig machen, eine Diskussion über die Motive dieser Debatte und die diesen Motiven zugrunde liegenden Diagnosen, Hoffnungen und Werte zu führen (Kap. 3). Der visionäre und damit notwendigerweise teils spekulative Charakter der Gegenstände und Themen der Debatte zum HE macht es sodann notwendig, zu fragen, was die Visionen und die Tatsache, dass sie trotz ihres visionären Charakters so intensiv diskutiert werden, über die heutige Gesellschaft und ihre Befindlichkeiten aussagen. Statt (aussichtslos) zu fragen, wie sich die ferne Zukunft des Mensch/Technik-Verhältnisses entwickeln wird und wie diese Entwicklung ethisch zu beurteilen ist, ist der Blick auf die Gegenwart zu richten: Was sagen die technovisionären Zukünfte über uns selbst aus? Das ist auch von daher von besonderer Bedeutung, weil ihre reine Existenz und Kommunikation reale Folgen hat, z.B. für die Forschungsförderung. Diese Wendung verschiebt offenkundig die Rahmung der Debatte zum HE von der angewandten Ethik in einem traditionellen Sinn als Bereichsethik (Nida-Rümelin 2005) hin zu einem inter- und transdisziplinären Ansatz, in dem philosophische und gesellschaftswissenschaftliche Fragen und optionale Antworten in den Rahmen einer öffentlichen Debatte gestellt werden (Kap. 4). Reflexive Wissenschaft, um auf den MASIS-Bericht zurückzukommen, ist darum Wissenschaft, die eine interdisziplinäre Vielfalt von Reflexionsperspektiven verwendet und sich dabei aktiv in einen gesellschaftlichen Dialog begibt.

2 Die Debatte um spekulative Nano-Ethik

Bis in die 2000er Jahre hinein war es gängige Überzeugung, dass Ethik angesichts der Dynamik des Fortschritts grundsätzlich zu spät kommen müsse (Ropohl 1995) und daher nur in einer „Reparaturethik" (Mittelstraß 1991) bereits eingetretener negativer Folgen bestehen könne. Ethische Reflexion, so die Diagnose, werde erst unternommen, wenn Probleme aufgetreten und erkannt seien: „Die Ethik als theoretische Reflexion [...] kommt daher immer erst nachträglich zum Zuge, d.h. nachdem entsprechende problematische Situationen eingetreten sind [...]" (Rohbeck 1993. 269). Die Technik ist dann schon auf dem Markt bzw. so weit in der Entwicklung fortgeschritten, dass eine Umsteuerung ökonomisch und praktisch unmöglich ist. Dies ist genau der eine Zweig des Collingridge-Dilemmas (Collingridge 1980; zu dem anderen Zweig s.ü.). Noch in den Anfängen der Nano-Ethik hieß es: „It is a familiar cliché that ethics does not keep pace with technology" (Moor, Weckert 2004, 305). Für die Umsetzung der daraus resultierenden Schlussfolgerungen, dass es auch in der ethischen Reflexion ein

„upstream movement" geben müsse, eine Bewegung hin zu den frühen Phasen im Forschungs- und Entwicklungsprozess, schienen in der Nanotechnologie die Voraussetzungen extrem günstig. Denn der weitaus größte Teil der Nanotechnologie befand sich als „new and emerging science and technology" (NEST) erst in statu nascendi – frühe ethische Reflexion schien also möglich und weckte hohe Erwartungen an ihre Möglichkeiten, den Lauf der Entwicklung substanziell zu beeinflussen. Dementsprechend lassen sich die Bemühungen der letzten zehn Jahre, möglichst frühzeitige ethische Reflexion anzustreben, als Reaktion auf genau diese Diagnose eines Problems des Zu-Spät-Kommens beziehen.

Der Entstehung (Mnyusiwalla et al. 2003) und der raschen thematischen Entfaltung der Nano-Ethik folgte allerdings schnell die Fundamentalkritik (Nordmann 2007; Keiper 2007; Nordmann, Rip 2009): Nano-Ethik habe sich, so Alfred Nordmann und Arie Rip, viel zu stark auf spekulative Entwicklungen eingelassen und befasse sich zu wenig mit real anstehenden Fragen der Gestaltung der Nanotechnologie und ihrer Anwendungen: „[...] a new gap has opened up because most nano-ethics is too futuristic, focusing on nano-enabled devices that can read our thoughts, for example, at the expense of ongoing incremental developments that are more ethically significant" (Nordmann, Rip 2009, 273). Die Autoren kritisieren, dass in den ethischen Arbeiten zum HE häufig eine schleichende Umwertung von zunächst rein hypothetischen Wenn/Dann-Ketten hin zu etwas real Erwartbarem vorgenommen wird: „As the hypothetical gets displaced by a supposed actual, the imagined future overwhelms the present" (Nordmann, Rip 2009, 273). Diese Form spekulativer Ethik leide an

> „a radical foreshortening of the conditional, that is, [...] what one might call the 'if and then' syndrome. An if-and-then statement opens by suggesting a possible technological development and continues with a consequence that demands immediate attention. What looks like an improbable, merely possible future in the first half of the sentence, appears in the second half as something inevitable." (Nordmann 2007, 32)

Diese Kritik kann als Diagnose gelesen werden, dass spekulative Nano-Ethik, um der Scylla im Collingridge-Dilemma zu entgehen (also dem Zu-Spät-Kommen, s.o.), unweigerlich der Charybdis zum Opfer falle und aufgrund zu geringen Wissens viel zu spekulativ bleiben müsse, um überhaupt irgendeine belastbare Orientierung zu erlauben. Wenn diese Diagnose richtig ist, sind große Teile der Nano-Ethik fehlgeleitet, befassen sich mit irrelevanten, weil rein spekulativen Vorstellungen. Betrachtet man viele der Themen der Enhancement-Debatte, müsste diese Diagnose auf sie noch stärker zutreffen. Damit scheint die Entwicklung hier eine fatale Wende zu nehmen: Zwar kommt diese spekulative Ethik nicht zu spät wie die oben genannten Formen einer „Reparaturethik" – aber sie erscheint zahn- und hilflos, ohne substanziellen und belastbaren Reflexionsgegenstand. In den, metaphorisch gesprochen, hoch gelegenen Bergregionen des „upstream engagement" der Ethik ist demnach die epistemische Luft so dünn, dass keine Folgerungen aus den dort gemachten Beobachtungen und Analysen gezogen werden können.

Diese Analyse wurde von Nordmann und Rip mit der Botschaft verbunden, dass Nano-Ethik „down to earth" kommen sollte, wie dies eben in anderen Feldern der angewandten Ethik auch der Fall sei, wo es um konkrete Problemsituationen und konkrete Lösungsvorschläge gehe wie etwa in der Medizinethik oder der Informationsethik. Man kann dem sicher insoweit zustimmen, dass die „Down-to-Earth"-Herausforderungen der Nanotechnologie (z.B. ein verantwortlicher Umgang mit synthetischen Nanomaterialien) einer ethischen Beratung bedürfen und dass diese Beratung im Modus der angewandten Ethik gerahmt werden kann. Allerdings sollte man nicht das Kind mit dem Bade ausschütten. Selbst wenn man der Diagnose folgt, dass viele Themen des HE ähnlich spekulativ gelagert sind wie die von Nordmann und Rip gemeinten – tatsächlich handelt es sich bei diesen häufig um HE-Themen – , bedeutet das nicht, dass ihre Analyse und Reflexion sinnlos und vergeblich oder sogar eine Verschleuderung von Ressourcen seien.

An anderer Stelle (Grunwald 2010) wurde darauf hingewiesen, dass es in der Tat in diesen Reflexionen oft nicht um angewandte Ethik geht, sondern um explorative philosophische Analysen und Deutungen, die begriffliche, technikphilosophische, hermeneutische und anthropologische Fragen betreffen – freilich zu anderen Zwecken und unter anderen Zielsetzungen als in der angewandten Ethik. Zu fragen ist also, zu welchen Zwecken diese Reflexionen betrieben werden können und sollten. Insofern visionäre Zukünfte ihr Gegenstand sind, dürfte der Zweck wohl kaum in praktischer Handlungsorientierung liegen (wie dies üblicherweise in der angewandten Ethik der Fall ist). Soweit ist den Kritikern der spekulativen Nanoethik also zuzustimmen. Das heißt aber nicht, dass es nicht andere Zwecke geben kann, zu denen eine – dann eben auch anders gerahmte – Reflexion in einem vernünftigen Verhältnis als Mittel zum Zweck stehen würde.

Die Frage nach solchen möglichen anderen Zwecken einer „reflexiven Wissenschaft" im Feld des HE kann mit einem weiteren und dieses Mal kritischen Bezug auf das Collingridge-Dilemma ansetzen: Das Collingridge-Dilemma ist in der Form, wie es oben verwendet wurde, überspitzt. Die Fragen, ob Ethik früh oder spät und prospektiv oder erst im Fall belastbarer Folgenaussagen einsetzen soll, erscheinen als falsche Alternativen. Denn es geht hier nicht um ein Entweder-Oder bzw. ein Weder-Noch, sondern um eine Differenzierung der Reflexion je nach Problemstellung und nach epistemologischer Validität des Wissens. Reflexion fällt konzeptionell und methodisch anders aus, ob sie nun angesichts epistemologisch valider Reflexionsgegenstände oder nur vorgestellter, vielleicht gar spekulativer Visionen erfolgt, und sie dient dann eben auch *unterschiedlichen Zwecken*. Ist die Frage nach der Verantwortbarkeit des Einsatzes von Nanopartikeln in Lebensmitteln eine konkrete Frage im Rahmen von Überlegungen zur Regulierung, Kennzeichnungspflicht, Selbstverpflichtung von Unternehmen oder individuellen Verantwortung, so dienen frühe Überlegungen zum HE eher z.B. der konzeptionellen Verständigung und Aufklärung dessen, worum es dabei in normativer Hinsicht geht, oder um die Herausbildung klarer Begrifflichkeiten und ethischer Alternativen, ohne dass bereits etwas zu regulieren wäre. Angewandte Ethik erweist sich damit als nur eine unter mehreren Ausrichtungen der Reflexion. Es ist ohne Weiteres möglich, sinnvolle Zwecke auch für eine eher spekulative Reflexion zu bestimmen (folgend Grunwald 2010, dt. Version Grunwald 2012):

1) Eine sich auf visionäre Zukünfte konzentrierende, gedankenexperimentartig operierende Reflexion des HE kann eine aufklärende Vorbereitung für einen möglichen zukünftigen „Ernstfall" darstellen und z.B. Begriffe und Argumentationsmuster entwickeln, die zum Einsatz kommen, falls aus den Visionen überraschend schnell Realität wird. Dies wäre Reflexion „auf Vorrat" ganz im Sinne philosophischer Tradition.

2) Frühzeitige Reflexion könnte trotz ihrer Spekulativität konkrete Folgen für heutige Entscheidungen haben, z.B. die Forschungsförderung oder die Agenda der Wissenschaften, vor dem Hintergrund der Diagnose, dass auch spekulative Zukunftsvorstellungen reale Kraft entwickeln können. Diese prägende Kraft deutlich zu machen, die treibenden Kräfte und Mechanismen zu identifizieren und transparent zu machen ist sicher ein berechtigtes Anliegen, wo es z.B. um die Verwendung öffentlicher Mittel geht.

3) Durch frühzeitige Reflexion können wir etwas „über und für uns heute" lernen: „What do these visions tell us about the present, what is their implicit criticism of it, how and why do they require us to change?" (Nordmann 2007, 41). Hier wird nicht gefragt, welche zukünftigen Herausforderungen auf welche Weise ethisch verantwortlich bewältigt werden können, sondern

die Reflexion erstreckt sich auf die Frage, was die Visionen, die ja immerhin Erzeugnisse der Gegenwart sind, über genau diese Gegenwart verraten.

4) Die frühzeitige Analyse und Diskussion von visionären Zukünften kann ihrer „Verfestigung" im Sinne eines Technikdeterminismus entgegenwirken (vgl. Hedgecoe 2010). Indem auf Unsicherheiten und die Abhängigkeit der zukünftigen Entwicklung von heutigen Entscheidungen hingewiesen wird, kann die Verengung auf eine deterministische Zukunftsperspektive zugunsten eines „Denkens in Alternativen" aufgebrochen werden.

Je nach diesen unterschiedlichen Zwecken frühzeitiger Reflexion zum HE (vermutlich wird es auch noch weitere Zwecke geben) werden unterschiedliche Konzepte und Ansätze der Reflexion zum Tragen kommen. Vor allem wurden in den letzten Jahren Ansätze ausgebaut, die sich der ersten oben genannten Weise der Reflexion widmen. Die Kontingenz des Zukunftswissens und die Unvorhersehbarkeit der komplexen sozio-technischen Entwicklungen haben im „Constructive Technology Assessment" (CTA) zur Entwicklung der „Socio-Technical Scenarios" (Rip, te Kulve 2008) geführt, sie haben das „ethical technology assessment" (Palm, Hansson 2006) genauso motiviert wie den Ansatz der „techno-ethical scenarios" (Boenink et al. 2010; Lucivero et al. 2011), den ETICA Ansatz (Stahl 2011) und die „anticipatory technology ethics" (ATE) (Brey 2012). Bei allen Unterschieden im Detail teilen sie die Überzeugung, dass der Fragilität und Vorläufigkeit des Wissens explizit Rechnung getragen werden muss, und sie versuchen, dies zu realisieren, indem sie stärker auf die Ko-Evolution von kontingenten technologischen Entwicklungen und gesellschaftlichem Wertewandel setzen.

Im Folgenden wenden wir uns dem dritten oben genannten Zweck zu, berücksichtigen aber auch den vierten. Wir kritisieren damit aber keineswegs solche Ansätze, denen es um den ersten oder zweiten Zweck geht, sondern bemühen uns lediglich um deren Ergänzung. Die Vielfalt möglicher Zwecke der Reflexion, die je nach Kontext mehr oder weniger relevant sein mögen, verlangt auch nach einer Vielfalt von Ansätzen zu ihrer Realisierung.

3 Mehr als angewandte Ethik: Die hermeneutische Wende der Reflexion

Die Debatte zur spekulativen Nano-Ethik hat die angewandte Ethik, vor allem Bio- und Technikethik, mit dem oftmals epistemologisch prekären Status ihrer Reflexionsgegenstände konfrontiert. Neu sind diese Gedanken nicht (vgl. z.B. Bechmann 1993), jedoch wurde ihre Relevanz angesichts vieler stark spekulativer Aspekte des HE und anderer Themen sichtbar unter Beweis gestellt. Aus diesem Befund zu schließen, dass (mehr oder weniger) spekulative Zukunftserwartungen keiner wissenschaftlichen Reflexion wert seien, sondern nur ein „kommunikatives Rauschen" darstellten, greift jedoch zu kurz (Grunwald 2010). Diese These hat vor allem eine praktische Fundierung. Denn auch spekulative Zukünfte können faktisch einflussreich sein. Sie sind wesentlicher Bestandteil der gesamtgesellschaftlichen Diskussion über die Frage, wie – genauer: mit welchen Technologien – wir als Gesellschaft zukünftig leben wollen (Grunwald 2012). Beispielsweise prägen sie in Form von Visionen der Nanotechnologie oder als Szenarien der Energieversorgung die öffentliche Wahrnehmung von Technik und ihre Akzeptanz mit. Sie strukturieren und rahmen die Kommunikation über Chancen und Risiken, dienen der gesellschaftlichen Bewertung von Technik und finden nicht zuletzt Eingang in das politische Entscheiden und die Forschungsförderung – sind also selbst Teil gesellschaftlicher Aushandlungsprozesse. Daraus resultiert eine besondere Sorgfaltspflicht und Verantwortung für diejenigen, die Technikzukünfte erstellen, kommunizieren oder verwenden, und dieser Satz gilt unabhängig davon, ob diese Zukunftsbilder erkenntnistheoretisch valide oder reine Spekulation sind (was im Übrigen oft nicht leicht zweifelsfrei auseinanderzuhalten ist).

Im Falle mehr oder weniger spekulativer Technikvisionen entfallen die Möglichkeiten, Orientierung für anstehende Debatten oder Entscheidungen durch prognostisches oder szenarisches Wissen zu erhalten. Orientierungsleistung durch Reflexion kann dann nur noch darin bestehen, eine grundsätzlich offene Zukunft *semantisch und hermeneutisch* zu strukturieren, um besser informierte und reflektierte Zukunftsdebatten zu erlauben (Grunwald 2013). Es geht um die reflexive Aufklärung der Bedingungen, unter denen mit Blick auf diverse und divergente Zukunftsperspektiven heute gehandelt und entschieden werden kann. Damit ist hermeneutische Orientierung durch Analyse und Reflexion von Visionen nur als Angebot zu verstehen, die Bedingungen einer offenen, transparenten und demokratischen Deliberation und Aushandlung zu verbessern (vgl. Grunwald 2013). Es ist konstitutiv der demokratische Dialog, in dem angesichts der simultanen Offenheit der Zukunft und anstehender Entscheidungsnotwendigkeiten über die jeweils nächsten Schritte beraten und entschieden werden muss – und hier stellt sich dann genau die Frage, wie weit die Reflexion und Aufklärung der Technikvisionen betrieben wurde, inwieweit also das Implizite explizit gemacht wurde. Dies ist genau das tieferliegende, quer zu den in Abschnitt 2 genannten möglichen Zwecken der Reflexion angeordnete Ziel hermeneutischer Orientierung: das Implizite in den Visionen explizit machen.

Damit verschiebt bzw. erweitert sich der Fokus der Reflexion beträchtlich. Es geht hier nicht mehr um angewandt-ethische Fragen des Sollens oder Dürfens, sondern sowohl um erheblich weniger als auch um erheblich mehr. Um weniger geht es, weil die Gegenstände der Reflexion, etwa technofuturistische Visionen des Human Enhancement, epistemisch prekär sind oder sich einer epistemologischen Beurteilung sogar entziehen – damit wird *konkrete* Handlungs- und Entscheidungsorientierung unmöglich (in dieser Hinsicht hatte Nordmann (2007) Recht). Es geht aber auch in anderer Hinsicht *um mehr*: die Reflexion erweitert den Scheinwerferkegel ganz erheblich und fragt nicht nach dem Dürfen oder Sollen, sondern bemüht sich um ein vielgestaltiges Verstehen der Visionen und ihrer Kontexte, um ihre *Hermeneutik* in einem umfassenden Sinn. Hermeneutische Orientierung besteht darin, sowohl die Inhalte der betreffenden Visionen, die mit ihnen verfolgten Absichten und die Kontexte ihrer Entstehung und Verbreitung *zu verstehen* – nicht als Selbstzweck oder reiner Erkenntnisgewinn, sondern um auf der Basis dieses Verstehens besser in der Lage zu sein, die jeweils anstehenden Deliberationen zu führen und Entscheidungen zu treffen (Grunwald 2013). Diese Form der Orientierung besteht letztlich in nicht mehr als darin, die Bedingungen dafür zu verbessern, dass demokratische Debatten und Zukunftsentscheidungen aufgeklärter, transparenter und offener ablaufen können. Ihre Motivation besteht in der Annahme, dass wir, wenn wir die Diversität und Divergenz von Zukunftsvorstellungen besser verstehen, damit uns selbst besser verstehen, unsere gesellschaftlichen Debatten, die unterschiedlichen Interessen, Hoffnungen und Befürchtungen, die oft divergierenden Wahrnehmungen und Positionen der gesellschaftlichen Akteure, auch weit jenseits der Wissenschaften.

Damit erzählen spekulative Visionen weniger etwas über Zukünfte im Sinne einer zukünftigen Gegenwart, wie dies etwa Prognosen zu leisten beanspruchen, sondern etwas *über uns heute*. Durch Analyse und Reflexion der Visionen, etwa des Human Enhancement, könnten wir also etwas über uns lernen. Wenn Zukunftswissen so gedeutet wird, dass klar wird, warum wir heute gerade bestimmte gegenwärtige Ingredienzien zu bestimmten Zukünften aggregieren und dann engagiert darüber streiten, dann haben wir etwas über uns gelernt, was bis dato bloß *impliziter* Teil gesellschaftlicher Realität war. Die hermeneutische Orientierungsleistung besteht also darin, zu versuchen, aus Zukunftsbildern in ihrer Diversität etwas über uns, unsere gesellschaftlichen Praktiken, unterschwelligen Sorgen, impliziten Hoffnungen und Befürchtungen zu lernen. Freilich müssen dazu die Zukunftsbilder erst einmal entsprechend interpretiert und analysiert werden.

Dies führt zur Frage nach adäquaten Konzeptionen und Methoden, die dies leisten könnten. Zumindest als Einstieg für eine spezifizierte Methodik dürfte sich hierfür das Konzept des „Vision Assessment" eignen (Grunwald 2007; Ferrari et al. 2012). Zentrale Aufgabe ist eine Dekonstruktion der Visionen, um den Gegenstand der Reflexion in Bezug auf Gehalte, Geltung und Kontexte qualifizieren zu können. Ein solches „Vision Assessment" müsste verschiedene Schritte umfassen:

(1) Analyse: Zunächst würde es in *analytischer* Hinsicht darum gehen, die kognitiven Gehalte der Visionen aufzudecken und ihren Realitäts- und Realisierbarkeitsgrad epistemologisch zu beurteilen, selbstverständlich auf der Basis des heutigen Wissens in der „Immanenz der Gegenwart" (Grunwald 2006). Sodann wäre ein wichtiger Aspekt, die Bedingungen der Realisierbarkeit und die dabei involvierten Zeiträume zu untersuchen. Auch die normativen Gehalte der Visionen sind analytisch zu rekonstruieren: die Bilder zukünftiger Gesellschaft oder der Entwicklung des Menschen sowie eventuelle Diagnosen jetzt aktueller Probleme, zu deren Lösung die visionären Entwicklungen beitragen sollen. Die transparente Aufdeckung der in Visionen enthaltenen Bestände an Wissen, Nichtwissen und Werten ist als Analyseschritt erforderlich, um ein Verstehen im umfassenden Sinne zu ermöglichen. Dies umfasst auch eine Analyse möglicher Relationen zu kulturellen Narrativen (z.B. DEEPEN 2009).

(2) Beurteilung: Das „Vision Assessment" würde auf der Basis der Analyse *beurteilende* Elemente verwenden. Dabei geht es zum einen um die Einstufung der Wissens- und Nichtwissensanteile nach dem Realisierungs- und Realisierbarkeitsgrad, nach Plausibilität und nach Evidenz. Zum anderen sind die evaluativen Anteile in Bezug auf ihre Rechtfertigungsstrukturen und Präsuppositionen zu beurteilen, z.B. relativ zu faktischen Wertstrukturen oder zu ethischen Prinzi-

pien. Ziel ist die transparente Aufdeckung der Verhältnisse zwischen Wissen und Werten sowie zwischen Wissen und Nichtwissen und die Beurteilung dieser Verhältnisse. Hierzu kann zum einen auf die etablierten Bewertungsverfahren der Technikfolgenabschätzung zurückgegriffen werden, die häufig eine partizipative Komponente enthalten (Skorupinski, Ott 2000; Decker, Ladikas 2004; Pereira et al. 2007). Zum anderen stehen hier in normativer Hinsicht teils weitreichende Fragen zu Mensch/Technik- oder Mensch/Natur-Verhältnissen zur Diskussion, welche zumindest der technikphilosophischen und anthropologischen, möglicherweise auch weiterer philosophischer Reflexion bedürfen, z.B. im Sinne einer „explorativen Philosophie" (Grunwald 2010).

(3) Umgang mit Visionen: Auch ist es Aufgabe des „Vision Assessment", die Visionskommunikation in *strategischer* Hinsicht zu untersuchen: Welche Akteure sind beteiligt, wie sind Interessenlagen und Machtverhältnisse verteilt, wie lässt sich der bisherige Debattenverlauf rekonstruieren und welche Lösungsvorschläge sind vorgebracht worden? Dies dient der Beantwortung der Frage, wie Öffentlichkeit, Medien, Politik und Wissenschaft im Hinblick auf einen rationalen Umgang mit Visionen beraten werden können und bedarf offenkundig der Mitwirkung sozialwissenschaftlicher Expertise. Zunächst steht dabei die Frage bestehender oder noch zu entwickelnder Alternativen zu den bereits im Umlauf befindlichen Visionen im Mittelpunkt, um einem möglichen Technikdeterminismus entgegenzuarbeiten und das Denken in Alternativen zu befördern.

Auf diese Weise kann das Ziel, ein umfassendes Verständnis der Technovisionen in inhaltlicher und strategischer Hinsicht zu realisieren, wenigstens zu einem guten Teil erreicht werden. Es geht also nicht darum, Folgen und Implikationen der Erforschung und möglichen Nutzung der NEST bereits heute zu antizipieren, sondern das Ziel ist, zu verstehen, warum, auf Basis welcher Diagnosen, Hoffnungen und Befürchtungen und zu welchen Intentionen bestimmte Akteure spezifische Visionen erzeugen, kommunizieren und in der wissenschaftlichen und öffentlichen, z.B. massenmedialen, Debatte vertreten (Selin 2011; Van der Plas et al. 2010). Diese Perspektive auf Visionen konvergiert mit dem Vorschlag von Karafyllis (2009), Visionen auch unter medien-, wirtschafts- und wissenschaftsethischen Aspekten zu betrachten und z.B. in den Blick zu nehmen, welche Forschungsförderorganisationen welche Themen mit welchen Gründen unterstützen. Diese Linie, Visionen unter Aspekten ihrer heutigen Wahrnehmung und der mit ihnen heute verfolgten Interessen oder der in ihnen heute implizit enthaltenen Zeitdiagnosen zu betrachten, ist auch vereinbar mit dem Vorschlag von Nordmann:

„Put briefly, the sciences in the age of science had a future in a historical sense of the term, but technology does not—and when the technosciences speak of shaping the future, they are not referring to the future of humanity and society, but rather to the realisation of a potential or the fulfilment of a wish, that is, they are talking about a future that is fully contained in the present. And if to posit a potential or to formulate a wish is the same as shaping the future, TA needs to be a forensics of wishing and can thus engage the future without going beyond the present [...]. This analysis is oriented to the cultural imaginaries and stereotypes that defines research agendas and shapes ideas of technical solutions to societal problems [...]. In this way we will avoid to consider the Collingridge dilemma as a dilemma waiting for a solution. It is a kind of vision assessment, but it focuses not only on roadmaps that lead from wish to its fulfilment, but at least as much on the idea of fulfilment that is contained in the wish. This vision assessment can be limited to something that is amenable to assessment now without estimates of probability and credibility (included the evaluation of technological alternatives)." (Nordmann 2010, 12 f.)

Ein jüngeres Lehrstück für die normative Kraft technowissenschaftlicher Visionen und die Möglichkeiten ihrer kritischen Analyse ist die Debatte über pharmakologisches kognitives Enhancement. Auf dieses Beispiel wird im Folgenden eingegangen.

4 Fallstudie: Pharmakologisches Cognitive Enhancement

Die Debatte um den Gebrauch von pharmakologischen Mitteln zwecks Steigerung der Leistung im nicht therapeutischen Kontext („pharmacological cognitive enhancement", PCE) zeigt, wie eine spekulative Auseinandersetzung mit möglichen individuellen und sozialen Folgen von noch nicht erfolgten technowissenschaftlichen Entwicklungen durch einen reflexiven Umgang mit Visionen im Sinne eines „Vision Assessment" verändert werden kann.

Im Zuge der Ausweitung der Debatte über Human Enhancement am Anfang des 21. Jahrhunderts, in dem die Verbesserung kognitiver Leistungen eine zentrale Rolle spielte, veröffentlichten Neurowissenschaftler in bekannten Zeitschriften Artikel in Form von Appellen an die wissenschaftliche Gemeinschaft, sich Gedanken über die ethischen und sozialen Implikationen des Gebrauchs von PCE-Substanzen zu machen (Rose 2002; Farah et al. 2004; Hall 2003, 2004). Dies bezog sich auf die nicht medizinisch indizierte Verwendung von Methylphenidat (Ritalin), Modafinil, Amphetaminpräparaten, Donepezil und diversen Psychopharmaka. Um die Wirksamkeit der Substanzen als PCE-Mittel zu belegen, bezog man sich auf Studien aus den 1990er Jahren. Dazu gehörten beispielsweise Studien zur Verbesserung von Gedächtnisleistungen, der Aufmerksamkeit und Wachheit sowie der kognitiven Flexibilität (Caldwell et al. 2004; Elliot et al. 1997; Mehta et al. 2000). In diesem Kontext wurde ebenfalls die Verwendung von Betablockern zur Linderung von Lampenfieber (*performance anxiety*) unter Bezugnahme auf noch ältere Studien (z.B. Hartley et al. 1983) diskutiert. Im Fokus der zitierten Studien standen in der Regel die Folgen der Verabreichung einzelner Dosen dieser Substanzen. Bestimmte Publikationen zu PCE-Möglichkeiten, wie eine Studie zur Nutzung von Modafinil (Turner 2003) oder eine zur Nutzung von Methylphenidat (Mehta et al. 2000), wurden immer wieder herangezogen. Die Auffassung, dass PCE ein relevantes gesellschaftliches Phänomen sei, wurde unter Bezugnahme auf einige Umfragen und Studien vertreten, die hinsichtlich der akademischen Welt in den USA die illegale Verwendung verschreibungspflichtiger Medikamente für PCE-Zwecke untersuchten (z.B. Babcock, Byrne 2000). Im Jahr 2007 wurde dann auf der Website der Zeitschrift *Nature* eine Umfrage geschaltet, in der anonym Angaben zum eigenen Gebrauch leistungssteigernder Substanzen gemacht werden konnten. Ein Fünftel der TeilnehmerInnen verwendete demnach Substanzen zu PCE-Zwecken (vgl. zu dieser Umfrage: Maher 2008; Sahakian, Morein-Zhamir 2007). Obwohl durch den Charakter der Umfrage weitergehende Schlüsse eigentlich unzulässig waren, diente sie im Folgenden in zahlreichen Publikationen als Beleg für eine massenhafte Verbreitung von PCE in der akademischen Welt.

Parallel zu diesen Entwicklungen entstand eine schon frühzeitig polarisierte bioethische Debatte über PCE. Dies war bereits bei der allgemeinen Diskussion über Human Enhancement der Fall gewesen (Ferrari 2008; Coenen et al. 2009; Coenen 2010). Die PCE-Debatte entwickelte sich entlang traditioneller Fragestellungen der angewandten Ethik bzw. Bioethik zu individuellen Herausforderungen, z.B. hinsichtlich Autonomie und Authentizität, und zu gesellschaftlichen Aspekten wie z.B. Verteilungsgerechtigkeit (vgl. z.B. Chatterjee 2006; Harris, Chatterjee 2009; Bostrom, Sandberg 2009; Schöne-Seifert et al. 2009; Krämer 2011). Die Zahl an populärwissenschaftlichen Berichten über PCE nahm in dieser Zeit ebenfalls stark zu und diese Tendenz besteht anscheinend bis heute fort.

Im Jahr 2008 publizierte in *Nature* ein interdisziplinäres AutorInnenteam, dem neben VertreterInnen einschlägiger naturwissenschaftlich-medizinischer Felder auch ein Jurist, ein Human Enhancement stark befürwortender Ethiker und der Chefherausgeber von *Nature* angehörten, einen Artikel, in dem für einen liberalen Umgang mit PCE plädiert wurde. Im deutschsprachigen Raum fand kurz danach ein Memorandum eines interdisziplinären Teams in Deutschland tätiger WissenschaftlerInnen starke Beachtung, das das populärwissenschaftliche Magazin *Gehirn und Geist* veröffentlichte (Galert et al. 2009). Beide Publikationen betonten, dass es keine prinzipiellen Einwände gegen PCE gebe, die ein Verbot rechtfertigen könnten. Gerechtfertigte Bedenken bezögen sich auf mögliche Persönlichkeitsveränderungen, die Suchtgefahr und einen denkbaren sozialen Druck, PCE-Mittel zu kompetitiven Zwecken einzunehmen. All dies ließe sich aber ohne eine generelle Ablehnung von PCE regulieren. Auch medizinische Gesellschaften, z.B. in den USA (Academy of Medical Sciences 2008) und in Großbritannien (British Medical Association 2009), engagierten sich in der Diskussion über ethische Aspekte des PCE und seine soziale Relevanz (vgl. auch Nutt et al. 2007). Konkrete Vorschläge für Richtlinien zur Vergabe von PCE-Substanzen an Erwachsene (Larriviere et al. 2009; Schermer et al. 2009; Synofzik 2009) und an Kinder (Singh, Kelleher 2010) wurden gemacht.

Mit dem Fortschreiten der Diskussionen über PCE, seine ethischen Aspekte und gesellschaftliche Relevanz verstärkte sich indes auch die kritische Reflexion durch einen Teil der wissenschaftlichen Gemeinschaft. Review-Studien über das Potenzial von PCE-Substanzen wurden vermehrt durchgeführt, oft mit hinsichtlich der Wirksamkeit dieser Substanzen ernüchternden Ergebnissen (z.B. de Jongh 2008; Repantis et al. 2010a, 2010b; Lynch 2011). In der gesamten Debatte war ab circa 2010 ein Umschwung festzustellen. In Veranstaltungen von Akteuren wie der *American Association for the Advancement of Science* (*AAAS*) herrschte nun ein skeptischerer Ton vor. Bezeichnend ist auch die defensive Argumentation einer am frühen PCE-‚Hype' maßgeblich beteiligten Forscherin in zwei Publikationen des Jahres 2011 (Farah 2011; Smith, Farah 2011). In einer dieser Publikationen heißt es in Reaktion auf eine direkte Kritik (Hall, Lucke 2011) dieses ‚Hypes':

> „Hall & Lucke [...] pack many important points into their editorial on enhancement use of neuropharmaceuticals, and overall I agree with the authors that more scepticism and caution are needed in discussions of this topic. However, in attempting to counteract some of the exaggeration and hype that has beset this topic, I worry that the editorial encourages readers to dismiss the phenomenon as a minor issue for neuroethics and drug policy." (Farah 2011, 1190)

In Deutschland nahmen unterschiedliche medizinische Gesellschaften wie die Deutsche Gesellschaft für Psychiatrie, Psychotherapie und Nervenheilkunde

(DGPPN 2009), die Deutsche Hauptstelle für Suchtfragen (DHS 2009) und die Deutsche Gesellschaft für Chirurgie (DGCH 2009) kritisch Stellung zu dem oben erwähnten Memorandum. Aufgrund des Mangels an empirischen Daten über die Langzeiteffekte und Nebenwirkungen von PCE sei dieses abzulehnen (vgl. dazu auch Ferrari 2012). In einer Rezension eines Buches über Neuroenhancement argumentierte der Neuropharmakologe Boris Quednow (2010), dass in der PCE-Debatte normative Schlüsse auf Basis mangelhafter empirischer Daten gezogen würden. Er bezeichnete die gesamte Debatte um PCE als eine „Phantomdebatte", da die Wirksamkeit, Sicherheit und größere gesellschaftliche Verbreitung von PCE-Mitteln fraglich seien. Ähnliche Kritiken wurden anschließend in Zeitschriften wie *AJOB Neuroscience* und *Addiction* veröffentlicht (z.B. Halle, Lucke 2010; Partridge et al. 2011; vgl. auch Lieb 2010). Auch in Bezug auf die PCE-Debatte wurde zudem verstärkt diskutiert, inwieweit ethische Diskussionen im Rahmen einer Aufmerksamkeitsökonomie zur ‚Hype'-Erzeugung beitragen können (vgl. z.B. Schleim 2010; Forlini, Racine 2009a, 2009b; Outram, Racine 2011). Im Jahr 2011 veröffentlichte das *Büro für Technikfolgenabschätzung beim Deutschen Bundestag* (TAB) eine Studie zu PCE. In dieser wurde ebenfalls der Mangel an Evidenz hinsichtlich der Wirksamkeit und Sicherheit dieser Präparate betont (Sauter, Gerlinger 2012). Zusätzliche Forschung zum Thema PCE sei vonnöten, insbesondere auch zu Gesundheitsrisiken sowie zu relevanten sozialen Praktiken und zu den ökonomischen und übergreifenden gesellschaftlichen Faktoren, die diese beeinflussen.

Trotz dieser Entwicklungen ist die Debatte über ethische und soziale Implikationen des PCE nach wie vor lebendig (vgl. dazu Hildt 2011), auch in den Massenmedien. Die Debatte ist jedoch nuancenreicher und reflektierter geworden. Während am Anfang der Debatte PCE-Substanzen oft als bereits existent dargestellt wurden, werden sie nunmehr von den Befürwortern als Desideratum ausgewiesen. Man wirbt für mehr Investitionen in diesem Bereich (Dresler et al. 2013, vgl. Chatterjee 2013) und auch die empirischen Forschungen zur PCE-Wirksamkeit (z.B. Müller et al. 2012; Reches et al. 2013; Christmas et al. 2014) sowie zu Suchtgefahren (z.B. Esposito et al. 2013) werden fortgeführt.

Auch die Forschung zur sozialen Relevanz von PCE schreitet voran. Neuere Umfragen zeigen eine Lebenszeitprävalenz der Einnahme illegaler Substanzen zwecks PCE im Bereich von 3% bis 11% in den USA (Sattler et al. 2013) und 0,7% bis 4,5% in Deutschland (Franke et al. 2011; Sattler, Wiegel 2013). Franke und seine Gruppe (2012) kommen zu dem Schluss, dass die Bereitschaft unter deutschen OberstufenschülerInnen und Studierenden, PCE-Mittel einzunehmen, hoch ist, insoweit diese Mittel sicher sind. Allerdings weisen sie auch darauf hin, dass nur 0,26% der Schülerinnen und Schüler sowie Studierenden zu verschreibungspflichtigen Substanzen gegriffen haben, um ihre geistige Leistungsfähigkeit zu steigern (Franke et al. 2011). Eine andere Studie, eine repräsentative Befragung unter 8000 Studierenden in Deutschland, kam zu dem Ergebnis, dass 71% der Befragten PCE grundsätzlich ablehnen (Middendorf et al. 2012). Eine international angelegte Metastudie (Finger et al. 2013) stellt fest, dass auf Basis der herangezogenen Literatur von bis zu circa 16% Studierenden ausgegangen werden kann, die mindestens einmal Methylphenidat verwendet haben. Aussagen über die Häufigkeit der Verwendung und deren Zweck sind jedoch nicht möglich. Auf die Schwierigkeiten bei der genauen Bestimmung des Nutzungszwecks von PCE-Mitteln wird auch in anderen Studien hingewiesen (z.B. Emanuel et al. 2013).

Derzeit ist eine gewisse Ungleichzeitigkeit in der PCE-Debatte festzustellen: Zum einen finden sich nicht nur in den Massenmedien immer noch Veröffentlichungen, in denen – z.T. wohl aufgrund von Verzögerungen im Publikationsprozess – die Ergebnisse der Kritik am frühen PCE-Diskurs noch nicht berücksichtigt sind (z.B. Royal Society 2012). Das ist u.a. deshalb bedenklich, weil übertreibende oder hinsichtlich der tatsächlichen Existenz von PCE unklare Darstellungen womöglich den Konsum fördern. Gleichzeitig werden aber vermehrt Konsequenzen aus dem Verlauf der PCE-Debatte gezogen oder zumindest eingefordert.

So hat die Auseinandersetzung mit dieser Debatte auch dazu geführt, dass neue Wege des Umgangs mit visionärer Technowissenschaft (vgl. dazu auch Coenen, Simakova 2013) verstärkt gesucht werden. Dabei ist sinnvoller Weise – und entgegen der oft stark zukunftsorientierten Tendenz von Diskursen zu NEST – der Blick auch auf die Vergangenheit zu richten, u.a. um die gesellschaftlichen Kontexte von Innovationen besser zu begreifen (vgl. z.B. Tone 2005). Mittels „Vision Assessment" lassen sich zudem umfassendere gesellschaftliche Prozesse berücksichtigen, die für eine spezifische technowissenschaftliche Entwicklung oder Thematik relevant sind. So wäre z.B. die Enhancement-Thematik verstärkt im Zusammenhang mit dem Wandel im medizinischen Bereich in Richtung einer Erfüllung von Wünschen (Kettner 2009; Viehöver, Wehling 2011; vgl. auch Sauter, Gerlinger 2012) zu analysieren und zu diskutieren. Generell dürfte eine engere Verbindung von ethischer und anderer philosophischer Reflexion mit sozial- und kulturwissenschaftlicher Forschung vonnöten sein. Ragan und seine Gruppe (2013) betonen beispielsweise die Notwendigkeit einer systematischen

Befassung nicht nur mit dem Stand der Entwicklung von PCE-Mitteln, sondern auch mit der Frage nach den relevanten sozialen Akteursgruppen und fordern dabei auch verstärkte Anstrengungen bei der Förderung der gesellschaftlichen Diskurses zum Thema. Racine und seine Gruppe (2014) haben ihrerseits vor dem Hintergrund ihrer Auseinandersetzung mit der PCE-Debatte argumentiert, dass Spekulation zwar keineswegs aus der Ethik und den Diskussionen zu neuen und emergierenden technowissenschaftlichen Entwicklungen verbannt werden solle, dass es aber angeraten sei, in solchen Diskursen Annahmen deutlicher als solche zu kennzeichnen, diese mit stärker interdisziplinären Ansätzen zu überprüfen und generell eine umfassendere Reflexion technowissenschaftlicher Entwicklungen anzustreben.

5 Schlussbemerkung

Auch aus unserer Sicht zeigt die PCE-Debatte, dass es notwendig ist, in derartigen Debatten zu aktuellen und vermuteten künftigen technowissenschaftlichen Möglichkeiten eine Perspektive zu entwickeln, die über die angewandte Ethik hinausgeht. Da in dieser von Anfang an implizit oder explizit angenommen wurde, dass Substanzen für PCE bereits existieren oder bald existieren werden, ist man unmittelbar zu einer Diskussion möglicher Folgen ihres Gebrauchs hinsichtlich zentraler ethischer Problemstellungen übergegangen. Es wurde suggeriert, dass durch die angewandte Ethik mögliche Konflikte gelöst werden könnten (vgl. dazu auch Ferrari et al. 2012; Ferrari 2012). Wenn aber die Wirksamkeit und die Sicherheit von PCE (sowie die Bereitschaft von großen Teilen der Bevölkerung, Substanzen zwecks PCE zu nehmen) fraglich sind, fehlen die Voraussetzungen für die übliche Vorgehensweise der angewandten Ethik (vgl. dazu auch Forlini/Racine 2013; Racine et al. 2014). Es handelt sich hier ganz überwiegend bloß um Zukunftsvisionen von leistungssteigernden Substanzen und sie sind daher auch vorrangig als solche zu analysieren und zu bewerten. Pointiert formuliert: Die Nutzung und Wirksamkeit der Visionen sind hier mindestens ebenso interessant wie die der Mittel selbst. Das gilt insbesondere dann, wenn diese Visionen implizit oder explizit deterministisch sind (Ferrari et al. 2012; vgl. dazu auch Hedgecoe 2010).

Um der Dynamik und Komplexität technowissenschaftlicher Entwicklungen gerecht zu werden, muss unseres Erachtens die ethische Reflexion durch eine umfassendere Perspektive ergänzt werden (vgl. Pickersgill 2013) – auch im

Rückgriff auf das analytische Instrumentarium und die Erkenntnisse aus verschiedenen sozial-, kultur- oder geisteswissenschaftlichen Disziplinen, aus anderen Bereichen der Philosophie (z.B. der Anthropologie) sowie aus Feldern wie der Technikfolgenabschätzung und der Wissenschafts- und Technikforschung. Zudem erscheint es als notwendig, kulturelle Unterschiede stärker zu berücksichtigen (z.B. solche zwischen den USA und europäischen Ländern), und als sinnvoll, Debatten wie die über HE vor ihren relevanten historischen Hintergründen zu diskutieren (dazu auch: Heil, Coenen 2013).

Literatur

Babcock Q, Byrne T (2000) Student perceptions of methylphenidate abuse at a public liberal arts college. J Am Coll Health 49: 143-145

Bechmann G. (1993) Ethische Grenzen der Technik oder technische Grenzen der Ethik? Geschichte und Gegenwart. Vierteljahreshefte für Zeitgeschichte, Gesellschaftsanalyse und politische Bildung 12: 213-225

Beck S (Hg) (2012) Gehört mein Körper noch mir? Strafgesetzgebung zur Verfügungsbefugnis über den eigenen Körper in den Lebenswissenschaften. Baden-Baden

Béland JP, et al. (2011) The Social and Ethical Acceptability of NBICs for Purposes of Human Enhancement: Why Does the Debate Remain Mired in Impasse? NanoEthics 5(3): 295-307

Boenink M, Swierstra T, Stemerding D (2010) Anticipating the interaction between technology and morality: a scenario study of experimenting with humans in bionanotechnology. Stud Ethics Law Tech 4(2)

Bogle KE, Smith BH (2009) Illicit methylphenidate use: a review of prevalence, availability, pharmacology, and consequences. Curr Drug Abuse Rev May 2(2): 157-176

Bogner A (Hg) (2013) Ethisierung der Technik – Technisierung der Ethik. Der Ethik-Boom im Lichte der Wissenschafts- und Technikforschung. Baden-Baden

Brey PAE (2012) Anticipatory Ethics for Emerging Technologies. NanoEthics 6(1): 1-13

Caldera EO (2008) Cognitive Enhancement and Theories of Justice: Contemplating the Malleability of Nature and Self. In: The Journal of Evolution and Technology 18 (01), http://jetpress.org/v18/caldera.htm

Caldwell J, et al. (2004) The efficacy of modafinil for sustaining alertness and simulator flight performance in F-117 pilots during 37 hours of continuous wakefulness. U. S. Air Force Research Laboratory Technical Report AFRL-HE-BR-TR-2004-0003

Chatterjee A (2006) The promise and predicament of cosmetic neurology. Journal of Medical Ethics 32: 110-113

Chatterjee A (2013) The ethics of neuroenhancement. Handbook of Clinical Neurology 118: 323–334

Christmas D, et al. (2014) A randomised trial of the effect of the glycine reuptake inhibitor Org 25935 on cognitive performance in healthy male volunteers. Hum Psychopharmacol Jan 14: doi: 10.1002/hup.2384

Clatworthy PL, et al. (2009) Dopamine release in dissociable striatal subregions predicts the different effects of oral methylphenidate on reversal learning and spatial working memory. Journal of Neuroscience 29: 4690-4696

Coenen C (2008) Von der Leistungs- zur Leistungssteigerungsgesellschaft? TAB-Brief 33 (Büro für Technikfolgen-Abschätzung, Berlin): 21-27

Coenen C (2010) Deliberating Visions: The Case of Human Enhancement in the Discourse on Nanotechnology and Convergence. In: Kaiser M et al. (2009): 73-88

Coenen C (2013) Converging technologies. In: Gramelsberger G, Bexte P, Kogge W (2013): 209-230

Coenen C, et al. (2009) Human enhancement. Brussels: European Parliament, http://www.itas.fzk.de/deu/lit/2009/coua09a.pdf

Coenen C (2013) Nachdarwinsche Visionen einer technischen Transformation der Menschheit. In: Ebert U, Riha O, Zerling L (2013): 9-36

Coenen C, Simakova E (2013) STS policy interactions, technology assessment and the governance of technovisionary sciences. In: Science, Technology & Innovation Studies 9(2): 3-20

Collingridge D (1980) The social control of technology. London

Cooper AC (1999) The slippery slope and technological determinism. Princeton Journal of Bioethics 2(1): 64-76 de Jongh R, et al. (2008) Botox for the brain: Enhancement of cognition, mood and pro-social behavior and blunting of unwanted memories. Neuroscience and Biobehavioral Reviews 32(4): 760-776

Decker M, Ladikas M (Hg) (2004) Bridges between Science, Society and Policy. Technology Assessment – Methods and Impacts. Berlin

DEEPEN (2009) Reconfiguring Responsibility. Deepening Debate on Nanotechnology. www.geography.dur.ac.uk/projects/deepen

DGPPN (2009) Stellungnahme der Deutschen Gesellschaft für Psychiatrie, Psychotherapie und Nervenheilkunde (DGPPN) zum Gebrauch von Neuroenhancern, 2009, http://www.dgppn.de/publikationen/stellungnahmen/detail ansicht/select/stellungnahmen-2009/article/141/stellungnahm-3.html

Dresler M, et al. (2013) Non-pharmacological cognitive enhancement. Neuropharmacology 64: 529-543

Ebert U, Riha O, Zerling L (Hg) (2013) Der Mensch der Zukunft - Hintergründe, Ziele und Probleme des Human Enhancement (Abhandlungen der Sächsischen Akademie der Wissenschaften; Bd. 82/3). Stuttgart, Leipzig

Elliott R, et al. (1997) Effects of methylphenidate on spatial working memory and planning in healthy young adults. Psychopharmacology 131: 196-206

Elliott C (1998) What's wrong with enhancement technologies? CHIPS Public Lecture, University of Minnesota, February 26, 1998, Center for Bioethics, University of Minnesota, http://www.ucl.ac.uk/~ucbtdag/bioethics/writings/ Elliott.html

Emanuel R, et al. (2013) Cognitive enhancement drug use among future physicians: Findings from a multi-institutional census of medical students. Journal of General Internal Medicine 28(8): 1028-1034

Esposito R, et al. (2013) Acute effects of Modafinil on Brain resting state networks in young healthy subjects. In: PLOS One 8(7): e69224

Farah MJ, et al. (2004) Neurocognitive enhancement: What can we do and what should we do? Nature Reviews Neuroscience 5(5): 421-425

Farah MJ (2011) Overcorrecting the neuroenhancement discussion. Addiction 106(6): 1190, author reply 1190-1191

Ferrari A (2012) Autonomie und Visionen in der Debatte um pharmakologisches Cognitive Enhancement (PCE). In: Beck S (2012): 347-367

Ferrari A, et al. (2012) Visions and ethics in current discourse on human enhancement. NanoEthics 6(3): 215-229

Finger G, et al. (2013) Use of methylphenidate among medical students: a systematic review. Rev assoc med bras. 59(3): 285-289

Forlini C, Racine E (2009a) Autonomy and coercion in academic "cognitive enhancement" using methylphenidate: perspectives of key stakeholders. Neuroethics 2(3): 163-177

Forlini C, Racine E (2009b) Disagreements with implications: Diverging discourses on the ethics of non-medical use of methylphenidate for performance enhancement. BMC Medical Ethics 10

Forlini C, Racine E (2010) Response. Journal of Bioethical Inquiry 7(4): 383-384

Forlini C, Racine E (2013) Does the cognitive enhancement debate call for a renewal of the deliberative role of bioethics? In: Hildt E, Franke A (2013): 173-186

Fox RC, Swazey JP (2008) Observing Bioethics. Oxford

Franke A, et al. (2011) Non-medical use of prescription stimulants and illicit use of stimulants for cognitive enhancement in pupils and students in Germany. Pharmacopsychiatry 44: 60-66

Galert T, et al. (2009) Das optimierte Gehirn. Gehirn und Geist 11. http://zeus.zeit.de/wissen/2009-10/memorandum-gehirn-geist.pdf

Gramelsberger G, Bexte P, Kogge W (Hg) (2013) Synthesis. Zur Konjunktur eines philosophischen Begriffs in Wissenschaft und Technik. Bielefeld

Goordjin B (2005) Nanoethics: From Utopian Dreams and Apocalyptic Nightmares Towards a More Balanced View. Science and Engineering Ethics 11(4): 521-533

Greely H, et al. (2008) Towards responsible use of cognitive-enhancing drugs by the healthy. Nature 456: 702-705

Grunwald A (2010) From Speculative Nanoethics to Explorative Philosophy of Nanotechnology. NanoEthics 4(2): 91-101

Grunwald A (2006) Nanotechnologie als Chiffre der Zukunft. In: Nordmann A, Schummer J, Schwarz A (2006): 49-80

Grunwald A (2007) Converging Technologies: Visions, Increased Contingencies of the Conditio Humana, and Search for Orientation. Futures 39(4): 380-392

Grunwald A (2008) Auf dem Weg in eine nanotechnologische Zukunft. Freiburg/München

Grunwald A (2009) Technology Assessment: Concepts and Methods. In: Meijers A (Hg) Philosophy of Technology and Engineering Sciences. Volume 9. Amsterdam. S 1103-1146

Grunwald A (2011) Energy futures: Diversity and the need for assessment. Futures 43: 820-830

Grunwald A (2012) Technikzukünfte als Medium von Zukunftsdebatten und Technikgestaltung. Karlsruhe: KIT Scientific Publishing

Grunwald A (2013) Techno-visionary Sciences: Challenges to Policy Advice. Science, Technology and Innovation Studies 9(2): 21-38

Hall SS (2003) The quest for a smart pill. Scientific American 289(3): 54-65

Hall W, Lucke J (2010) The enhancement use of neuropharmaceuticals: More scepticism and caution needed. Addiction 105(12): 2041-2043

Hansson SO (2006) Great Uncertainty about small Things. In: Schummer J, Baird D (2006): 315-325

Harris J (2010) Enhancing Evolution: The Ethical Case for Making Better People. Princeton

Harris J, Chatterjee A (2009) Is it acceptable for people to take methylphenidate to enhance performance? YES and NO. British Medical Journal 338: 1532-1533

Hartley LR, et al. (1983) The effect of beta adrenergic blocking drugs on speakers' performance and memory. British Journal of Psychiatry 142: 512-517

Hays S, et al. (2011) Public Attitudes Towards Nanotechnology-Enabled Cognitive Enhancement in the United States. In: Hays S, et al. (2011a): 43-65

Hays S, et al. (Hg) (2011a) The Yearbook of Nanotechnology: Nanotechnology, the Brain, and the Future, Volume III. New York

Hedgecoe A (2010) Bioethics and the reinforcement of socio-technical expectations. Social Studies of Science 40(2): 163-186

Heil R, Coenen C (2013) Zukünfte menschlicher Natur: Biovisionäre Diskurse von der Eugenik bis zum Human Enhancement. Technikfolgenabschätzung - Theorie und Praxis 22(1): 23-31

Hildt E (2011) Neuroenhancement Bubble? — Neuroenhancement Wave! In: AJOB Neuroscience 2(4): 44-45

Hildt E, Franke A (Hg) (2013) Cognitive enhancement: An interdisciplinary perspective. New York

Jasanoff S, Kim SH (2009) Containing the Atom: Sociotechnical Imaginaries and Nuclear Power in the United States and South Korea. Minerva 47: 119-146

Kaiser M. et al. (Hg) (2009, 2010) Governing Future Technologies. Nanotechnology and the Rise of an Assessment Regime. Dordrecht

Karafyllis NC (2009) Facts or Fiction? A Critique on Vision Assessment as a Tool for Technology Assessment. In: Sollie P, Düwell M (2009): 93-117

Keiper A (2007) Nanoethics as a Discipline? The New Atlantis. A Journal of Technology & Science 16: 55-67

Kettner M (2009) Wunscherfüllende Medizin - Ärztliche Behandlung im Dienst von Selbstverwirklichung und Lebensplanung. Frankfurt/M

Khushf G (2005) The Use of Emergent Technologies for Enhancing Human Performance: Are We Prepared to Address the Ethical and Political Issues? Public Policy & Practice 4(2): 1-17

Kogge W (2008) Technologie des 21. Jahrhunderts. Perspektiven der Technikphilosophie. Deutsche Zeitschrift für Philosophie 56(6): 935-956

Kraemer F (2011) Authenticity anyone? The enhancement of emotions via neuropsychopharmacology. Neuroethics 4(1): 51- 64

Larriviere D, et al. (2009) Responding to requests from adult patients for neuroenhancements. Guidance of the Ethics, Law and Humanities Committee. Neurology 73: 1406-1412

Lieb K (2010) Hirndoping: Warum wir nicht alles schlucken sollten. Mannheim

Looby A, Earleywine M (2011) Expectation to receive methylphenidate enhances subjective arousal but not cognitive performance. Experimental and Clinical Psychopharmacology 19(6): 433-444

Lucivero F, et al. (2011) Assessing Expectations: Towards a Toolbox for an Ethics of Emerging Technologies. NanoEthics 5(2): 129-141

Lynch G, et al (2011) The likelihood of cognitive enhancement. Pharmacology Biochemistry and Behavior 99(2): 116-29

Maher B, et al. (2008): Pool results: Look who's doping. Nature 452(7188): 674-675

Martin PA, et al. (2011) Pharmaceutical Cognitive Enhancement: Interrogating the Ethics, Adressing the Issues. In: Segev I, Markram H (2011): 179-192

Mehta MA, et al. (2000) Methylphenidate enhances working memory by modulating discrete frontal and parietal lobe regions in the human brain. Journal of Neuroscience 20(6): RC65

Middendorff E, et al. (2012) Formen der Stresskompensation und Leistungssteigerung bei Studierenden. HISBUS-Befragung zur Verbreitung und zu Mustern von Hirndoping und Medikamentenmissbrauch, HIS: Forum Hochschule 01 | 2012, Hannover, http://www.his.de/pdf/pub_fh/fh-201201.pdf

Mittelstraß J (1991) Auf dem Wege zu einer Reparaturethik? In: Wils JP, Mieth D (Hg): Ethik ohne Chance? Erkundungen im technologischen Zeitalter. Tübingen, S 89-108

Mnyusiwalla A, Daar AS, Singer PA (2003) Mind the Gap. Science and Ethics in Nanotechnology. Nanotechnology 14: R9-R13

Moor J, Weckert J (2004) Nanoethics: Assessing the Nanoscale from an Ethical Point of View. In: Baird D, Nordmann A, Schummer J (Hg) Discovering the Nanoscale. Amsterdam

Müller U, et al. (2012) Effects of modafinil on non-verbal cognition, task enjoyment and creative thinking in healthy volunteers. Neuropharmacology 64: 490-495

Nadler R, Reiner PB (2010) A call for data to inform discussion on cognitive enhancement. BioSocieties 5(4): 481-482

Nadler R, Reiner PB (2011) Prototypes or Pragmatics? The Open Question of Public Attitudes Toward Enhancement. AJOB Neuroscience 2(2): 49-50

NEK-CNE (National Advisory Commission on Biomedical Ethics) (2011) Human Enhancement by means of pharmacological agents (Opinion No. 18, October 2011)

Nida-Rümelin J (Hg) (2005) Angewandte Ethik. Die Bereichsethiken und ihre theoretische Fundierung. Stuttgart

Nordmann A (2007) If and Then: A Critique of Speculative Nanoethics. NanoEthics 1(1): 31-46

Nordmann A (2010) A Forensics Of Wishing: Technology Assessment In The Age Of Technoscience. Poiesis & Praxis. International Journal Of Technology Assessment And Ethics Of Science 7(1-2): 5-15

Nordmann A, Rip A (2009) Mind the gap revisited. Nature Nanotechnology 4: 273-274

Nordmann A, Schummer J, Schwarz A (Hg) (2006) Nanotechnologien im Kontext. Berlin

Outram SM, Racine E (2011) Developing Public Health Approaches to Cognitive Enhancement: An Analysis of Current Reports. Public Health Ethics 4(1): 93-105

Outram SM (2011) Ethical Considerations in the Framing of the Cognitive Enhancement Debate. Neuroethics 5(2): 173-184

Outram SM (2010) The use of methylphenidate among students: the future of enhancement? Journal of Medical Ethics 36: 198-202

Palm E, Hansson SO (2006) The case for ethical technology assessment (eTA). Technological Forecasting and Social Change 73(5): 543-558

Patenaude J, et al. (2011) Moral Arguments in the Debate over Nanotechnologies: Are We Talking Past Each Other? NanoEthics 5(3): 285-293

Pereira AG, von Schomberg R, Funtowicz S (2007) Foresight Knowledge Assessment. International Journal of Foresight and Innovation Policy 4: 65-79

Quednow B (2010) Ethics of neuroenhancement: a phantom debate. BioSocieties 5: 153-156

Racine E, et al. (2014) The value and the pitfalls of speculation about science and technology in bioethics: the case of cognitive enhancement. Medicine, Health Care and Philosophy 17(3): 325-37

Racine E, Forlini C (2010) Cognitive Enhancement, Lifestyle Choice or Misuse of Prescription Drugs? Ethics Blind Spots in Current Debates. Neuroethics 3(1): 1-4

Ragan CI, Bard J, Singh I (2013) What should we do about student use of cognitive enhancers? An analysis of current evidence. Neuropharmacology 64: 588-595

Rayne S, Malone L (Hg) (1998) Human Choice and Climate Change, Vol 2 Resources and Technology. Washington D.C.

Reches A, et al. (2013) Network dynamics predict improvement in working memory performance following donepezil administration in healthy young adults. Neuroimage Nov 21, doi:10.1016/j.neuroimage.2013.11.020

Rehmann-Sutter C, Leach Scully J (2010) Which Ethics for (of) the Nanotechnologies? In: Kaiser M, et al. (2010): 233-252

Repantis D, et al. (2010a) Modafinil and methylphenidate for neuroenhancement in healthy individuals: A systematic review. Pharmacological Research Sep; 62(3): 187-206

Repantis D, et al. (2010b) Acetylcholinesterase inhibitors and memantine for neuroenhancement in healthy individuals: a systematic review. Pharmacological Research 61(6): 473-481

Rip A, Kemp R (1998) Technological Change. In: Rayne S, Malone L (1998): 327-399

Rip A, te Kulve H (2008) Constructive technology assessment and socio-technical scenarios. In: Fisher E, Selin C, Wetmore JM (Hg) The yearbook of nanotechnology in society, Volume 1: Presenting futures. Berlin, S 49-70

Roache R (2008) Ethics, speculation, and values. NanoEthics 2(3): 317-327

Rohbeck J (1993) Technologische Urteilskraft. Zu einer Ethik technischen Handelns. Frankfurt

Rose SPR (2002) 'Smart drugs': do they work? Are they ethical? Will they be legal? Nature Reviews Neuroscience 3: 975-979

Royal Society (2012): Human enhancement and the future of work, The Royal Society, London, http://royalsociety.org/policy/projects/human-enhancement/workshop-report/

Sahakian B, Morein-Zhamir S (2007) Professor's little helper. Nature 450: 1157-1159

Sandel M (2007) The case against perfection. Ethics in the age of genetic engineering. Cambridge

Sattler S, Wiegel C (2013) Test anxiety and cognitive enhancement: the influence of students' worries on their use of performance-enhancing drugs. Substance Use & Misuse 48: 220–232

Sauter A, Gerlinger K (2012) Der pharmakologisch verbesserte Mensch. Leistungssteigernde Mittel als gesellschaftliche Herausforderung. Studien des Büros für Technikfolgen-Abschätzung beim Deutschen Bundestag, Bd. 34. Berlin

Savulescu J, Bostrom N (Hg) (2008) Human Enhancement. New York

Savulescu J, Bostrom N (2008) Human Enhancement Ethics: The State of the Debate. In: Savulescu J. Bostrom N (2008): 1-22

Schermer M, et al. (2009) The future of psychopharmacological enhancements: Expectations and policies. Neuroethics 2: 75-87

Schleim S (2010) Risiken und Nebenwirkungen der Enhancement-Debatte. Suchtmagazin 2: 49-51

Schöne-Seifert B, et al. (2009) Neuro-Enhancement. Ethik vor neuen Herausforderungen. Paderborn

Schummer J, Baird D (Hg) (2006) Nanotechnology Challenges – Implications for Philosophy, Ethics and Society. Singapur

Segev I, Markram H (Hg) (2011) Augmenting Cognition. Lausanne

Selin C (2011) Negotiating Plausibility: Intervening in the Future of Nanotechnology. Science and Engineering Ethics 17(4): 723-737

Silber BY, et al. (2006) The acute effects of d-amphetamine and methamphetamine on attention and psychomotor performance. Psychopharmacology 187: 154-169.

Silver JA, et al. (2004) Effect of anxiolytics on cognitive flexibility in problem solving. Cognitive Behavioral Neurology 17: 93-97

Singh I, Kelleher KJ (2010) Neuroenhancement in Young People: Proposal for Research, Policy, and Clinical Management. AJOB Neuroscience 1(1): 3-16

Skorupinski B, Ott K (2000) Technikfolgenabschätzung und Ethik. Eine Verhältnisbestimmung in Theorie und Praxis. Zürich

Smith ME, Farah M (2011) Are Prescription Stimulants "Smart Pills"? The Epidemiology and Cognitive Neuroscience of Prescription Stimulant Use by Normal Healthy Individuals. Psychological Bulletin 137(5): 717-741

Siep L (2006) Die biotechnische Neuerfindung des Menschen. In: Abel G (Hg) Kreativität. Akten des XX. Deutschen Kongresses für Philosophie. Hamburg, S 306-323

Siune K, Markus E, Calloni M, Felt U, Gorski A, Grunwald A, Rip A, de Semir V, Wyatt S (2009) Challenging Futures of Science in Society. Report of the MASIS Expert Group. Europäische Kommission; Brüssel

Sollie P, Düwell M (Hg) (2009) Evaluating New Technologies, The International Library of Ethics, Law and Technology 3. Dordrecht

Stahl B (2011) IT for a better future: how to integrate ethics, politics and innovation. Journal of Information, Communication & Ethics in Society 9(3): 140-156

Synofzik M (2009) Ethically justified, clinically applicable criteria for physician decision-making in psychopharmacological enhancement. Neuroethics 2: 89-102

Teter CJ, et al. (2006) Illicit use of specific prescription stimulants among college students: prevalence, motives, and routes of administration. Pharmacotherapy 26(10): 1501-1510

Tone A (2005) Listening to the past: History, psychiatry, and anxiety. Canadian Journal of Psychiatry 50(7): 373-380

Turner DC, et al. (2003) Cognitive enhancing effects of modafinil in healthy volunteers. Psychopharmacology 165: 260-269

Van der Plas A, et al. (2010) Beyond speculative robot ethics: a vision assessment study on the future of the robotic caretaker. In: Accountability in Research: Policies and Quality Assurance 17(6): 299-315

Van Lente H (1993) Promising Technology. The Dynamics of Expectations in Technological Developments. Delft

Viehöver W, Wehling P (2011) Entgrenzung der Medizin? Von der Heilkunst zur Verbesserung des Menschen. Bielefeld

Williams R (2006) Compressed Foresight and Narrative Bias: Pitfalls in Assessing High Technology Futures. Science as Culture 15(4): 327-348

Wolbring G (2008) Why NBIC? Why human performance enhancement? The European Journal of Social Science Research 21: 25-40

Teil II:

Motive, Felder, Kontexte

Von der Behandlung einer „Krankheit" zum Hirndoping für alle

ADHS als Grenzverschiebung der Normalität

Manfred Gerspach

1 Problemaufriss

Derzeit erleben wir einen gesellschaftlichen Wertewandel in Bezug auf den Einsatz von Dopingmitteln zur Leistungsverbesserung. Nicht zuletzt der Profi-Radsport ist Vorreiter dieser Entwicklung. Halbherzige Kontrollen oder auch das Vertuschen von illegalem Substanzengebrauch sind das eine, eine vorschnelle Rehabilitation ertappter oder sich selbst bekennender Doping-Sünder das andere. Indessen sind die öffentlichen Vorbehalte gegenüber jenen Leistungssportlern, die sich dergestalt einen Wettbewerbsvorteil zu verschaffen wissen, beinahe gänzlich im Schwinden begriffen – wie soll man denn auch ohne Doping über diese Berge kommen? Und nicht von ungefähr tun sich hier Parallelen zu allen Bereichen unserer Konkurrenzgesellschaft, insbesondere auf dem Arbeits- und Beschäftigungsmarkt, auf. Auch da wird unter Vermarktungsgesichtspunkten der Ruf lauter, die Leistungsfähigkeit des Menschen mittels Hirndoping anzuheben. Der Gewinnmaximierung geht eben die Leistungsmaximierung in einer sich immer mehr spaltenden Gesellschaft voraus, die bald meint, ohne ein Drittel oder die Hälfte der Bevölkerung auszukommen. Die soziale Exklusion droht, wo verschärfte Leistungsanforderungen mit vergleichsweise schlechten individuellen Voraussetzungen eine negative Passung ergeben (vgl. Honneth 2000, 89; Wansing 2012, 388 ff.).

Parallel dazu ist eine Skandalisierung menschlicher und – hier im präventiven Vorgriff auf die spätere benötigte Funktionstüchtigkeit – vornehmlich kindlicher Verhaltensweisen zu beobachten. Kinder stehen zunehmend unter Generalverdacht, an einer hirnfunktionellen Krankheit namens ADHS zu leiden, was ohne medikamentöse Korrektur mittels Psychopharmaka, so die logische Argumentationskette, zu einem dramatischen Absenken ihrer Bildungs- und später Beschäftigungschancen führen muss. Die Hysterie greift um sich: Einer forsa-Umfrage zufolge halten Eltern ADHS inzwischen für die schlimmste Kinderkrankheit. Erst mit deutlichem Abstand folgen Asthma, Diabetes, Neurodermitis und Adipositas.[1]

Man hat also eine Krankheit entdeckt und mit Hilfe der Medikation einen Weg gefunden, sie zu behandeln. Allmählich aber dreht sich die Argumentation um: Nicht mehr die Behandlung kognitiver Leistungsdefizite interessiert, sondern auf diese Weise lassen sich ja auch vorhandene Leistungsfähigkeiten weiter steigern. Der Nutzen des Psychopharmakons für alle erscheint am Horizont. Man braucht nur die Ängste vorm Versagen bzw. der schlechteren Position im Konkurrenzkampf des eigenen Nachwuchses ordentlich zu schüren und schon überwiegen die vermeintlichen Vorteile jene – zum großen Teil noch unerforschten – Nachteile, die durch Neben- und insbesondere Langzeitwirkungen zu befürchten sind. Vor allem leistungsorientierte Eltern, die Angst um die unbehelligte Schulkarriere ihrer Kinder haben, neigen inzwischen zu deren off-label-Medikamentierung, ohne dass eine bestimmte Diagnose vorliegt. Einer Analyse aus dem Jahre 2009 zufolge werden nur 87 % der Kindern und Jugendlichen verordneten Arzneimittelpackungen zulassungskonform verordnet (vgl. Mühlbauer et al. 2009, 25). Die bereits jetzt latent eingetretene Veränderung im Gebrauch von Psychostimulanzien vor allem bei Kindern und Jugendlichen signalisiert einen Gewöhnungseffekt mit noch nicht absehbaren Folgen.

2 Die pharmakologische Behandlung eines Konstrukts

Nach Angaben der Barmer GEK wurde im Jahre 2011 bei 750 000 Menschen in Deutschland die Diagnose ADHS gestellt. Der Großteil davon, nämlich 620 000, ist unter 19 Jahren alt. Überwiegend sind Jungen betroffen. Von 2006 bis 2011 stieg die Zahl der diagnostizierten Fälle in dieser Altersgruppe um 42 % (von knapp 3 % auf jetzt über 4 %). Rund ein Fünftel aller Jungen, die im Jahr 2000 geboren wurden, bekam in diesem Zeitraum die Diagnose ADHS. Bei den Mäd-

---

1 Vgl. www.aerztezeitung.de.

chen lag die Rate unter 10 %. Ein Viertel aller Männer erhält im Leben die Diagnose ADHS. Regionale Unterschiede hängen zudem offenbar von der Versorgungsdichte mit Kinder- und Jugendpsychiatern zusammen. In Würzburg wurden 18,8 % Diagnosen bei zwölfjährigen Jungen gestellt, während der Bundesdurchschnitt in dieser Altersgruppe bei knapp 12 % liegt (vgl. Grobe et al. 2013).

Im Alter von 11 Jahren werden rund 7 % der Jungen und 2 % der Mädchen Ritalin oder entsprechende Medikamente verabreicht. Landesweit stieg der Verbrauch des Wirkstoffes Methylphenidat laut Bundesopiumstelle zwischen 1993 und 2010 von 34 kg auf 1,8 Tonnen um das 52-fache an. Die Zahl der verordneten Tagesdosen von Methylphenidatpräparaten hat sich seit 1990 auf deutlich über 50 Millionen Dosen, d.h. um mehr als das 150-fache erhöht. Allein von 2002 bis 2011 erhöhten sich die Tagesdosen von 17 Millionen auf 56 Millionen.[2] Der Handel mit Psychostimulanzien über das Internet ist zudem kaum bezifferbar (vgl. Glaeske, Merchlewicz 2013, 34).

Man schätzt, dass in Deutschland 250 000 Kinder Medikamente wie Ritalin nehmen, weltweit liegt die Anzahl pharmakologisch behandelter Kinder mit der Diagnose ADHS bei weit über zehn Millionen. In den USA zeigt eine neue Studie ebenfalls einen weiteren Zuwachs der diagnostizierten Kinder. Von 2001 bis 2010 erhöhte sich dort der Anteil von 2,5 % auf 3,1 %. Bei schwarzen Kindern beträgt die Zunahme annähernd 70 %. Allerdings suchen besser gestellte amerikanische Eltern dann medikamentöse Hilfe für ihre Kinder, wenn diese den schulischen Erwartungen nicht entsprechen (vgl. Getahun et al. 2013). Der Konzern Novartis, der Ritalin herstellt, steigerte seinen Umsatz in den Jahren 2006 bis 2010 von 330 auf 464 Millionen Dollar (vgl. Hüther, Bonney 2010, 13; Hüther 2011, 4; Kunst 2012, 17).[3] Ritalin ist das am häufigsten verschriebene Medikament bei Kindern und Jugendlichen der Altersgruppe von elf bis vierzehn Jahren und rangiert noch vor Mitteln gegen Erkältung oder Schmerzen (vgl. von Lüpke 2009, 31).[4]

Vor allem zum Ende des Grundschulalters, also vor dem Übergang auf weiterführende Schulen, sind hohe Diagnoseraten zu verzeichnen. Gleichzeitig erhöhen die schlechte Ausbildung der Eltern, ihre Arbeitslosigkeit oder wenn sie

---

2   Vgl. allgemein: www.barmer-gek.de; www.gesundheitlicheaufklaerung.de; www.deutsche-apotheker-zeitung.de .
3   Vgl. www.faz.net/aktuell .
4   Vgl. auch www.aerzteblatt.de .

unter 30 Jahren alt sind, die Verschreibungsraten. Einer britischen Studie zur Feststellung der Prävalenz von psychischen Störungen von 5- bis 16-Jährigen zufolge stellen die fehlende berufliche Qualifikation und große finanzielle Krisen der Eltern ein deutlich erhöhtes Risiko dar (vgl. Green et al. 2005, 155 ff.). Nach einer schwedischen Studie sind sozioökonomische und psychosoziale Faktoren – wenn die Eltern Sozialhilfeempfänger oder alleinerziehend sind bzw. die Mütter einen niedrigen Bildungsstatus aufweisen – für den Großteil der Medikation der Kinder verantwortlich (vgl. Hjern et al. 2010). In Deutschland wird die Tablette als Mittel sozialer Befriedung, als Mittel zur Selbstkontrolle, aber auch zunehmend als Mittel zur schulischen Leistungssteigerung eingesetzt (vgl. Haubl, Liebsch 2009, 148 ff.).

Hier tauchen also gleich mehrere Probleme auf. Zunächst wird die Zahl der Kinder, die die Diagnose erhalten, immer größer. Dann konzentriert sich die Diagnosestellung auf Kinder aus psychosozial belasteter Umgebung. Und schließlich, und das ist wohl die gravierendste Tendenz, werden Psychopharmaka immer unverhohlener ohne Diagnosestellung zur Leistungsmaximierung eingesetzt. Eine von der deutschen Bundesregierung geförderte Studie zum Neuroenhancement kommt zum Ergebnis, dass immer mehr gesunde Menschen stimulierende Pharmaka benutzen, um im Alltag leistungsfähiger zu sein. Rund 2 Millionen Deutsche haben demzufolge mindestens schon ein Mal diesen Versuch unternommen, ca. 800 000 machen dies sogar regelmäßig. Laut einer Kinderärztestudie ist in den USA der Missbrauch von Mitteln wie Ritalin bei den 13- bis 19-Jährigen innerhalb von 8 Jahren um 75 % gestiegen. Der amerikanische Starautor Fukuyama sagte in einem Interview, das Soma unserer Gegenwart und unserer Zukunft heiße Ritalin (vgl. Schmidt 2010, 231 f.).

Noch immer wird dieser Haltungswandel hin zu einer immer bedenkenloseren Verwendung von Psychostimulanzien, die wie Ritalin hierzulande dem Betäubungsmittelgesetz unterliegen, massiv geleugnet und man tut, als bewege man sich bei Diagnose und Verordnung auf sicherem Boden. Grundlage der Diagnosestellung von ADHS sind entweder das wichtigste in der Medizin verwendete Modell der *International Statistical Classification of Diseases and Related Health Problems* oder das von der US-amerikanischen Psychiatrischen Vereinigung erstellte *Diagnostic and Statistical Manual of Mental Disorders*. Die aktuellen, international gültigen Ausgaben sind ICD-10 und DSM-IV (vgl. Dilling et al. 2011; Saß et al. 2003).

Auch wenn man auf den ersten Blick meinen mag, mit diesen beiden Klassifikationssystemen über objektive und sichere Kriterien zu verfügen, so treten

bei genauerem Hinsehen gravierende Schwächen hervor. Ein zunehmend wach-
sendes Problem stellt die Unschärfe der Diagnostik dar. Die Kriterien im DSM-
IV sind diffuser als im ICD-10. Das bedeutet, dass die Prävalenzraten etwa bei
ADHS nach DSM-IV mehr als doppelt so hoch sind wie nach ICD-10. Und vor
allem gilt: „Es gibt keinen messbaren Parameter, der es erlaubte, das Vorliegen
von ADHS zuverlässig zu beurteilen" (Glaeske, Würdemann 2008, 55 ff.). Insofern verwundert es nicht, dass in den USA, wo das DSM verwendet wird, die
Medikamentierung von Kindern und Jugendlichen, die mit der Diagnose ADHS
belegt sind, ausgeprägter ist als etwa in Deutschland. Inzwischen wird dort mehr
und mehr zusätzlich zu ADHS die Diagnose der sogenannten bipolaren Störung
gestellt, was dann zu einem Mix an eingesetzten Psychopharmaka führt.

Nach einer aktuellen repräsentativen Befragung von annähernd 500 Kinder-
und Jugendpsychotherapeuten und -psychiatern in Deutschland wird ADHS viel
zu häufig diagnostiziert. Sie erhielten je eine von vier Fallgeschichten und sollten eine Diagnose stellen sowie eine Therapie vorschlagen. An Hand der ge-
schilderten Symptome und Umstände lag in drei der vier Fälle keine ADHS vor,
nur ein Fall war mit Hilfe der geltenden Leitlinien und Kriterien einer Aufmerksamkeitsdefizit-Hyperaktivitätsstörung zuzuordnen. Zudem wurde das Ge-
schlecht variiert, so dass es insgesamt acht Fälle gab. In über 20 % wurden eine
falsche Diagnose bzw. eine falsche Verdachtsdiagnose gestellt. Dies betraf weit
mehr Jungen als Mädchen. Mit der falsch gestellten Diagnose ging zudem die
Empfehlung einer medikamentösen und psychotherapeutischen Behandlung
einher. Offensichtlich fällen die medizinischen Fachvertreter ihr Urteil entlang
von alltagsbasierten Faustregeln, so genannten Heuristiken, und neigen damit zur
Überdiagnostizierung (vgl. Bruchmüller, Schneider 2012, 77 ff.).[5]

Allgemein wird jedenfalls gerügt, dass die ausschließliche Orientierung an
statistischen Bezügen medizinische Gesichtspunkte vernachlässigt, somit eine
klare Unterscheidung von Diagnose und Symptom unmöglich wird und sich mit
zunehmendem Reduktionismus die Fehlerquote erhöht. Seit längerem ist die
Einschätzung des Phänomens ADHS ohnedies nicht mehr einheitlich zu nennen,
auch wenn Barkley in den USA im Jahre 2002 die so genannte internationale
Konsenserklärung zu ADHS veröffentlichte, wonach die Existenz einer Hirn-
stoffwechselstörung als Grund für ADHS erwiesen sei. Andere Wissenschaftler
wie Timimi distanzierten sich davon mit dem Hinweis, es gebe keine kognitiven,

---

5 Über die weiterführende Frage nach der generellen Stichhaltigkeit der hier zugrunde
  gelegten Kriterien möchte ich an dieser Stelle nicht diskutieren.

metabolischen oder neurologischen Marker für ADHS und damit auch keinen medizinischen Test für die Diagnose. Lydia Furman fasst alle Bedenken dahingehend zusammen, dass die These von einer spezifischen neuropsychologischen Krankheit einer genaueren wissenschaftlichen Überprüfung nicht standhalte (vgl. zusammengefasst: Schmidt 2010, 32 f.).

Seither sprechen sich immer mehr Fachleute dezidiert gegen die Verwendung des Begriffs „ADHS" aus. Es handele sich um ein diffuses Phänomen, für das die Bezeichnung „ADHS" mehr eine Verlegenheitsbezeichnung als eine trennscharfe Diagnose sei: „ADHS ist ja nicht einfach eine Krankheit in gesunder Umgebung. Umgekehrt: Nur wo schon eine Aufmerksamkeitsdefizitkultur besteht, gibt es ADHS" (Türcke 2012, 13). Für den amerikanischen Neurologen Baugham handelt es sich beim Konstrukt ADHS um einen enormen Betrug; der amerikanische Arzt und Familientherapeut Diller nennt ADHS ein amerikanisches Märchen (vgl. Schmidt 2010, 37 f.).

DeGrandpre sieht deutliche Bezüge der Ritalin-Verwendung zur „kosmetischen Pharmakologie" und ist erschrocken über die Tatsache, „dass beinahe über Nacht Millionen von Kindern auf eine Droge gesetzt wurden, die vordem von der Regierung als Bedrohung für die Gesellschaft angesehen wurde" (vgl. DeGrandpre 2002, 154). Der amerikanische Psychiater Leon Eisenberg, der als Erfinder des psychiatrischen Krankheitsbildes ADHS gilt, gestand dem Medizinjounalisten Jörg Blech kurz vor seinem Tod, dass ADHS ein Paradebeispiel für eine fabrizierte Erkrankung sei und die psychosozialen Gründe für Verhaltensauffälligkeiten viel gründlicher ermittelt werden müssten.[6] Allen Frances, der Vorsitzende der Kommission, die das DSM-IV ausarbeitete, urteilt aktuell im Hinblick auf die *ins Kraut schießende* Diagnose ADHS: „Nichts spricht dafür, dass die Kinder sich tatsächlich verändert haben, was sich verändert hat, sind die Etiketten" (vgl. Frances 2013, 207). Schließlich formulieren der Heidelberger Kinderpsychiater Bonney und der Göttinger Hirnforscher Hüther unisono: „ADHS ist keine Krankheit" (vgl. Bonney 2012; Hüther 2010). Und nach einer umfassenden Prüfung aller Hypothesen und vorliegenden Befunde kommt Schmidt zum Schluss, man müsse für die Abschaffung von ADHS plädieren (vgl. Schmidt 2010).

---

6   Vgl. http://derhonigmannsagt.wordpress.com.

3 Die Aufweichung der Kriterien zur Medikation

Nun wird derzeit das DSM-V vorbereitet, welches zum einen noch vagere Bestimmungen enthält und zum andern die Altersbegrenzung bei ADHS erstmals mit der Begründung aufhebt, es handele sich dabei um eine Entwicklungsstörung des Nervensystems, also eine Erkrankung mit hirnorganischer Ursache. Meist zieht zudem das ICD nach, wenn das DSM revidiert wurde. Auch aktuell steht wieder zu befürchten, dass die Kriterienaufweichung des DSM-V Einzug ins ICD finden wird.

Mit solchen Verwässerungen wird das allgemeine diagnostische Dilemma eher noch größer als kleiner. Es drohen regelrechte Epidemien. Bereits jetzt hat mehr als ein Drittel aller EU-Bürger im Laufe eines Jahres mindestens eine seelische Erkrankung. In 10 Jahren ist in Deutschland der Anteil von psychischen Diagnosen als Grund für eine Erwerbsminderung von 24,2 % auf 39,3 % gestiegen. Inzwischen erfüllen 46 % der US-amerikanischen Bevölkerung die Kriterien einer psychischen Erkrankung. Der Anteil von Kindern mit der Diagnose einer „Geisteskrankheit" ist dort innerhalb von 20 Jahren auf das 35-fache angestiegen (vgl. Blech 2013, 112 ff.). Rund 70 % der 158 Psychiater/innen, die die neue Ausgabe des DSM im Auftrag der APA (American Psychiatric Association) zu verantworten haben, gehen übrigens einer Beratertätigkeit für pharmazeutische Firmen nach und bekommen dafür persönliche Honorare (vgl. Blech 2013, 112 ff.). Honi soit qui mal y pense.

In einem offenen Brief zur Neuformulierung des DSM-V artikulieren besorgte Wissenschaftler/innen weltweit ihre Sorge um eine weitere Aufweichung der Diagnosekriterien. So werden dort entgegen dem wissenschaftlichen Kenntnisstand soziokulturelle Einflüsse gegenüber biologischen weiter entwertet und es wird so getan, als sei definitiv eine neurologische Störung ausschlaggebend. Auch wird die verlangte Anzahl der Kriterien für eine Diagnosestellung weiter verringert.[7] Eine weiter anwachsende Neigung zur Medikation steht uns offenbar ins Haus.

Die Verwendung des Begriffs der psychischen Störung ist ohnedies nicht unproblematisch zu nennen. „Störung" findet zunächst ihre Anwendung in der Alltagssprache und ist höchst schillernd. Auf Grund der Tatsache, dass die behaviouristisch ausgerichtete Medizin nur das offensichtlich Existente gelten lassen möchte – ohne dass die Kriterien dieser reduktionistischen Betrachtungsweise

---

7 Vgl. www.petitions.com/petition/dsm5#sign_petition .

auch nur in Umrissen dargetan würden – verabschiedete man sich Mitte der 1990er Jahre vom Begriff der psychischen Erkrankung, der eine diagnostische Bestimmtheit nahe legte, die so nicht gegeben war. Das gesamte Spektrum psychischer Auffälligkeiten franste immer mehr aus – von 1952 bis 1994 erhöhte sich ihre Zahl in den revidierten DSM-Fassungen geradezu inflationär um 180 % von zunächst 106 auf jetzt 297 (vgl. Blech 2013, 113). Insofern verwundert es nicht, dass man überein kam, den Begriff der psychischen Erkrankung durch den weitaus unpräziseren Begriff der psychischen Störung zu ersetzen.

Störung ist die Kehrseite von Normalität, im Sinne der Abweichung von einer „Normalität des Üblichen", die sich unter dem mächtigen Einfluss sozial vorherrschender Normen konstituiert hat. In sie fließt die Vorstellung von Un-Normalität ein und das macht Angst. Vielfach ist diese Angst allein unbewusster Natur und darf nicht zur Bewusstheit werden. Dadurch kann keine Ambivalenztoleranz entstehen, auch die beunruhigenden oder beschämenden Tatsachen, die dem Selbst genuin zugehörig sind, anerkennen zu können. Stattdessen müssen die gefährlich erlebten eigenen, gesellschaftlich nicht akzeptierten Regungen abgespalten und dem *Un-Normalen* projektiv als dessen Problem zugewiesen werden. In seiner Person begegnet uns ein verzerrtes Spiegelbild. Auf einer unbewussten Ebene schützten wir uns vor der Wiederkehr des verdrängten Eigenen, das uns über seine Betrachtung zu nahe kommt (vgl. Schmidbauer 1994, 4 ff.; Pongratz 2004, 111). Die Aufspaltung in „kranke und gesunde Teile" steht in einem engen Zusammenhang zu Abwehrmechanismen, die wir gegen die Angst vor dem Versagen und dem damit womöglich ausgelösten Leiden aufbauen. Diese phobische Angst vor dem Leiden verkörpert das „Böse", vor dem wir uns durch magische Austreibungsrituale zu schützen suchen. Milani Comparetti, der dies formulierte, wusste noch nichts von Neuroenhancement und bezog sich hier eher auf verschiedene Therapieformen (im Kontext von Behinderung), die er als *„wilde Rehabilitation"* bezeichnete und durch welche der Behandelte zum „Objekt der Aggression" werde (vgl. Milani Comparetti 1986, 9 ff.). Heute indessen wird die Abwehr gegen die Angst vor dem Nicht-Funktionieren mittels des Einsatzes von Psychopharmaka in ebensolche Austreibungsrituale transformiert, denen ein nicht minder großes Maß an Aggression und – in der Wendung gegen die eigene Person – Autoaggression zukommt.

Un-Normalität steht für das Phänomen der Fremdheit und seit dem Beginn der Neuzeit wird das „Andere der Normalität" zum Animalischen verfremdet und dem Gestörten projektiv angeheftet, um sich selbst vor jeder Schuldzuweisung an das Eigene in Sicherheit zu bringen. Im Zeichen der Aufklärung ist das

Un-Vernünftige in den Verdacht des Wahnsinns geraten, ist das „Andere der Vernunft" mit dem Makel des Un-Sinns behaftet. Die rational begründete Normalität ist zur alleinigen Daseinsberechtigung geworden. Normal im Sinne von wünschenswert beinhaltet die mehr oder weniger stillschweigende Forderung nach Normerfüllung. Im sozialen Miteinander sieht sich das menschliche Subjekt zur Anpassung an die jeweiligen gesellschaftlichen Normalitätserwartungen genötigt.

Unter dem massiven Einfluss dieses Anpassungsdrucks kommt es leicht zu einer Erstarrung, die durch rigide Grenzen und Dichotomien (gesund – krank; behindert – nicht behindert) gekennzeichnet ist. Link (1999) hat dafür den Begriff des Protonormalismus gewählt. Wer sich dem normativen Druck nicht klag- und kritiklos zu unterwerfen vermag, verfügt dagegen über die Fähigkeit des Abwägens und der Selbstbehauptung, weil er durchlässige Grenzen in seiner Wahrnehmung aufweist und zur Selbstreflexion in der Lage ist. Link nennt dies flexiblen Normalismus. Stößt der sich selbst normalisierende Mensch also an für ihn selbst unüberwindliche protonormalistische Grenzen, ertönt der Ruf nach Spezialisten, die als Vertreter der „Normalisierungs-Macht" dazu legitimiert sind, den Regelverstoß in Richtung der geforderten Normalität zu korrigieren (vgl. Mattner 2008, 18 ff.; Link 1999, 29 f.). Gelingt dies nicht mehr über sanktionierende erzieherische Maßnahmen, so wird mittlerweile zunehmend auf pharmakologische Interventionen gesetzt. Viele Anzeichen sprechen dafür, dass sich in der meinungsführenden Richtung der biologistischen Medizin eben diese Position mehr und mehr durchsetzt.

Wenn gravierende Gründe gegen ADHS als einer monokausal zu lesenden, neuropsychologischen Krankheit sprechen, dann entfällt die Möglichkeit einer *sauberen* Unterscheidung, den Einsatz von Psychopharmaka für Kranke zu legitimieren und für Gesunde im Sinne des Hirndopings zu problematisieren. Dann aber müssen wir uns fragen, ob der bereits lang anhaltende und weiterhin steigende Trend, inzwischen beinahe ein Fünftel der jungen Generation für krank zu erklären und medikamentös behandeln zu wollen, nicht zu einer allgemeinen Desensibilisierung geführt hat: die Behandlung einer „Krankheit" als Vorbereiter des Hirndopings für alle.

4 Die Rebiologisierung psychosozialer Problemlagen

Seinszustände werden also pathologisiert, Kindheit wird in eine Krankheit verwandelt, und für all das bietet die Pharmaindustrie eine schnelle und einfache Lösung an. Von 2000 bis 2011 erhöhten sich in Deutschland z.B. die durchschnittlichen Tagesdosen von Antidepressiva pro Versichertem und Jahr von 8,0 auf 31,7, d.h. um 296 % (vgl. Blech 2013, 113 ff.). Wenngleich dieser drastische Zunahmeeffekt womöglich durch eine stärkere, vor allem über die Medien verbreitete Hypersensibilisierung für die eigenen Seelenzustände mit ausgelöst wurde, so sind doch mit Sicherheit hauptsächlich arbeitsmarktspezifische Faktoren in einem verschärften neoliberalen gesellschaftlichen Klima ausschlaggebend für diesen Erosionsprozess.

Der selektive Zugriff des Arbeitsmarktes auf das verfügbare Humankapital verlangt nach:

■ einer formalen mittleren bis hohen Qualifikation für das Berufsleben,

■ Mobilität und Flexibilität,

■ sozialen Kompetenzen,

■ Fähigkeit zur Selbstorganisation,

■ Leistungsbereitschaft und Belastbarkeit.

Die marktgesteuerten Regulierungen bedeuten Ausschlusskriterien für all jene Personen, die diesem Profil nicht entsprechen. Die fortschreitende Spaltung in eine hoch abgesicherte und gut verdienende Gruppe und eine zunehmend marginalisierte Gruppe, die Schwierigkeiten hat, eine stabile Beschäftigung zu finden, wächst weiter an. Zwar sind vor allem Geringqualifizierte, Angehörige unterer Berufsklassen, junge Arbeitsmarkteinsteiger und Frauen von diesem Risiko betroffen, aber Ergebnisse und Prognosen der Arbeitsmarkt- und Berufsforschung zeigen insgesamt, dass sich der Arbeitsmarkt zunehmend *exklusiv* entwickelt und sich die Zugangskriterien verschärfen. Es deutet sich eine weitere „Prekarisierung von Arbeit" an. Dies betrifft nicht mehr nur vermeintliche Randgruppen, sondern reicht weit in Felder hinein, die bislang als eher ungefährdet galten. Angesichts dieser Situation weisen sozialpsychologische Forschungen auf eine allgemein erhöhte subjektive Verunsicherung hin. Unter dem Einfluss dieser dominanten ökonomischen Maßstäbe verschärfen sich damit die leistungsorientierten Normalitätsvorstellungen (vgl. Wansing 2012, 386 ff.). Dies betrifft nicht nur die Arbeitgeberseite, sondern vor allem die Subjekte selbst. Da erscheint die *Hilfestellung* von Seiten der Pharmaindustrie, im Verbund mit einer unkritischen Medizin wie affirmativ auftretenden Pädagogik geradezu als Geschenk des Schicksals.

Das Fatale daran ist, dass entfremdende Arbeits- und Lebensverhältnisse nicht als solche zum Gegenstand einer eingehenden Reflexion gemacht werden, sondern es zu einer Individualisierung und Pathologisierung kommt, mit der alle Verantwortung dem Einzelnen angelastet wird. Gleichzeitig suggeriert man ihm, mit Stimmungsaufhellern und leistungssteigernden Psychostimulanzien nicht nur einen Ausweg aus dem Dilemma, sondern darüber hinaus die wahre Erfüllung zu finden.

Im Zuge der Rebiologisierung psychosozialer Problemlagen – und darin eingeschlossen die Gefahr einer Pathologisierung der gesamten jungen Generation – werden Abweichungen von den herrschenden gesellschaftlichen Leistungserwartungen, die beinahe zwangsläufig insbesondere im schulischen Kontext auftreten müssen, zur cerebralen Störung von Kindern und Jugendlichen umgedeutet, die es folgerichtig medikamentös zu regulieren gilt. In der Folge einer diagnostischen Blickreduzierung werden problematische psychosoziale Lebenshintergründe der betroffenen Kinder als mögliche Ursache ihrer Verhaltensprobleme kategorisch ausgeblendet und in einer „biologistisch-monokausalen Argumentationslogik haben diese Verursachungsfaktoren lediglich ‚verstärkende Wirkung'". Auf diese Weise wird ein reduktionistisches Verständnis menschlicher Wahrnehmungsvorgänge konstituiert, wonach der Mensch „gewissermaßen neutrale Stimuli einer objektiv gegebenen Welt empfängt, auf die er quasi reflektorisch antwortet. Wahrnehmungsempfindungen sind in diesem empiristischen Verständnis bloße Abbildungen einer objektiv gegebenen Realität, die im Inneren des Wahrnehmungssubjekts kausal-linear verarbeitet werden". Der Mensch ist allein noch ein informationsverarbeitendes Aggregat, welches sich mit Informationen laden lässt und die jederzeit „objektiv richtige, eben adäquate Antworten" evozieren. Normalität wird hernach als naturhaft gegeben dargestellt, zivilisatorische Prozesse spielen keine Rolle (Zitate: Mattner 2006, 55 ff.).

Wo also Normalität einzig naturhaft erscheint, ist es nur plausibel, bei Abweichungen von dieser Normalität zu naturhaften, also pharmakologisch in die Biologie einwirkenden Korrekturen greifen zu wollen. Deshalb spitze ich nun diese Erörterung auf die Verwandlung der Diskussion über die *Krankheit* ADHS in jene über mögliche Leistungssteigerungen mittels Psychostimulanzien zu.

Im DSM-IV werden als diagnostische Kriterien für ADHS u.a. aufgezählt:

■ macht häufig Flüchtigkeitsfehler bei den Schularbeiten, bei der Arbeit oder bei anderen Tätigkeiten,

■ hat oft Schwierigkeiten, längere Zeit die Aufmerksamkeit bei Aufgaben oder beim Spielen aufrecht zu erhalten,

■ scheint häufig nicht zuzuhören, wenn andere ihn/sie ansprechen,

■ beschäftigt sich häufig nur widerwillig mit Aufgaben, die länger andauernde geistige Anstrengungen erfordern (vgl. Döpfner et al. 2000, 46 f.).

Die gewählten Formulierungen sind derart schwammig, dass sich die Gilde der sonst so vehement objektive Exaktheit einfordernden Organmediziner schämen müsste, sich solcher Lyrik zu bedienen. Gleichwohl dient diese Mängelliste als Legitimation der medikamentösen Behandlung. Wir treffen hier auf eine Gemengelage aus wirtschaftlichen Interessen der großen Pharmakonzerne und einer, vor allem in den Industrieländern zu beobachtenden, zunehmenden Tendenz, die bedrohte Funktionsfähigkeit des im Ausbildungs- bzw. Arbeitsprozess stehenden Subjekts mittels Medikamenten nachzuregulieren. So wird auch häufig beschwichtigend argumentiert, dass sich bei Neuroenhancern wie Ritalin kein Suchtpotenzial nachweisen lasse. Allerdings unterscheidet die heutige Suchtmedizin nicht mehr zwischen seelischen und körperlichen Phänomenen. Vor allem dem dopaminergen Botenstoffsystem kommt dort eine entscheidende Rolle zu. Denn alle bekannten Substanzen mit Abhängigkeitspotenzial setzen Dopamin im Belohnungssystem frei und verstärken so den weiteren Medikamentenkonsum (vgl. Kipke et al. 2010, 2384 ff.)

Der in dieser Beschwichtigungspolitik latent aufscheinende Zwang zur unkritischen Anpassung an entfremdete Verhältnisse wird weder wahrgenommen noch erörtert. Zum einen wird das unter ökonomischen Vorzeichen weiter verschärfte Begehren zum Ausschlachten der menschlichen Ressource mit dem Argument verschleiert, die Medikation schaffe insofern demokratische Verhältnisse, als sie mögliche Ungleichheiten in den Bildungsvoraussetzungen auszugleichen vermöge. Zum andern erhält die allgemein-menschliche Verlockung, ohne übergroße geistige Anstrengungen die Größenphantasie vom eigenen Genius Wirklichkeit werden zu lassen, hier reichlich Nahrung. Die Faustsche Sehnsucht, allwissend und damit mächtig zu sein, scheint sich zu erfüllen, ohne die Seele dem Teufel ausliefern zu müssen.

So wird auch unumwunden argumentiert, dass die Einnahme von Psychostimulanzien zur neuronalen Leistungssteigerung dann vertretbar sei, wenn man endlich ein Mittel finden könne, das keine Nebenwirkungen aufweise. Erneut wird allein die (neuro-)physiologische Seite ins Spiel gebracht. Dass die Pilleneinnahme *immer* etwas mit dem Subjekt macht – und sei es, mit deren Hilfe unbewusst ein vermisstes inneres Objekt zu substituieren – bleibt das Undenkbare. Gänzlich unterbleibt die Problematisierung solchen Tuns unter kritisch anthropologischen Gesichtspunkten angesichts der Beschränktheit unserer menschlichen Konstitution, die nach Selbstbeschränkung verlangt.

In der leicht manipulierbaren öffentlichen Meinung wird dennoch zusehends der Vorteil von Hirndoping gesehen. Wer wollte denn auch etwas gegen die Ausweitung der geistigen Fähigkeit mittels stimulierender Medikamente haben? Völlig in den Hintergrund tritt die Frage, ob und warum Menschen mit der Diagnose ADHS in der Gesellschaft schlecht zurechtkommen und ihre Aufmerksamkeitsleistungen auf diesem Wege steigerungsbedürftig sind (vgl. Bonney 2012a, 128). Zumal der jeweilige Kontext darüber bestimmt, warum man schlecht zurecht kommt, bzw. die angelegten Maßstäbe, warum, in welcher Hinsicht und für wen die Steigerungsfähigkeit von Interesse ist, völlig unberücksichtigt bleiben.

Selbst in kritischen Texten wird darauf hingewiesen, dass die Einnahme leistungsoptimierender Präparate nicht mit dem pharmakologischen Hirndoping gleichzusetzen sei. Letzteres beziehe sich ausschließlich auf die Einnahme rezeptpflichtiger Substanzen, die ursprünglich zur Behandlung von Krankheiten eingesetzt wurden. Vor dem Hintergrund der dargestellten Fehleranfälligkeit bei der Diagnoseerstellung bzw. der generellen Skepsis gegenüber dem Krankheitskonstrukt ADHS bleibt diese Unterscheidung allerdings anzweifelbar. Und: Auch wenn für die Mehrheit der in Deutschland Studierenden (71 %) die Einnahme leistungsbeeinflussender Psychopharmaka nicht in Frage kommt, um den studienbedingten Anforderungen besser zu genügen, so haben doch 12 % bereits Erfahrungen damit und jeder Sechste (17 %) kann sich diesen Schritt vorstellen (vgl. Middendorff, Poskowsky 2013, 41; Poskowsky, im vorliegenden Buch). Fazit: „Das ‚Viagra®-Phänomen' hat auch in den Bereich des Hirndoping Einzug gehalten" (Glaeske, Merchlewicz 2013, 25).

5 Niedergang von der Bildung zur Qualifikation

Im Kontext einer differenziert zu leistenden Zeitdiagnose müssen wir uns vor allem die Frage stellen, wie sich das Verhältnis des Menschen zur Welt im Allgemeinen und zur (Natur-)Wissenschaft im Besonderen entwickelt hat. Welche äußeren Zwänge machen wir unbemerkt zu inneren, denen wir uns in einem gesellschaftlichen Szenario einer qua Verlustes der Illusion von Vollbeschäftigung bedrohten Existenz freimütig auszuliefern bereit sind? Welchen Stellenwert weisen wir in diesem Zusammenhang dem wissenschaftlichen Forschungsbestreben zur opportunistischen Optimierung unserer geistigen Fähigkeiten zu, ohne dass hier der Begriff der Bildung – als eines schmerzhaften Prozesses von Selbstvergewisserung über den Entwicklungsstand unserer Kultur – überhaupt noch seine Berechtigung hätte?

Allgemeinbildung etwa zielt auf ein geschichtlich vermitteltes Bewusstsein der zentralen Schlüsselprobleme von Gegenwart und Zukunft, wie zum Beispiel „der Friedensfrage, der Umweltfrage, der sozialen Ungleichheit zwischen den Klassen oder den Geschlechtern". Dergestalt hat die Bildungsfrage nicht nur eine kognitive Dimension, sondern es geht auch immer „um die Förderung von Argumentations- und Kritikfähigkeit, von sozialer Empathie sowie moralischer Entscheidungs- und Handlungsfähigkeit" (Zitate: Krüger 1999, 169; vgl. Gerspach 2006, 70 ff.).

Bildung war ursprünglich als politische Bildung konzipiert. Es ging zunächst nicht um akkumulier- oder quantifizierbare Wissensbestände, sondern um eine politische Bestimmung im Interesse des Gemeinwohls. Mit der Aufklärung wurde ein im engeren Sinne pädagogischer Bildungsbegriff freigesetzt, um das Verhältnis des Subjekts zum gesellschaftlichen Ganzen einschließlich der hier vorfindlichen Brüche hinsichtlich einer allgemeinen Teilhabe zu thematisieren. Unter dem politischen Druck einer obrigkeitsstaatlichen (Bildungs-)Politik ab der 2. Hälfte des 19. Jahrhunderts wurden derlei zeit- und gesellschaftskritische Momente aus den Bildungstheorien wieder eliminiert. Die rein kulturelle Bildung wurde für den Bildungsbürger zur Ersatzbefriedigung für den ihm entgangenen politischen Einfluss. Seither ist Bildung zuallererst auf die Anhäufung formalen Wissens gerichtet. Die Verdrängung des kritischen Bewusstseins erfolgte lautlos, umfassend und nachhaltig. Ihre Folgen sind – und das ist das beinahe einzig Bemerkenswerte an den sich nur schleppend verbessernden PISA-Ergebnissen – ernüchternd: Wir Deutschen können offenbar nicht mehr zusammenhängend und sinnverstehend denken und die in aller Hektik entstandenen Vorschläge zur Abhilfe mit Hilfe weiterhin zusammenhangloser und bedeutungsentleerter Lernprogramme spiegeln diese Malaise. Da fällt es wahrlich schwer, aufmerksam zu bleiben und sich nicht ermüdet abzuwenden. Lesen wir jetzt diese Reaktion als unbewussten bzw. unsymbolisierten Widerstand gegen entfremdete Verhältnisse und miserable Didaktik oder wollen wir das aufscheinende Unbehagen der Einfachheit halber pharmazeutisch sedieren?

Unter dem nachhaltig schrecklichen Eindruck des deutschen Faschismus, dem Bildung *und* Barbarei seiner Protagonisten kein Widerspruch war, hatte bereits Adorno seine Kritik an einer Halbbildung formuliert, der es an allem mangele, was Bildung ausmache: Einsicht in die Gründe des Gelernten und an Übersicht über den Zusammenhang der Kenntnisse eines Gebietes. Halbbildung als das Halbverstandene ist nach Adorno nicht die Vorstufe der Bildung, sondern ihr Todfeind (vgl. Adorno 1972, 93 ff.). Wenngleich sich ein Vergleich mit dieser dunklen Epoche der deutschen Geschichte von selbst verbietet, so sollten uns diese Gedanken Adornos doch nachdenklich machen, inwieweit wir unter dem Druck des Marktes nicht selber zu Halbgebildeten mutieren.

Da die Wirtschaft ungebremst nach Spitzentechnologien verlangt, kommt die Bildungspolitik diesem Ansinnen kommentarlos nach. Somit wird Bildung seit geraumer Zeit in eins gesetzt mit den so genannten harten Wissenschaften. Gleichzeitig wird der Bildungsbegriff immer mehr vom Begriff der Qualifikation verdrängt, was ihn im letzten abwertet. Das klassische Bildungsziel, die humane Selbstfindung, ist weitgehend abhanden gekommen. Mit dem Begriff von der „Wissensgesellschaft" hat man uns diese Rosstäuscherei verkauft. Im selben Moment wurde die sich weiter verschärfende Ungleichheit damit gerechtfertigt, dass der größere Reichtum zunehmend auf Kreativität, Geschwindigkeit und geistiger Leistungsbereitschaft beruht. Die Modernisierungsverlierer sind in diesem technokratischen Gesellschaftsbild einfach nur „Überforderte" (vgl. Greffrath 2001).

Die Formel „knowledge and life skills" bemisst sich nur mehr an Nützlichkeit und Brauchbarkeit des Individuums für seine Verwertbarkeit und liegt damit unterhalb eines reflexiven Niveaus (vgl. Gerspach 2010, 224; Winkler 2004, 67). Wissen gerät zum abrufbaren know-how und wird allein auf den Zugang zu wirtschaftlich relevanter Informationen reduziert. Mit der Rückwendung zur Taylorisierung der Bildung, mit deren Hilfe effektiver und vor allem effizienter gelernt werden soll, ohne dass noch substantielle Aussagen über Bedeutung oder Gehalt des Gelernten selbst getroffen würden, beschleunigt sich ihr eigentlicher

Niedergang. Wen sollte es da wundern, ganz dieser Logik folgend zur Einnahme von leistungssteigernden Medikamenten aufzufordern?

Bildung kennt allerdings mehrere Dimensionen und es gilt, einen Sachbezug *und* die Bedeutung, die die Wirklichkeit für das Subjekt hat, zusammenzudenken (vgl. Schäfer 2003, 29 ff.). In diese Vorstellung von Bildung als eines transformatorischen Lernprozesses ist der Versuch eingelassen, andere Welt- und Selbstentwürfe zu gestalten, was durch eine Konfrontation mit Unbestimmtheit provoziert wird und zu neuen Konstrukten von sich und der Welt führt (vgl. Schmerfeld 2013, 82 f.). Bildung ist nichts Statisches im Sinne von Wissensbesitz, sondern im dynamischen Sinne eine Suchbewegung. Ein gebildeter Mensch will wissen, „wer er ist, wie er sich verhält, wenn er erregt ist; er will auch in der Erregung ein Gefühl für sich und ein Gefühl für den Partner behalten" (Mitscherlich 1963, 36). An anderer Stelle heißt es bei ihm: „Die Kultur der Affekte ist das eigentlich schwerste Bildungsziel" (Mitscherlich 1971, 35). Damit ist der Erwerb der Fähigkeit gemeint, sich um das humane Wohlergehen der Mitwelt zu kümmern und für sich und andere Verantwortung zu fühlen und zu übernehmen. An der inneren Toleranz beim Umgang mit Konflikten zeigt sich die Kultiviertheit eines Menschen. Für das Leben in der modernen Gesellschaft ist es wahrscheinlich dringlicher, imstande zu sein, seine Affekte zu reflektieren, damit sie nicht beständig und unvermittelt durchschlagen, als über technizistische Wissensbestände zu verfügen.

Wo Bildung allerdings nicht reflexiv, sondern instrumentell gefasst wird, geht es allein um eine möglichst reibungslose Form der Wissensaneignung (vgl. Gerspach 2010, 232 f.; Schülein 1986). Das instrumentelle Wissen und Können bezieht sich auf Vorgänge in der Außenwelt und ist von dem, der sich damit beschäftigt, weitgehend unabhängig. Man kann es erwerben, ohne dass dabei die eigene Identität direkt beeinflusst würde. Die meisten Bildungsthemen, mit denen wir uns konfrontiert sehen, betreffen uns allerdings unmittelbar oder zumindest mittelbar. Folglich werden eigene Erinnerungen, Phantasien und Affekte aktiviert, wird unsere eigene Identität mitthematisiert. Beschäftigung mit Themen ‚draußen' heißt also zugleich Nachdenken über die eigenen Themen. Durch diese Form reflexiven Wissens wird ein inneres Echo ausgelöst und es entsteht eine Verbindung mit dem eigenen Erleben.

Zwischen dem Gegenstand der Erkenntnis und dem erkennenden Subjekt besteht also ein innerer Zusammenhang. Der Widerspruch der gegenwärtigen Bildungsansprüche äußert sich allerdings dergestalt, dass das lernende Subjekt diesen Zusammenhang nicht mehr bewusst spüren können soll. Dass das Subjekt

erst in der Bildung als einem schmerzlichen Selbsterkenntnisprozess zu sich
selbst kommt, bleibt der (Selbst-)Erkenntnis mehr und mehr verschlossen (vgl.
Tenorth 1999, 152 f). Das ist das Einfallstor für die Anwendung von leistungssteigernden und in ihrer Wirkung unkritisch machenden Psychostimulanzien.
Diese Praxis führt zu der Tendenz bei den behandelten Kindern, so werden zu
wollen, wie ihre Eltern es wünschen, ohne dass für sie die womöglich unzu-
reichende Situation im Elternhaus thematisierbar wäre und ohne dass die Eltern
ihr schlechtes Bild vom eigenen Kind ändern würden. Unter dem Einfluss des
Medikaments bemühen sich die Kinder, ohne wirklich wachsende innere Überzeugung, den externen Erwartungen genüge zu tun (vgl. Koch-Hegener u.a.
2009; Haubl, Liebsch 2009). Ein solches Ergebnis weckt arbeitsmarktpolitische
Begehrlichkeiten.

Und warum nur scheint es eine breite Übereinstimmung zu geben, stets die
Besten zu fördern? „Wir brauchen die Schlauen" wird von den Vertreter/innen
der empiristischen Wissenschaften lauthals gefordert, denn moderne Gesellschaften seien auf die geistig Flexiblen angewiesen. „Überdurchschnittliche Intelligenz ist dazu eine notwendige Voraussetzung". Nicht nur wird hier Begabung
mit Intelligenz vermischt, sondern zudem auf sehr eindimensionale und mono-
kausale Weise eine genetische Herleitung propagiert – „ein Orchester von Genen
bestimmt maßgeblich unsere geistigen Fähigkeiten" (Stern, Neubauer 2013, 75),
die so längst keiner ernsthaften naturwissenschaftlichen Überprüfung mehr
standhält. Die Vorstellung einer angeborenen Begabung muss einer dynamischen
weichen. „Jemand ist danach nicht begabt, sondern wird begabt; ‚begaben' ist
eine Tätigkeit und kein Zustand [...]. Auch Intelligenz ist als Fähigkeit und nicht
als Leistung konzipiert" (vgl. Meyer, Streim 2013, 113 ff.). Hüther hat die vor-
herrschende Meinung zu Begabung und Intelligenz nicht nur als falsch, sondern
als gefährlich bezeichnet. Mit Verweis auf die nutzungs- und erfahrungsabhängi-
ge Neuroplastizität, deren Kenntnis sich die Entwicklungsneurobiologen in den
letzten Jahren „abseits vom Mainstream der bislang so dominanten Genfor-
schung" über die Strukturierung der neuronalen Netzwerke während der Hirn-
entwicklung erworben haben, legt er Wert auf die Feststellung, dass „Gene nur
in der Lage sind, die Leistungen von Zellen zu steuern, nicht aber deren Zusammenwirken" (Zitate: Hüther, Hauser 2012, 84 f.).

Vor allem müsste vor dem Hintergrund, dass am unteren Ende der sozialen
Skala ein enormer Förderbedarf besteht, da z.B. fast 20 % der 15-Jährigen in
Deutschland basale Lesekompetenzen fehlen, der gesamtgesellschaftliche Nut-

zen der Hochbegabtenförderung gegenüber einer auf diese Gruppe zielenden Förderung in den Hintergrund treten (vgl. Meyer, Streim 2013, 121).

Am Beispiel des Übergangs lern- und leistungsschwacher Schüler in den Beruf etwa wird offenbar, dass drei Viertel der Schüler ohne und die Hälfte der Schüler mit Hauptschulabschluss keinen regulären Ausbildungsplatz finden und dass nur etwa einem Drittel der Förderschüler nach Verlassen der Schule der Weg in die Ausbildung gelingt, bei einem Viertel die Chancen als unsicher und bei zwei Fünfteln als gescheitert betrachtet werden müssen. Gleichzeitig besteht ein enger Zusammenhang von sozialer Randständigkeit und dem Auftreten von psychischen und Verhaltensauffälligkeiten (vgl. Förster-Chanda et al. 2013, 218). Es wäre indes fatal, meinte man, diese Problemlage als medizinisch-pharmakologisch therapierbare aufzufassen. Allerdings werden die Bildungsver-lierer weiterhin weniger in Gefahr geraten, einem solchen Szenario ausgeliefert zu werden – es sei denn, um sie medikamentös ruhig zu stellen, damit die ande-ren ungehindert lernen können.

6 Der schleichende Wandel von der Krankheitsbekämpfung zur Leistungssteigerung

Welche sich weiter zuspitzenden Normalisierungs-Zwänge mögen uns erwarten? Burnout und chronische Müdigkeit zählen zu den neuen Leiden, die einem an-haltend überfordernden Leistungsethos der neoliberalen, kapitalistischen Gesell-schaften entspringen. Die daran Erkrankten sind im Gegensatz zu den Depressi-ven in der Regel leistungsmotiviert und voller Willensstärke. Häufig zeigt sich ihr Leidensdruck verdeckt in psychosomatischen Symptomen wie ausgeprägter Müdigkeit, Schlaf- und Konzentrationsstörungen, Hyperarousal, Bluthochdruck, Magen-Darm-Beschwerden, verminderter Belastbarkeit bis hin zu Angstsymp-tomen. Die Grenzen zwischen Beruf und Privatleben sind verwischt, die Quanti-tät der Arbeit und der Arbeitszeit ufert aus, bei andauernder Erreichbarkeit und bedingungsloser Leistungsbereitschaft (vgl. Grimmer 2013, 58 f.; Haubl 2007). Die Neigung, sich für eine pharmakologische Therapie dieser Gemütsverfassung zu entscheiden, ist weiter verbreitet, als sich qua psychotherapeutischer Behand-lung oder Beratung der Komplexität der eigentlichen Hintergründe aus persönli-cher Vulnerabilität und äußeren Leistungsanforderungen zu versichern.

Und es kommt noch schlimmer. Bei einer wachsenden Anzahl medikamen-tös behandelter Kindern wundert es nicht, dass die einstmals lauthals klagenden

Lehrerinnen und Lehrer verstummen: Die Unruhegeister in ihren Klassen sind schlichtweg ruhiggestellt. Inzwischen neigen immer mehr Eltern gar dann zur Medikation ihres Nachwuchses, wenn es in der Schule hapert – und zwar ohne, dass eine ADHS-Diagnose vorliegt. Denn in einer Reihe von Fällen kommt es tatsächlich zu einer, wenngleich oft kurzfristigen, Leistungssteigerung. Damit sehen sich immer mehr unauffällige Schüler/innen unter Druck gesetzt, dem solcherart produzierten Anstieg der Leistungsfähigkeit ebenfalls Tribut zu zollen, um nicht abgehängt zu werden. Ritalin und Co. sind die Türöffner für die Medikamentierung „normaler" Kinder und Jugendliche. Schleichend verschieben sich unter ihrem Einfluss die normativen Erwartungen an die allgemeine Funktionstüchtigkeit. Viele Berufsmusiker greifen inzwischen vor öffentlichen Konzerten zu Betablockern, um der Publikumserwartung auf CD-Qualität des Gehörten gerecht zu werden. Sie spielen dadurch nicht besser, aber die Hand bleibt ruhig, so dass sie ihre Leistung voll und ganz abrufen können. Das setzt jene unter Druck, die sich dieser Praxis bisher versagt haben.

Wenn wir nicht fulminant gegensteuern, wird sich das Szenario wie folgt fortschreiben:

1. Immer mehr Kinder und Jugendliche sehen sich mit einer psychiatrischen Diagnose belegt, die eine pharmakologische Behandlung mit Psychostimulanzien, welche dem Betäubungsmittelsgesetz unterliegen, nach sich zieht.
2. Die Zweifel, ob es sich bei ADHS tatsächlich um eine existente klassisch-organische Krankheit handelt, werden vom Maintream der biologistischen Medizin verleugnet. So wird der Öffentlichkeit ein geschöntes Bild präsentiert, welches die Zwangsläufigkeit einer medikamentösen Behandlung nahe legt und kaum die Möglichkeit zu kritischen Fragen einräumt.
3. Durch die epidemische Ausbreitung einer scheinbar völlig unstrittigen Medikation sinken die Vorbehalte gegenüber dem Einsatz von schweren Psychopharmaka, so dass auch eine Debatte über die Nebenwirkungen eher marginal erscheint.
4. Vor dem Hintergrund einer verschärften Arbeitsmarktsituation entwickeln verunsicherte Eltern der bildungsnahen Schichten massive Ängste in Bezug auf die Zukunft ihrer Kinder und entdecken im Sog der Medikamentierung ‚pathologischer' Fälle den scheinbaren Nutzen für die verbesserte Leistungsfähigkeit ihrer eigenen Kinder, auch wenn für diese keine Diagnose gestellt wird.

5. In der Folge kommt es zu einer schleichenden Akzeptanz des Hirndopings und einer allmählichen Verschiebung in Richtung höherer Leistungserwartungen, ohne dass aber diskutiert würde, ob damit tatsächlich nachhaltige ‚Verbesserungen' erzielt würden. Unter dem Einfluss von Ritalin mag das Kurzzeitgedächtnis aktiviert werden, nachhaltige Lernerfolge stehen aber in Zweifel.

6. Dergestalt geraten immer mehr bislang als unauffällig oder leistungsfähig geltende Kinder und Jugendliche in Konflikt mit den sich verschiebenden Normalitätsgrenzen und sehen sich von Eltern- und/oder Lehrerseite genötigt, Psychostimulanzien einzunehmen.

7. Durch eine auf diesem Wege eintretende Leistungsverschärfung und also Normverschiebung sehen sich immer mehr Kinder und Jugendliche einem ADHS-Verdacht ausgesetzt, weil sie jetzt im Verhältnis zu den medikamentös *Entstörten* auf einmal zu potenziellen Versagern werden. Ein Aufwuchs an Pathologisierung droht.

8. Kurzum: Dadurch erhält die Neigung, Neuroenhancement als gesellschaftlich akzeptiert zu institutionalisieren, weitere Nahrung.

Krankheit als individualisierte Pathologie scheint auf als ein kollektives Ereignis, wenn das allgemeine Eingebundensein in zunehmend entfremdete Verhältnisse nicht mehr als solches zu Bewusstsein kommen darf. Sich dergestalt kollektiv unter Pathologieverdacht gestellt zu sehen, senkt zunächst die Hemmschwelle zum Gebrauch von Psychostimulanzien und verstärkt zudem umgekehrt die Tendenz, sich mit deren Hilfe individuelle Vorteile verschaffen zu wollen. Im Hinblick auf die bereits beschworene Sicherstellung der Funktionsfähigkeit des Menschen, die zunehmend mit einer affirmativen Rezeption und einem unkritischen Umgang mit wissenschaftlicher Erkenntnis einhergeht, wäre folglich zu überlegen, wie eine aufgeklärte Positionierung gegenüber den medizinisch-pharmakologisch-technisch Möglichkeiten jenseits reiner Verwertungsinteressen ereicht werden könnte. Mit Bezug auf Foucaults Begriff der *Biopolitik* zeigen Feher und Heller auf, dass die Zurichtung des Körpers grenzenlos scheint. Der Körper – bei Foucault noch Objekt eines diskursiven Machtwissens – wird zum gesellschaftslosen, rein biologischen Subjekt (vgl. Feher, Heller 1995; Gill 1996). Über diese Atomisierung des Subjekts lassen sich nunmehr ohne viel Federlesens Eingriffe in seine biologische Entität vornehmen sowie rechtfertigen. Biopolitische Phänomene sind allerdings eben nicht Resultat anthropologisch verankerter Triebe oder evolutionsbiologischer Gesetze, sondern nur „im

Rückgriff auf soziales Handeln und politische Entscheidungsprozesse" begründbar (Lemke 2008, 85). Insofern geht diese simple Gleichung nicht auf.

Dennoch: Im Jahre 2008 plädierten namhafte Wissenschaftler in der renommierten Zeitschrift *Nature* für eine „verantwortungsvolle Nutzung" von Medikamenten zur kognitiven Leistungssteigerung. Inzwischen sprechen sich manche Bioethiker ganz offen dagegen aus, prinzipielle Bedenken gegenüber der Verbesserung der menschlichen Biologie aufrecht zu erhalten. Der unscheinbare Wandel von der Heilung zur Verbesserung des Menschen basiert auf einer fatalen neoliberalen Rhetorik der Eigenverantwortung und Selbstbestimmung. Ergo: Die „Entgrenzung der Medizin" schreitet voran (vgl. Sierck 2012, 231 f.; Viehöver, Wehling 2011). Dem gilt es, Einhalt zu bieten.

Literatur

Adorno TW (1972) Gesammelte Schriften. Bd. 8. Frankfurt

Blech J (2013) Wahnsinn wird normal. In: Der Spiegel 4: 111-119

Bonney H (Hg) (2008) ADHS – Kritische Wissenschaft und therapeutische Kunst. Heidelberg

Bonney H (2012a) ADHS – na und? Vom heilsamen Umgang mit handlungsbereiten und wahrnehmungsstarken Kindern. Heidelberg

Bonney H (2012b) „ADHS ist keine Krankheit". Interview. In: Gehirn und Geist 9: 37-39

Bruchmüller K, Schneider S (2012) Fehldiagnose Aufmerksamkeitsdefizit- und Hyperaktivitätssyndrom? Empirische Befunde zur Frage der Überdiagnostizierung. Psychotherapeut 57(1): 77-89

DeGrandpre R (2002) Die Ritalin-Gesellschaft. ADS: Eine Generation wird krankgeschrieben. Weinheim/Basel

Dilling H, Mombour W, Schmidt MH, Schulte-Markwort E (Hg) (2011) Lexikon zur ICD-10-Klassifikation psychischer Störungen. Bern

Döpfner M, Frölich J, Lehmkuhl G (Hg) (2000) Hyperkinetische Störungen. Göttingen u.a.

Dörr M, Herz B (Hg) (2010) „Unkulturen" in Bildung und Erziehung. Wiesbaden

Fehér F, Heller A (1995) Biopolitik. Frankfurt/New York

Förster-Chanda U, Geist C, Balser W, Moser V, Brosig B (2013) Innere Konflikte und Biografien von Teilnehmern einer Jugendwerkstatt. In: Schnoor, Heike (2013): 217-230

Frances A (2013) Normal. Gegen die Inflation psychiatrischer Diagnosen. Köln

Gassmann R, Merchlewicz M, Koeppe A (Hg) (2013) Hirndoping – Der große Schwindel. Weinheim/Basel

Gerspach M (2006) Elementarpädagogik. Eine Einführung. Stuttgart

Gerspach M (2010) Über den heimlichen Zusammenhang von Bildung und Aufmerksamkeitsstörungen. In: Dörr M, Herz B (2010): 223-238

Getahun D, et al. (2013) Recent trends in childhood attention-deficit/hyper activity disorder. In: Jama pediatr. 1-7

Gill B (1996) Bereichsrezension: Gesellschaft und Natur (menschlicher Körper und Umwelt). Soziologische Revue 19: 236-242

Glaeske G, Merchlewicz M (2013) Mit Hirndoping zum besseren Ich? Zwischen Hoffnungen, Risiken und Irrtümern. In: Gassmann R, Merchlewicz M, Koeppe A (2013): 24-39

Glaeske G, Würdemann E (2008) Aspekte der Behandlung von ADHS-Kindern. Versorgungsforschung auf der Basis von Krankenkassendaten. In: Bonney H (2008): 55-77

Green H, McGinnity A, Meltzer H, Ford T, Goodman R (2005) Mental health of children and young people in Great Britain, 2004. Basingstoke

Greffrath M (2001) Und wo bleibt die Gerechtigkeit? Frankfurter Rundschau Nr. 53 vom 3/3/2001: 9

Grimmer B (2013) Psychodynamische Beratung im Grenzbreich von Coching und Psychotherapie am Beispiel Burnout. In: Schnoor H (2013): 53-70

Grobe TG, Bitzer EM, Schwartz FW (2013) Barmer GEK Arztreport 2013. Siegburg

Haubl R (2007) Wenn Leistungsträger schwach werden. Chronische Müdigkeit – Symptom oder Krankheit? Psychosozial 30: 25-35

Haubl R, Dammasch F, Krebs H (Hg) (2009) Riskante Kindheit. Psychoanalyse und Bildungsprozesse. Göttingen

Haubl R, Liebsch K (2009) „Wenn man teufelig und wild ist". Funktion und Bedeutung von Ritalin in der Sicht von Kindern. In: Haubl R, Dammasch F, Krebs H (2009): 129-163

Hjern Anders, Ringbäck Weitoft Gunilla, Lindblad F (2010) Social Adversity Predicts ADHD-Medication in School Children – A National Cohort Study. Acta Paediatrica 99(6): 920-924

Honneth A (2000) Die gespaltene Gesellschaft. In: Pongs A (2000): 80-102

Hüther G (2010): Erfahrung gemeinsamen Erlebens ist entscheidend. „ADHS ist keine Krankheit!" (Interview) Pädiatrie 2: 7-10

Hüther G (2011): Generation Ritalin. Praxis Schule 4: 4-8

Hüther G, Hauser U (2012) Jedes Kind ist hochbegabt. Die angeborenen Talente unserer Kinder und was wir aus ihnen machen. München

Hüther G, Bonney H (2010) Neues vom Zappelphilipp. Weinheim

Kipke R, Heimann H, Wiesing U, Heinz A (2010) Falsche Voraussetzungen in der aktuellen Debatte. Deutsches Ärzteblatt 107(48): 2384-2387

Koch-Hegener I, Straten A, Günter M (2009) Veränderungen der mentalen Repräsentationen bei Kindern mit ADHS unter einer Behandlung mit Methylphenidat. Kinderanalyse 17(4): 416-443

Krüger HH (1999) Entwicklungslinien und aktuelle Perspektiven einer Kritischen Erziehungswissenschaft. In: Sünker H, Krüger HH (1999): 162-183

Kunst C (2012) Immer mehr ADHS-Kinder nehmen Pillen. Mainzer Rhein-Zeitung Nr. 46 vom 23/2/2012: 17

Lemke T (2008) Eine Analytik der Biopolitik. Überlegungen zu Geschichte und Gegenwart eines umstrittenen Begriffs. Behemoth. A Journal on Civilisation 1: 72-89

Leuzinger-Bohleber M, Brandl Y, Hüther G (Hg) (2006) ADHS – Frühprävention statt Medikalisierung. Theorie, Forschung, Kontroversen. Göttingen

Link J (1999) Versuch über den Normalismus. Wie Normalität produziert wird. Opladen

Lüpke H v (2009) ADHS und Ritalin. Polarisierung und Positionierung in der pädagogischen Arbeit. Theorie und Praxis der Sozialpädagogik 9: 31-33

Mattner D (2006) ADS – die Biologisierung abweichenden Verhaltens. In: Leuzinger-Bohleber M, Brandl Y, Hüther G (2006): 51-69

Mattner D (2008) Geistige Behinderung in der gesellschaftlichen Perspektive. In: Mesdag T, Pforr U (2008): 15-26

Mesdag T, Pforr U (Hg) (2008) Phänomen geistige Behinderung. Ein psychodynamischer Verstehensansatz. Gießen

Meyer K Streim B (2013) Wer hat, dem wird gegeben? Hochbegabtenförderung und Gerechtigkeit. Zeitschrift für Pädagogik 59(1): 112-129

Middendorff E, Poskowsky J (2013) Hirndoping bei Studierenden in Deutschland. In: Gassmann R, Merchlewicz M, Koeppe A (2013): 40-52

Milani Comparetti A (1986) Von der „Medizin der Krankheit" zu einer „Medizin der Gesundheit". In: Paritätisches Bildungswerk – Bundesverband e.V.: 9-18

Mitscherlich A (1963) Auf dem Weg zur vaterlosen Gesellschaft. München

Mühlbauer B, Janhsen K, Pichler J, Schoettler P (2009) Off-label-Gebrauch von Arzneimitteln im Kindes- und Jugendalter. Deutsches Ärzteblatt 106(3): 25-31

Otto HU, Rauschenbach Thomas (Hg) (2004) Die andere Seite der Bildung. Wiesbaden

Paritätisches Bildungswerk – Bundesverband e.V. (Hg) (1986): Von der Behandlung der Krankheit zur Sorge um Gesundheit. Frankfurt

Pongratz R (2004) Nicht-Verstehen: Reflexionen zu Verstehensprozessen in Balintgruppen. Forum Supervision 12(23): 103-114

Pongs A (Hg) (2000) In welcher Gesellschaft leben wir eigentlich? Gesellschaftskonzepte im Vergleich, Band 2. München

Saß H, Wittchen HU, Zaudis M (2003) Diagnostisches und Statistisches Manual Psychischer Störungen – Textrevision – DSM-IV-TR. Göttingen

Schäfer GE (2007) Was ist frühkindliche Bildung? In: Schäfer GE (2007a): 15-74

Schäfer GE (Hg) (2007a) Bildung beginnt mit der Geburt. Berlin/Düsseldorf/Mannheim

Schmerfeld J (2013) Zur Bedeutung der intuitiven Wahrnehmung des Beraters Psychodynamische Beratung im Spannungsfeld on Pädagogik und Therapie. In: Schnoor H (2013): 71-84

Schmidbauer W (1994) Das verzerrte Spiegelbild. Der Umgang mit Befremdung. Gemeinsam leben 2(1): 4-8

Schmidt HR (2010) Ich lerne wie ein Zombie. Plädoyer für das Abschaffen von ADHS. Freiburg

Schnoor H (Hg) (2013) Psychodynamische Beratung in pädagogischen Handlungsfeldern. Gießen

Schülein JA (1986) Selbstbetroffenheit. Über Aneignung und Vermittlung sozialwissenschaftlicher Kompetenz. Gießen

Sierck U (2012) Budenzauber Inklusion. Behindertenpädagogik 51(3): 230-235

Stern E, Neubauer A (2013) Wir brauchen die Schlauen. Wie die Schule begabte Kinder fördern muss, damit ihre Intelligenz nicht verkümmert. Eine Erklärung in zehn Thesen. Die Zeit Nr. 13 vom 21/3/2013: 75-76

Sünker H, Krüger HH (Hg) (1999) Kritische Erziehungswissenschaft am Neubeginn?! Frankfurt a.M.

Tenorth HE (1999) Die zweite Chance. Oder: Über die Geltung von Kritikansprüchen „kritischer Erziehungswissenschaft". In: Sünker H, Krüger HH (1999): 135-161

Türcke C (2012) Aufmerksamkeitsdefizitkultur. Analytische Kinder- und Jugendlichen-Psychotherapie 43(1): 7-19

Viehöver W, Wehling P (Hg) (2011) Entgrenzung der Medizin. Von der Heilkunst zur Verbesserung des Menschen. Bielefeld

Wansing G (2012) Inklusion in einer exklusiven Gesellschaft. Oder: Wie der Arbeitsmarkt Teilhabe behindert. Behindertenpädagogik 4(51): 381-396

Winkler M (2004) PISA und die Sozialpädagogik. In: Otto HU, Rauschenbach T (2004): 61-79

www.aerzteblatt.de/v4/archiv/artikel.asp?id=78171. (letzter Zugriff am 28.10.2011)

www.aerztezeitung.de/politik_gesellschaft/default.aspx?sid=538998 (letzter Zugriff am17.04.2009)

www.barmer-gek.de/barmer/web/Portale/Presseportal/Subportal(Presse informationen/Aktuelle-Pressemitteilungen/110615-Arzneimittelreport-2011/ PDF-Arzneimittelreport-2011,property=Data.pdf. (letzter Zugriff am 20.5.2012)

www.deutsche-apotheker-zeitung.de/pharmazie/news/2012/02/12/ein-goldesel-fuer-die-pharmaindustrie/6489.html. (letzter Zugriff am 20.5.2012)

http://derhonigmannsagt.wordpress.com/2013/05/12/beichte-auf-dem-sterbebett-adhs-gibt-es-garnicht/ (letzter Zugriff am 13.5.2013)

www.faz.net/aktuell/politik/inland/ritalin-gegen-adhs-wo-die-wilden-kerle-wohnten-11645933.html. (letzter Zugriff am 20.5.2012)

www.g-ba.de/institution/presse/pressemitteilung/351. (letzter Zugriff am 4.4.2012)

www.gesundheitlicheaufklaerung.de/usa-eine-million-falsche-adhs-diagnosen-bei-kindern_02.11.2011. (letzter Zugriff am 10.12.2011)

www.petitions.com/petition/dsm5#sign_petition (letzter Zugriff am 31.1.2013)

Neuro-Enhancement im Studienkontext

Die Bedeutung von Studienbelastung und Stressempfinden

Jonas Poskowsky

1 Einleitung

Dass Studierende in der Diskussion um Neuro-Enhancement besondere Aufmerksamkeit erfahren, hat mehrere Gründe: Zunächst ist das Studium als solches eine vorwiegend geistige Tätigkeit und liegt daher innerhalb des „Zielspektrums" des Neuro-Enhancements. Darüber hinaus sind Studierende vergleichsweise häufig Prüfungssituationen und somit der Leistungskontrolle ausgesetzt. Dies gilt umso mehr seit der Einführung von Bachelor- und Master-Studiengängen, in denen viele studienbegleitende Prüfungsleistungen zu erbringen sind, die zudem in die Abschlussnote einfließen. Mit Blick auf den Übergang ins Master-Studium oder auch in den Arbeitsmarkt gewinnt diese für die Studierenden eine besondere Bedeutung. In Verbindung mit einer hohen Prüfungsdichte wird häufig auch eine stärkere zeitliche Belastung und erhöhter Leistungsdruck diskutiert.

Vor diesem Hintergrund liegt die Vermutung nahe, dass Studierende versuchen, dem hohen Anforderungsniveau mit der Einnahme verschiedenster Substanzen zu begegnen, von denen sie sich eine Erleichterung bei der Bewältigung studienbezogener Anforderungen versprechen. Neuro-Enhancement lässt sich in diesem Sinne also auf erhöhten Stress im Studium zurückführen. Und wenn in den Studienbedingungen ein struktureller Stressfaktor gesehen wird, verwundert es nicht, wenn Berichte in den Medien von einer hohen Verbreitung des Neuro-Enhancements unter Studierenden ausgehen.

© Springer Fachmedien Wiesbaden GmbH, ein Teil von Springer Nature 2018
N. Erny et al. (Hrsg.), *Die Leistungssteigerung des menschlichen Gehirns*,
https://doi.org/10.1007/978-3-658-03683-6_6

Die HISBUS-Studien des Deutschen Zentrum für Hochschul- und Wissen-schaftsforschung (DZHW),[1] die die bisher einzigen bundesweit repräsentativen Untersuchungen zum Thema Neuro-Enhancement unter Studierenden darstellen, konnten jedoch zeigen, dass Neuro-Enhancement lediglich von einer kleinen Gruppe Studierender betrieben wird (vgl. Middendorff et al. 2012, 2015). Die Zusammenhänge zwischen Studienbelastung und Neuro-Enhancement sind viel-schichtig und die Erklärung, warum Studierende zu Substanzen des Neuro-Enhancements greifen, lässt sich nicht auf den Verweis auf die Studienstruktur-reform oder ein allgemein gestiegenes Anforderungsniveau reduzieren. Denn Stress im Studium entsteht nicht nur aufgrund hoher zeitlicher Belastungen, sondern hängt in stärkerem Maße von der subjektiven Wahrnehmung der Rah-menbedingungen des Studiums ab (vgl. Sieverding et al. 2013). Darüber hinaus spielen auch persönliche Merkmale eine Rolle für das Stressempfinden. Außer-dem ist Neuro-Enhancement nicht die einzige Möglichkeit, auf Stress und Leis-tungsdruck zu reagieren, so dass zu fragen ist, was die Wahl der Stressbewälti-gungsstrategien beeinflusst.

Der vorliegende Beitrag möchte zum einen darauf aufmerksam machen, dass Neuro-Enhancement unter Studierenden kein Massenphänomen ist und somit auch nicht ausschließlich Ausdruck einer vermeintlichen strukturellen Überforderung der Studierenden ist. Zum anderen sollen hier einige Erkenntnisse zur Stressbelastung unter Studierenden zusammengetragen und ihre Bedeutung für das Neuro-Enhancement beleuchtet werden. Der Beitrag basiert überwiegend auf Daten der ersten HISBUS-Befragung zum Thema Neuro-Enhancement, die im Wintersemester 2010/11 stattfand.

2 Neuro-Enhancement: Ein Massenphänomen?

Den Ausgangspunkt für die Diskussion um Neuro-Enhancement bildete eine Befragung der Zeitschrift Nature unter ihren Leser(inne)n im Jahr 2008, nach der ungefähr jeder fünfte der Befragten schon einmal verschreibungspflichtige Me-dikamente zum Zweck der geistigen Leistungssteigerung eingenommen hat (vgl. Maher 2008). In der Folge tauchten auch in den deutschen Medien Berichte auf, nach denen ein zunehmender Teil der Studierenden ihre Lernleistung mit Hilfe von Psychopharmaka und anderen Medikamenten zu steigern versuchen. Diese

---

1   Vormals HIS-Institut für Hochschulforschung.

Berichte beruhten allerdings eher auf subjektiven Eindrücken von Studierenden, Lehrenden und Journalisten statt auf empirischen Daten.

Und nach wie vor liegen in Deutschland bisher nur wenige Studien zum Neuro-Enhancement vor. Mit der HISBUS-Studie wurden erstmals belastbare Zahlen zur Einnahme leistungssteigernder Substanzen unter Studierenden vorgelegt. Für das Wintersemester 2010/11 wurde festgestellt, dass 5 % der Studierenden während ihrer Studienzeit schon einmal Gebrauch von verschreibungspflichtigen Medikamenten oder illegalen Drogen gemacht hatte, um die Anforderungen des Studiums besser bewältigen zu können (vgl. Middendorff et al. 2012). Allerdings liegt der Anteil derer, die eigenen Angaben zufolge häufig Neuro-Enhancement betreiben, lediglich bei 1 %.

Darüber hinaus berichteten weitere 5 % der Studierenden davon, frei verkäufliche Mittel wie Vitaminpräparate, Koffeintabletten, homöopathische Präparate oder Ähnliches mit dem Ziel der studienbezogenen Leistungssteigerung eingenommen zu haben. Im Allgemeinen wird letzteres allerdings nicht als Neuro-Enhancement im engeren Sinn verstanden. Dennoch wird an diesem sogenannten „Soft-Enhancement" (vgl. Middendorff et al. 2012) deutlich, dass ein gewisser Anteil Studierender ihrer gefühlten Überforderung durch den Konsum unterschiedlichster Substanzen entgegenzusteuern versucht.

Im Rahmen der Wiederholungsbefragung im Wintersemester 2014/15 konnte keine nennenswerte Zunahme der studienbezogenen Substanzeinnahme verzeichnet werden (vgl. Middendorff et al. 2015). Der Anteil Studierender, die verschreibungspflichtige Medikamente oder illegale Drogen im Studienkontext anwenden, lag hier bei 6 %. Das „Soft-Enhancement" hat von 5 % auf 8 % leicht zugenommen.

Die Ergebnisse der HISBUS-Studie korrespondieren mit weiteren Untersuchungen zum Neuro-Enhancement in Deutschland: Als erste deutschlandweite Studie unter Erwerbstätigen stellte der DAK-Gesundheitsreport 2009 fest, dass ungefähr 5 % der Erwerbstätigen zwischen 20 und 50 Jahren ohne ärztlichen Rat Medikamente mit dem Ziel der Leistungssteigerung eingenommen haben (vgl. DAK 2009, 55). Sechs Jahre später ist in dieser Bezugsgruppe ein Anstieg der Lebenszeitprävalenz auf 6,7 % zu konstatieren (DAK-Gesundheit 2015, 58). Die KOLIBRI-Studie des Robert-Koch-Institutes erhob zum Untersuchungszeitpunkt im Frühjahr 2010 für pharmakologisches Neuro-Enhancement eine Zwölf-Monats-Prävalenz von 1,5 % in der erwachsenen Bevölkerung. In der jüngeren Bevölkerung (insbesondere bis 29 Jahren) ist ein etwas höherer Gebrauch von Neuro-Enhancern festzustellen (vgl. RKI 2011, 87).

Im Jahr 2013 erweckte eine neuere Befragung unter Studierenden der Universität Mainz Aufsehen, die unter Verwendung der Randomized Response Technique[2] mit 20 % einen deutlich höheren Anteil Studierender ermittelte, die Neuro-Enhancement betreiben (vgl. Dietz et al. 2013). Bei der Bewertung der Zahlen im Vergleich zur HISBUS-Studie muss jedoch berücksichtigt werden, dass der Versuchsaufbau der Untersuchung in Mainz in vielerlei Hinsicht anders gestaltet war.

Hervorzuheben ist dabei, dass die Befragten vor der Befragung von einem Versuchsleiter darüber aufgeklärt wurden, was unter Neuro-Enhancement zu verstehen ist. Dadurch können die Studierenden in besonderer Weise für ihren Substanzkonsum sensibilisiert worden sein, die entscheidende Fragen in anderen Studien negativ beantwortet hätten.[3] Dies käme insbesondere für Studierende in Betracht, die ihre Leistungssteigerung durch Koffeintabletten zu erreichen versuchen. Diese sind in der Studie von Dietz et al. explizit mit einbezogen worden, fallen aber beispielsweise in der HISBUS-Studie nicht unter das Neuro-Enhancement.[4] Wie groß der Anteil der Konsument(inn)en von Koffeintabletten in der Mainzer Untersuchung ist, kann nicht festgestellt werden. Eine vorangegangene Studie aus den Jahren 2009 und 2010 kam für den Gebrauch von Koffe-

---

2   Die Randomized Response Technique soll das Vertrauen der Befragten in die Anonymität der Befragung steigern. Den Proband(inn)en werden hierbei zwei unterschiedliche Fragen zur Beantwortung angeboten, von denen eine nach Neuro-Enhancement fragt, die andere jedoch unverfänglich ist. Die Verteilung auf die beiden Fragen erfolgt nach einem Zufallsmodus und ist so gestaltet, dass ausschließlich der bzw. die Proband(in) selbst weiß, welche Frage beantwortet wurde. Da die Wahrscheinlichkeiten des Zufallsmodus bekannt sind, können die Antworten auf die unverfängliche Frage heraus gerechnet werden. Für Näheres zur Verwendung der Randomized Response Technique s. Dietz et al. (2013).

3   Gleichzeitig wurde damit natürlich auch ausgeschlossen, dass Studierende, die die in Betracht kommenden Substanzen aufgrund einer medizinischen Indikation nehmen, sich fälschlicherweise als Neuro-Enhancer(innen) darstellen. Darüber hinaus mag es auch generell vorteilhaft sein, wenn alle Befragten den gleichen Informationsstand über den Untersuchungsgegenstand haben. Das umgekehrte Vorgehen wiederum gibt allerdings einen Eindruck von der Selbstdarstellung und Selbstreflektion der Befragten.

4   Die Frage des Einbezugs einzelner Substanzen in die Definition des Neuro-Enhancements hängt jeweils vom Erkenntnisinteresse ab. Dass es diesbezüglich zwischen den verschiedenen Studien Divergenzen gibt, erschwert allerdings die Vergleichbarkeit der Zahlen. Insgesamt wäre wünschenswert, eine größere Einheitlichkeit herzustellen.

intabletten zum Zweck der geistigen Leistungssteigerung unter Studierenden ausgewählter Fachbereiche der Universität Mainz auf eine Zwölf-Monats-Prävalenz von ca. 4 % (vgl. Franke et al. 2011).

Die Mainzer Studie beansprucht keine bundesweite Repräsentativität. Sie macht aber darauf aufmerksam, dass Befragungen zum Thema Neuro-Enhance-ment immer auch mit einer Dunkelziffer zu rechnen haben. Wie hoch diese ist, lässt sich gegenwärtig allerdings nur schwerlich abschätzen. Der explorative Versuch, eine solche Dunkelziffer mit Hilfe der Randomized Response Techni-que an einem Teilsample im Rahmen der zweiten HISBUS-Befragung zu ermit-teln, schlug leider fehl. Es stellte sich heraus, dass diese Methode bei so einem schwer einzugrenzenden Untersuchungsgegenstand wie Neuro-Enhancement in einer Online-Erhebung nicht hinreichend valide umgesetzt werden kann (vgl. Middendorff et al. 2015, 19 ff.).

Angesichts der Tatsache, dass die HISBUS-Studien durch die Einbeziehung von Cannabis eine vergleichsweise weite Definition des Neuro-Enhancements zugrunde legt und im Ergebnis dennoch zu einer eher geringen Prävalenz kommt, scheint es in Bezug auf die jüngere Vergangenheit jedoch gerechtfertigt, davon auszugehen, dass Neuro-Enhancement unter Studierenden lediglich von einer kleinen und spezifischen Gruppe ausgeht.

3 Studienbelastung und Stressempfinden

Die zeitliche Belastung der Studierenden durch das Studium hat sich laut den Ergebnissen der Sozialerhebung des Deutschen Studentenwerkes in den letzten zwei Jahrzehnten kaum verändert und lag im Sommersemester 2012 für Studie-rende im Erststudium bei durchschnittlich 35 Stunden pro Woche (vgl. Midden-dorff et al. 2013, 319 f.). Drei Jahre zuvor betrug der durchschnittliche studien-bezogene Zeitaufwand eine Stunde mehr. Studierende, die neben dem Studium erwerbstätig sind, hatten im Sommersemester 2012 gegenüber den nicht Erwerbs-tätigen eine um sieben Stunden höhere zeitliche Gesamtbelastung. Diese Durch-schnittswerte sind allerdings Ergebnis einer großen Bandbreite unterschiedlicher studentischer Zeitbudgets. Während ungefähr ein Zehntel der Studierenden eine vergleichsweise komfortable zeitliche Gesamtbelastung für Studium und ggf. eine zusätzliche Erwerbstätigkeit von maximal 25 Stunden pro Woche hatte (11 %), wendete mehr als die Hälfte (54 %) der Studierenden mehr als 40 Wo-chenstunden auf (vgl. Middendorff et al. 2013, 334 f.).

Bei einer derartig starken zeitlichen Belastung ist zu vermuten, dass sich dies auch im Stressempfinden der Studierenden niederschlägt. Untersuchungen unter Bachelor-Studierenden des HISBUS-Panels im Wintersemester 2011/12 zeigen, dass mehr als zwei Drittel (68 %) dieser Studierenden sich im Studium Stress oder belastenden Situationen ausgesetzt sahen und ein etwas geringerer Anteil (59 %) das Gefühl hatte, nervös und gestresst gewesen zu sein (vgl. Ortenburger 2013, 15, 23).

Allerdings ist dieser Stress im Studium keineswegs ausschließlich durch die zeitliche Belastung bedingt. Die Studierenden selbst bringen Stress zwar einerseits mit Zeitnot in Verbindung (75 %), andererseits aber zu großen Teilen auch mit Leistungsdruck (64 %, vgl. Ortenburger 2013, 17). Darüber hinaus können Sieverding et al. (2013) zeigen, dass die Wahrnehmung der Leistungsanforderungen im Studium einen weitaus größeren Einfluss auf das Stressempfinden hat als der Studienaufwand. Wird der Leistungsdruck als hoch empfunden, fühlen sich die Studierenden auch unabhängig vom Studienaufwand stärker gestresst. Gemeinsam mit der Beurteilung der eigenen Entscheidungsspielräume wirkt sich die Wahrnehmung der Studienanforderungen zudem auf die Lebens- und Studienzufriedenheit aus (Sieverding et al. 2013, 98 f.). Auch Middendorff et al. (2011, 53) führen die Tatsache, dass Bachelor-Studierende die zeitliche Belastung im Studium auch bei geringem tatsächlichem Studienaufwand deutlich häufiger als Diplom- oder Magister-Studierende als hoch oder zu hoch empfinden, auf die stärkere Strukturierung des Bachelor-Studiums und die geringere Kontrolle über das eigene Zeitbudget zurück.

Eine weitere wichtige Erkenntnis ist zudem, dass Stress für viele Studierende durchaus bewältigbar ist. Denn wenngleich die Mehrheit der Bachelor-Studierenden sich nervös und gestresst fühlt (59 %, s. o.), so sieht sich dennoch ein ebenso großer Teil von ihnen in der Lage, ihre Probleme selbst lösen zu können (61 %). Stress gehört für viele Studierende also zum Studium dazu (vgl. Ortenburger 2013, 15 ff.). Dennoch gibt es auch solche Studierende, für die Stress in Überforderung mündet und die häufig Gefühle des Verlustes der Kontrolle über das eigene Leben haben (31 %) oder sich eben nicht imstande sehen, ihre Probleme selbst lösen zu können (15 %). Darüber hinaus gibt die Hälfte der Bachelor-Studierenden (49 %) an, dass sich Stressbelastungen auch in ihren Studienleistungen niederschlagen (vgl. Ortenburger 2013, 26).

Die hier dargestellten Ergebnisse zeigen also zum einen, dass das Stressempfinden Studierender neben der quantitativen zeitlichen Belastung vor allem von den strukturellen Bedingungen des Studiums beeinflusst wird. Wie stark sich

einzelne Studierende gestresst fühlen, ist daher in hohem Maße davon beeinflusst, wie sie die Studienbedingungen in Hinblick auf Leistungsdruck und Ge-
staltungsfreiheit erleben. Stress hat also sehr vielfältige Ursachen.

Ebenso vielfältig zeichnet sich an dieser Stelle aber auch bereits das Verhältnis der Studierenden zum Stress ab. Während (moderater) Stress für viele
Studierenden einen normalen Bestandteil des Studienalltags darstellt, ist für
manche Studierenden die Belastungssituation derart, dass das Stressempfinden
über das normale Maß hinausgeht und zu Beeinträchtigungen bei der Studienbe-
wältigung führt. Es ist allerdings davon auszugehen, dass Belastungsgrenzen
individuell sehr unterschiedlich sind. In diesem Zusammenhang spielen auch
Persönlichkeitsmerkmale eine Rolle.

Vor diesem Hintergrund wird im Folgenden betrachtet, in welcher Weise
Neuro-Enhancement mit dem Studienaufwand und dem Empfinden von Stress
und mit Leistungsdruck als einer der wichtigsten Komponenten für Stress zu-
sammenhängt. Ergänzend werden dann auch die von Studierenden angewandten
Ausgleichsstrategien beim Empfinden von Leistungsdruck sowie die sozialen
Ressourcen dargestellt, auf die sie zur Unterstützung bei der Bewältigung der
Studienanforderungen zurückgreifen.

4 Studienaufwand und Neuro-Enhancement

Wie gezeigt wurde, stellt der Studienaufwand gegenüber der Wahrnehmung des
Leistungsdrucks lediglich einen zweitrangigen Stressfaktor dar. Nichtsdestotrotz
kann die zeitliche Belastung der Studierenden einen ersten Eindruck von möglichen Stressquellen vermitteln. Die Bedeutung der zeitlichen Belastung für das
Neuro-Enhancement wurde bereits in der bereits erwähnten KOLIBRI-Studie
festgestellt: Dort zeigte sich, dass das Risiko, Neuro-Enhancer anzuwenden, für
Personen mit einer wöchentlichen Arbeitszeit von mehr als 40 Stunden pro Woche fast doppelt so hoch ist wie für Erwerbstätige mit einer Wochenarbeitszeit
von 20 bis 40 Stunden (vgl. RKI 2011, 89).

Auch in der ersten HISBUS-Studie[5] zeigt sich, dass der Anteil Studierender,
die schon einmal leistungssteigernde Substanzen eingenommen haben, unter

---

5   Im Zuge der Wiederholungsbefragung wurden aufgrund eines leicht veränderten
     Untersuchungsfokus keine Angaben zum Zeitaufwand erfasst, weshalb sich der vor-
     liegende Beitrag vornehmlich auf Daten der Erstbefragung bezieht.

Studierenden mit einer Studienbelastung von mehr als 40 Stunden gegenüber denjenigen, die 20 bis 40 Stunden für ihr Studium aufwenden, leicht erhöht ist (6 % vs. 4 %). Hier ist das Risiko für Neuro-Enhancement bei denjenigen mit mehr als 40 Stunden wöchentlichem Studienaufwand unter Kontrolle des Geschlechts und des Alters um den Faktor 1,7 erhöht.[6]

Werden die Zeitbudgets der Studierenden danach verglichen, ob sie Erfahrungen mit Neuro-Enhancement haben, zeigt sich, dass Anwender(innen) von Neuro-Enhancern im Durchschnitt eine um vier Stunden höhere zeitliche Gesamtbelastung pro Woche haben als Studierende, die nicht zu Neuro-Enhancern greifen. Dabei entfällt eine Stunde dieser Differenz auf Zeiten für Erwerbstätigkeit, die übrigen drei auf die Studienbelastung und gehen dabei ausschließlich auf das Selbststudium zurück (vgl. Abb. 1).

Dies ist insofern verwunderlich, als dass Zeiten für das Selbststudium frei einteilbar sind. Ein möglicherweise höheres Stressempfinden in Zusammenhang

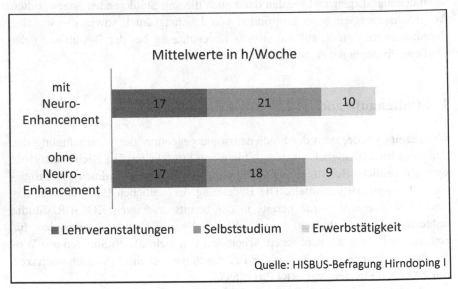

Abbildung 1:   Zeitaufwand für Studium und Erwerbstätigkeit – differenziert nach Anwendung von Neuro-Enhancern

---

6   Den gleichen Effekt hat im Übrigen die Ausübung einer Erwerbstätigkeit neben dem Studium.

mit dem höheren Studienaufwand ließe sich hier daher nicht auf eine einge-schränkte Selbstbestimmung über die eigene Zeiteinteilung zurückführen. Eine mögliche Erklärung dafür, dass die Konsument(inn)en von Neuro-Enhancern mehr Zeit als andere in das Selbststudium investieren, lässt sich stattdessen in der bisherigen Studiendauer finden. Mehr als die Hälfte der Studierenden, die leistungssteigernde Substanzen einnehmen, sind seit mehr als acht Semestern an Hochschulen eingeschrieben (54 %), während dies lediglich auf vier Fünftel der Studierenden ohne Neuro-Enhancement zutrifft (38 %). In höheren Hochschuls-emestern verschiebt sich der Studienaufwand generell stärker in Richtung des Selbststudiums (vgl. Middendorff et al. 2013, 322), was entsprechend auch den höheren Selbststudienaufwand der Anwender(innen) von Neuro-Enhancern er-klären könnte.

5 Leistungsdruck und Neuro-Enhancement

In der ersten HISBUS-Studie zum Thema Neuro-Enhancement wurde erfasst, wie die Studierenden den Leistungsdruck in den Bereichen Studium, einem Job neben dem Studium, in der Freizeit und im familiären Bereich wahrnehmen. Die Studierenden gaben ihre Einschätzung des Leistungsdrucks auf einer fünfstufi-gen Skala an (von 1 = „überhaupt nicht" bis 5 = „sehr stark"). Am häufigsten verspüren die Studierenden Leistungsdruck im Studium: Mehr als drei Viertel fühlen sich in diesem Bereich stark oder sehr stark unter Leistungsdruck gesetzt (Skalenwerte 4+5: 79 %). Ein Nebenjob (31 %) oder die Familie (20 %) üben deutlich seltener (sehr) starken Leistungsdruck auf die Studierenden aus. Die wenigsten Studierenden verspüren derartigen Druck in ihrer Freizeit (11 %).
Studierende mit Neuro-Enhancement sehen sich in allen Bereichen außer der Freizeit spürbar häufiger Leistungsdruck ausgesetzt als ihre Kommili-ton(inn)en, die keine leistungssteigernden Substanzen einnehmen. Der Anteil derjenigen, die (sehr) starken Leistungsdruck verspüren, ist unter ihnen in den drei betreffenden Bereichen jeweils um mehr als zehn Prozentpunkte höher (vgl. Tab. 1). Den Leistungsdruck im Studium empfinden fast neun von zehn Studie-renden (88 %), die zu Neuro-Enhancern greifen, als (sehr) stark. Auch die Mit-telwerte der Beurteilung des Leistungsdrucks in Studium, Job und Familie unter-scheiden sich zwischen Studierenden mit und ohne Neuro-Enhancement signifikant.

Tabelle 1: Beurteilung des Leistungsdrucks in den Bereichen Studium, Nebenjob, Freizeit und Familie nach Anwendung von Neuro-Enhancern auf einer fünfstufi-
gen Skala (1 = „überhaupt nicht" bis 5 = „sehr stark", (sehr) starker Leistungsdruck = Skalenwerte 4 + 5)

Bereich, in dem Leistungsdruck verspürt wird		mit Neuro-Enhancement	ohne Neuro-Enhancement
Studium	Anteil mit (sehr) starkem Leistungsdruck	88 %	77 %
	Mittelwert	4,35	3,99
	Konfidenzintervall (95 %)	4,26 – 4,43	3,96 – 4,01
Nebenjob	Anteil mit (sehr) starkem Leistungsdruck	42 %	30 %
	Mittelwert	3,12	2,68
	Konfidenzintervall (95 %)	2,98 – 3,27	2,64 – 2,72
Freizeit	Anteil mit (sehr) starkem Leistungsdruck	12 %	11 %
	Mittelwert	2,27	2,15
	Konfidenzintervall (95 %)	2,16 – 2,38	2,12 – 2,18
Familie	Anteil mit (sehr) starkem Leistungsdruck	30 %	19 %
	Mittelwert	2,82	2,47
	Konfidenzintervall (95 %)	2,68 – 2,69	2,44 – 2,50

Quelle: HISBUS-Befragung Hirndoping I

Darüber hinaus geben die Konsument(inn)en von Neuro-Enhancern auch
deutlich häufiger als andere Studierende an, sich gestresst und überfordert zu
fühlen. In den letzten vier Wochen vor der Befragung fühlte sich ein Drittel der
Studierenden, die leistungssteigernde Substanzen einnehmen, meistens oder
immer gestresst und überfordert (34 %). Ein weiteres Drittel gab an, ziemlich oft
gestresst und überfordert gewesen zu sein (32 %). Von den Studierenden ohne
Neuro-Enhancement hatte jeder Vierte ziemlich oft Gefühle von Stress und
Überforderung (25 %) und lediglich jeder Siebte meistens oder immer (15 %).

Stress und Überforderung hängen dabei in hohem Maße mit der Wahrnehmung des Leistungsdrucks zusammen. Dabei erweist sich insbesondere der stu-
dienbezogene Leistungsdruck als relevant für das Stressempfinden: Von den
Studierenden, die (sehr) starken Leistungsdruck im Studium verspüren, fühlte
sich fast die Hälfte in den Wochen vor der Befragung ziemlich oft, meistens oder
immer gestresst und überfordert (49 %, vgl. Tab. 2).

Tabelle 2: Häufigkeit von Stress und Überforderung in Abhängigkeit davon, ob aktuell Leistungsdruck verspürt wird – differenziert nach Anwendung von Neuro-Enhancern. Angaben zur Häufigkeit von Stress und Überforderung in %

Stress und Überforderung	Studierende mit Neuro-Enhance-ment		Studierende ohne Neuro-Enhancement		Insgesamt	
	(sehr) starker Leistungsdruck im Studium		(sehr) starker Leistungsdruck im Studium		(sehr) starker Leistungsdruck im Studium	
	nein	ja	nein	ja	nein	ja
Nie/selten/manchmal	-*	30	82	54	81	51
ziemlich oft/ meistens/immer	-*	70	18	46	19	49
	(sehr) starker Leistungsdruck durch einen Ne-benjob		(sehr) starker Leistungsdruck durch einen Ne-benjob		(sehr) starker Leistungsdruck durch einen Ne-benjob	
	nein	ja	nein	ja	nein	ja
Nie/selten/manchmal	41	23	64	53	62	49
ziemlich oft/ meistens/immer	59	77	36	47	38	51
	(sehr) starker Leistungsdruck im familiären Bereich		(sehr) starker Leistungsdruck im familiären Bereich		(sehr) starker Leistungsdruck im familiären Bereich	
	nein	ja	nein	ja	nein	ja
Nie/selten/manchmal	39	22	64	47	61	44
ziemlich oft/ meistens/immer	61	78	36	53	39	56
* Nicht ausgewiesen aufgrund geringer Fallzahl						

Quelle: HISBUS-Befragung Hirndoping I

Unter denjenigen, die (sehr) schwachen oder moderaten Leistungsdruck im Studium äußerten, verspürte lediglich jeder fünfte entsprechend häufig Stress und Überforderung (19 %). Auch in Bezug auf den durch einen Nebenjob oder im familiären Bereich verspürten Leistungsdruck ergeben sich Unterschiede in der Häufigkeit von Stress- und Überforderungsgefühlen, die jedoch weniger stark als beim studienbezogenen Leistungsdruck ausfallen. Die Unterschiede sind bei Studierenden mit und ohne Neuro-Enhancement gleichermaßen festzu-

Tabelle 3: Im Studium verspürter Leistungsdruck in Abhängigkeit von der in das Studium investierten Zeit – differenziert nach Anwendung von Neuro-Enhancern

Zeitaufwand für das Studium	Im Studium verspürter Leistungsdruck Mittelwert der Angaben auf einer Skala von 1 = „überhaupt nicht" bis 5 = „sehr stark"	
	mit Neuro-Enhancement	ohne Neuro-Enhancement
bis 30 Std./Woche	4,19	3,70
Konfidenzintervall (95 %)	4,02 – 4,37	3,66 – 3,74
31 bis 45 Std./Woche	4,32	4,06
Konfidenzintervall (95 %)	4,16 – 4,47	4,02 – 4,10
Über 45 Std./Woche	4,56	4,29
Konfidenzintervall (95 %)	4,42 – 4,70	4,24 – 4,34

Quelle: HISBUS-Befragung Hirndoping I

stellen, wobei auch hier deutlich wird, dass die Anwender(innen) leistungssteigernder Substanzen in höherem Maße Stress und Überforderung verspüren.

Dies bestätigt abermals den Einfluss der Wahrnehmung des Leistungsdrucks auf das Stressempfinden. In Bezug auf den studienbezogenen Leistungsdruck lässt sich dabei festhalten, dass dieser mit dem Studienaufwand zunimmt (vgl. Middendorff et al. 2012, 54 f.). Allerdings gilt dies nur für Studierende, die keinen Gebrauch von Neuro-Enhancern machen. Bei denjenigen, die leistungssteigernde Substanzen konsumieren, ist hingegen keine signifikante Steigerung des Leistungsdruckempfindens in Abhängigkeit vom Studienaufwand festzustellen (vgl. Tab. 3).

Der Leistungsdruck ergibt sich für diese Studierenden also aufgrund anderer Bedingungen im Studium. In diesem Zusammenhang wurden im Rahmen der HISBUS-Befragung im Wintersemester 2010/11 abermals anhand einer fünfstufigen Skala in Bezug auf fünfzehn konkrete Anforderungsbereiche gefragt, inwieweit diese den Studierenden Schwierigkeiten bereiten (1 = keine Schwierigkeiten bis 5 = große Schwierigkeiten). Dabei zeigte sich, dass Studierende, die Neuro-Enhancer einnehmen, in vielen Bereichen deutlich häufiger Schwierigkeiten haben als Studierende ohne Neuro-Enhancement (vgl. Middendorff et al. 2012, 48 ff.).

Die größten Schwierigkeiten äußern sie bei der effizienten Vorbereitung von Prüfungen: Drei Fünftel der Studierenden mit, jedoch lediglich zwei Fünftel derjenigen ohne Neuro-Enhancement geben an, dass die Prüfungsvorbereitungen ihnen Probleme macht (Skalenwerte 4+5, 61 % vs. 38 %). Dies korrespondiert mit der Tatsache, dass die Prüfungsvorbereitung die wichtigste Anwendungssituation für Neuro-Enhancer darstellt (vgl. Middendorff et al. 2012, 33 f.).

Weitere wichtige Problembereiche für Studierende, die leistungssteigernde Substanzen einnehmen, sind die Bewältigung des Stoffumfangs im Semester (58 % vs. 43 %), die Sicherung der Studienfinanzierung (56 % vs. 36 %), die Leistungsanforderungen im Fachstudium (48 % vs. 32 %) und mangelnder Freiraum zur Aufarbeitung von Wissenslücken (48 % vs. 35 %). Weitergehende Analysen zeigen, dass sich insbesondere Schwierigkeiten bei der Bewältigung des Stoffumfangs und mit den fachlichen Leistungsanforderungen auf den im Studium empfundenen Leistungsdruck und das Stressempfinden auswirken. Dass die Anwender(innen) leistungssteigernder Substanzen einen erhöhten studienbezogenen Leistungsdruck verspüren, geht also von Schwierigkeiten mit spezifischen und identifizierbaren Anforderungsbereichen im Studium aus. Die Einnahme von Neuro-Enhancern geschieht offenbar als Reaktion auf diese Schwierigkeiten.

Warum manche Studierende allerdings auf bestimmte Problemlagen mit einem höheren Stressempfinden reagieren, hängt unter anderem auch mit Persönlichkeitseigenschaften zusammen. Von Bedeutung ist in dieser Hinsicht insbesondere die Persönlichkeitsdimension des Neurotizismus, unter welche die Verarbeitung negativer Erfahrungen und emotionale Stabilität gefasst wird. Personen mit einer starken Ausprägung dieses Persönlichkeitsmerkmals werden unter anderem leicht nervös und unruhig. Die HISBUS-Studie konnte zeigen, dass Studierende mit Neuro-Enhancement auf einer Skala zur Messung dieser Eigenschaft deutlich höhere Werte aufweisen als diejenigen ohne Neuro-Enhancement (Mittelwert auf einer Skala von 1 bis 5: 3,41 vs. 2,93, vgl. Middendorff et al. 2012, 23 f.). Die generelle Tendenz dieser Studierenden zu Nervosität und Stressempfinden äußert sich dann auch in den beschriebenen Belastungssituationen im Rahmen des Studiums.

6 Ausgleichsstrategien bei Leistungsdruck

Wenn Neuro-Enhancement für einige Studierende eine Möglichkeit darstellt, Leistungsdruck zu begegnen, stellt sich die Frage nach Alternativen zum Umgang mit Leistungsdruck. Insbesondere interessiert in dieser Hinsicht, welche weiteren Ausgleichsstrategien von Studierenden, die Neuro-Enhancement betreiben, im Vergleich zu Studierenden ohne Neuro-Enhancement ungenutzt bleiben oder zumindest seltener genutzt werden.

Dabei fällt auf, dass Studierende, die leistungssteigernde Substanzen anwenden, deutlich seltener als Studierende, die dies nicht tun, zum Ausgleich bei Leistungsdruck soziale Kontakte pflegen. Sie treffen deutlich seltener Freunde (60 % vs. 70 %) oder suchen den Kontakt zu ihrer Familie (29 % vs. 39 %, vgl. Abb. 2). Nichtsdestotrotz ist Freunde treffen auch bei ihnen eine vergleichsweise häufig genutzte Ausgleichsstrategie.

Darüber hinaus treiben die Konsument(inn)en leistungssteigernder Substanzen bei Leistungsdruck seltener Sport (50 % vs. 58 %) und lesen seltener zum Ausgleich als Studierende, die kein Neuro-Enhancement betreiben (28 % vs. 42 %). Auch allgemeine Entspannung beispielsweise in Form von Saunabesuchen geben sie gegenüber „abstinenten" Studierenden etwas seltener als Kompensationsstrategie an (41 % vs. 46 %).

Stattdessen erholen sich Studierende, die Neuro-Enhancer einnehmen, wenn sie Leistungsdruck verspüren, häufiger durch Schlaf als andere Studierende (68 % vs. 60 %). Auffällig ist zudem, dass ein Drittel der Konsument(inn)en von Neuro-Enhancern angibt, über Bewältigungsstrategien nachzudenken, jedoch lediglich ein Fünftel der Studierenden ohne Konsum leistungssteigernder Substanzen (34 % vs. 19 %).

Diese Erkenntnisse lassen vermuten, dass Studierende, die leistungssteigernde Mittel einnehmen, eher versuchen, Schwierigkeiten im Alleingang zu lösen, als sich Unterstützung im sozialen Umfeld zu suchen. In diesem Zusammenhang zeigt sich zudem, dass Studierende mit Neuro-Enhancement sich von Personen aus ihrem Umfeld weniger stark in Studium und Alltag unterstützt fühlen als Studierende ohne Neuro-Enhancement (vgl. Middendorff et al. 2012: 62). Insbesondere den Rückhalt durch den Partner bzw. die Partnerin, ihre Eltern und andere Verwandte sowie durch Kommiliton(inn)en beurteilen sie schlechter als Studierende, die keine leistungssteigernden Mittel nehmen. Auch dies hängt möglicherweise damit zusammen, dass unter Studierenden, die Neuro-Enhancer anwenden, das Persönlichkeitsmerkmal des Neurotizismus stärker ausgeprägt ist als unter den Studierenden ohne Neuro-Enhancement. Denn Studierende mit geringer emotionaler Stabilität erleben die Unterstützung aus dem sozialen Nahbereich, bestehend aus Freund(inn)en, Familie und Partner(in), generell als schwächer (vgl. Middendorff et al. 2012, 65).

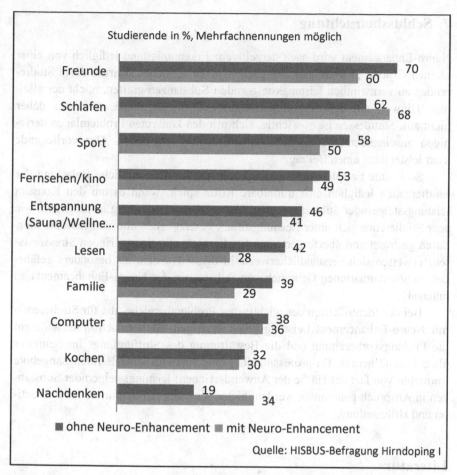

Abbildung 2: Ausgleichsstrategien bei Leistungsdruck – differenziert nach Anwendung von Neuro-Enhancern

Professionelle Hilfe, beispielsweise in Form von Beratungsangeboten, nehmen Studierende, die leistungssteigernde Substanzen einnehmen, allerdings deutlich häufiger in Anspruch als Studierende ohne Neuro-Enhancement (49 % vs. 32 %, vgl. Middendorff et al. 2012, 62). Zudem werden diese Angebote von den Studierenden mit Neuro-Enhancement häufiger als hilfreich bewertet (16 % vs. 5 %).

7 Schlussbetrachtung

Neuro-Enhancement wird nach derzeitigem Erkenntnisstand lediglich von einer kleinen Gruppe Studierender betrieben. Um zu verstehen, warum diese Studierenden zu vermeintlich leistungssteigernden Substanzen greifen, reicht der alleinige Hinweis auf die strukturellen Rahmenbedingungen des Studiums daher nicht aus. Stattdessen ist es wichtig, sich mit den konkreten Problemlagen derjenigen auseinanderzusetzen, die Neuro-Enhancer anwenden. Der vorliegende Text leistet dazu einen Beitrag.

So konnte beispielsweise gezeigt werden, dass die zeitliche Belastung der Studierenden lediglich eine mittelbare Rolle spielt, wenn es um den Konsum leistungssteigernder Substanzen geht. Von größerer Bedeutung ist hingegen, wie sehr Studierende sich unter Leistungsdruck gesetzt sehen und wie stark sie hierdurch gestresst und überfordert sind. Studierende mit einer geringen Stressresistenz erweisen sich verständlicherweise in dieser Hinsicht als besonders gefährdet, in Stresssituationen Gebrauch von Substanzen des Neuro-Enhancements zu machen.

Bei der Identifikation der wichtigsten Problembereiche, die für Studierende mit Neuro-Enhancement Leistungsdruck erzeugen, stellten sich unter anderem die Prüfungsvorbereitung und die Bewältigung des Stoffumfangs im Semester als belastend heraus. Da professionelle Unterstützungs- und Beratungsangebote immerhin von fast der Hälfte der Anwender(innen) leistungssteigernder Substanzen in Anspruch genommen werden, bieten sich hier Ansatzpunkte für Prävention und Hilfestellung.

Literatur

DAK-Gesundheit (2015) DAK Gesundheitsreport 2015. Hamburg

Deutsche Angestellten-Krankenkasse (2009) DAK Gesundheitsreport 2009. Hamburg

Dietz P, Striegel H, Franke AG, Lieb K, Simon P, Ulrich R. (2013) Randomized Response Estimates for the 12-Month Prevalence of Cognitive-Enhancing Drug Use in University Students. Pharmacotherapy 33: 44-50

Franke AG, Christmann M, Bonertz C, Fellgiebel A, Huss M, Lieb K (2011) Use of Coffee, Caffeinated Drinks and Caffeine Tablets for Cognitive Enhancement in Pupils and Students in Germany. Pharmacopsychiatry 44: 331-338

Maher B (2008) Poll results: Look who's doping. Nature 452: 674-675

Middendorff E, Apolinarski B, Poskowsky J, Kandulla M, Netz N (2013) Die wirtschaftliche und soziale Lage der Studierenden in Deutschland 2012. 20. Sozialerhebung des Deutschen Studentenwerks durchgeführt durch das HIS-Institut für Hochschulforschung. Berlin/Bonn: Bundesministerium für Bildung und Forschung

Middendorff E, Isserstedt W, Kandulla M (2011) Studierende im Bachelor-Studium 2009. Ergebnisse der 19. Sozialerhebung des Deutschen Studentenwerks durchgeführt durch HIS Hochschul-Informations-System. Berlin/Bonn

Middendorff E, Poskowsky J, Becker K (2015) Formen der Stresskompensation und Leistungssteigerung bei Studierenden. Wiederholungsbefragung des HISBUS-Panels zu Verbreitung und Mustern studienbezogenen Substanzkonsums. DZHW: Forum Hochschule 3/2015, Hannover

Middendorff E, Poskowsky J, Isserstedt W (2012) Formen der Stresskompensation und Leistungssteigerung bei Studierenden. HISBUS-Befragung zur Verbreitung und zu Mustern von Hirndoping und Medikamentenmissbrauch. HIS:Forum Hochschule 01/2012, Hannover

Ortenburger A (2013) Berung von Bachelor-Studierenden in Studium und Alltag. Ergebnisse einer HISBUS-Befragung zu Schwierigkeiten und Problemlagen von Studierenden und zur Wahrnehmung, Nutzung und Bewertung von Beratungsangeboten. HIS:Forum Hochschule 03/2013, Hannover

Robert Koch-Institut (2011) KOLIBRI. Studie zum Konsum leistungsbeeinflussender Mittel in Alltag und Freizeit. Berlin

Sieverding M, Schmidt LI, Obergfell J, Scheiter F (2013) Stress und Studienzufriedenheit bei Bachelor- und Diplom-Psychologiestudierenden im Vergleich. Eine Erklärung unter Anwendung des Demand-Control-Modells. Psychologische Rundschau 64: 94-100

Das Ringen um Sinn und Anerkennung

Eine psychodynamische Sicht auf das Phänomen des Neuroenhancements

Marc-André Wulf, Ljiljana Joksimovic, Wolfgang Tress[1]

1 Einleitung und Fragestellung

Unter *Enhancement* verstehen wir biomedizinische Maßnahmen, die geeignet sind, Wohlempfinden oder Leistungsfähigkeit einer Person über *ihr* gesundes Maß hinaus zu steigern, ohne dadurch Effekte von Krankheit oder Behinderung auszugleichen bzw. vorzubeugen. Im Fall von Leistungssteigerung verwenden wir *Doping* synonym. Mit *Neuroenhancement* (NE) bezeichnen wir biomedizinische Interventionen am Nervensystem einer Person, die deren kognitive, emotionale oder motivationale Eigenschaften in gewünschter Weise verbessern können. Unter dem Synonym *Brain Doping* verstehen wir leistungssteigerndes NE.

Pharmakologisches NE ist nicht nur Fiktion wie in „Brave New World" von A. Huxley (Huxley 1932). Studien zeigten, dass 8–35 % der College-Studenten Stimulanzien zu nicht-medizinischen Zwecken einnahmen (Racine, Forlini 2008). In der wissenschaftlichen Gemeinschaft wird ein progressiver Umgang mit NE gefordert und entsprechende Selbstauskünfte weisen auf eine Verwendung hin (Greely et al. 2008; Maher 2008; Sahakian, Morein-Zamir 2007). Auch deutsche Wissenschaftler fordern einen liberalen Umgang mit leistungssteigerndem NE (Galert et al. 2009). In nicht-akademischen Berufen wird NE ebenfalls angewendet, um Konzentration oder Arbeitsfähigkeit zu erhöhen (Gay et al. 2008; Lapeyre-Mestre et al. 2004). In Deutschland konnte die DAK-Studie Hin-

---

1   Originalpublikation 2011 bei Springer online erschienen: Ethik in der Medizin 24(1): 29-42

© Springer Fachmedien Wiesbaden GmbH, ein Teil von Springer Nature 2018
N. Erny et al. (Hrsg.), *Die Leistungssteigerung des menschlichen Gehirns*,
https://doi.org/10.1007/978-3-658-03683-6_7

weise dafür finden (Krankenkasse DA 2009; Reichertz 2008). Von den 3.017
Befragten gaben 4,9 % an, selbst bereits ohne medizinische Notwendigkeit Me-
dikamente zur Steigerung der geistigen Leistungsfähigkeit oder psychischen
Befindlichkeit eingenommen zu haben (Krankenkasse DA 2009). In der gleichen
Studie wurden versicherte Erwerbstätige der DAK mit mindestens einer Verord-
nung eines für NE infrage kommenden pharmakologischen Wirkstoffs in 2007
daraufhin untersucht, ob für sie eine passende Diagnose erfasst war oder nicht.
Dabei zeigten sich bemerkenswerte Unterschiede z. B. zwischen den Wirkstoffen
Methylphenidat und Metoprolol. Bei Metoprolol wurden 9,8 % der Verordnungen ohne dokumentierte Diagnose im selben und zwei Quartale vor- bzw. nach
Verordnung ausgestellt, zusätzliche 10,7 % ohne bestimmungsgemäße Diagnose
(inkl. Off-Label-Use). Bei Methylphenidat waren es 12,6 % bzw. 15 %. Während es für das Fehlen entsprechender Diagnosen viele Gründe geben mag, gibt
der relative Unterschied (bis zu 40 %) doch einen Hinweis darauf, dass es systematische Unterschiede im ärztlichen Verordnungsverhalten zwischen den Präparaten gibt. Ein möglicher Grund wäre die Verwendung als NE.

An der NE-Debatte haben sich Vertreter verschiedener Wissenschaften beteiligt. Die ethische Diskussion wendet sich dem Normativen zu: *Darf* der Einzelne NE anwenden? Oder *soll* er es in bestimmten Fällen sogar? Und wer trägt
die Verantwortung für die Risiken und Folgen von NE? Medizinethische Untersuchungen wenden sich oft Gerechtigkeitsproblemen zu und erörtern, wer Zugang zu welchen Mitteln erhalten soll bzw. wie sie bezahlt werden sollen. Sie
beschäftigen sich auch mit der Frage, inwiefern der Einzelne oder die Allgemeinheit durch NE zu Schaden kommen könnten. Ein befürchteter Wandel des
Menschenbildes und soziale Folgen von NE werden problematisiert (auf dem
Hövel 2008). Die pharmakologische Debatte rückt individuelle biomedizinische
Risiken wie Süchte in den Fokus.

Bezüglich individueller Risiken bleibt es aufgrund des vermeintlichen Zu-
gewinns an Selbstbestimmung und Eigenverantwortung gerne beim Verweis auf
die subjektive Kosten-Nutzen-Abwägung. Dabei blieben bisher die Aspekte von
Motiven und Gefahren des NE aus psychologischer Perspektive außer Acht,
obwohl Selbstverantwortung auch im psychotherapeutischen Kontext von zentraler Bedeutung ist. Verantwortung für sich zu tragen, verbunden mit dem Gefühl
von Selbstwirksamkeit, stellt ein wichtiges Ziel psychotherapeutischer Arbeit
dar.

Können alle Konsumenten von NE eine vorausschauende Einschätzung der
Vor- und Nachteile vornehmen? Welche Aspekte ihrer (Selbst-) Verantwortung

können sie wahrscheinlich aufgrund ihrer Persönlichkeitsstruktur und ihrer (unbewussten) Konflikte nicht wahrnehmen? Welche Folgen für die psychische Gesundheit kann es haben, wenn die Einnahme von NE den Versuch darstellt, innere Konflikte zu lösen? Und welche Konsequenz muss dies für ethische Argumente haben, die sich auf den Wert der Autonomie stützen?

Dieser Beitrag versucht, durch die Darstellung auf Grundlage klinischer Erfahrung gewonnener Fallbeispiele auf diese Fragen erste Antworten zu geben. Ihr liegt eine psychodynamische Betrachtungsweise zugrunde, in deren Zentrum die Konfliktverarbeitung steht. Um das Verständnis der Argumentation und der klinischen Beispiele zu erleichtern, werden die Begriffe Psychodynamik, Konflikt und Persönlichkeitsstruktur definiert.

2 Begriffsdefinitionen zur Psychodynamik

Psychodynamik

Sie beschreibt innerseelische Abläufe, die den Hintergrund des gesunden und gestörten Erlebens und Verhaltens bilden. Sie beruht auf der Persönlichkeits- und Krankheitslehre der Psychoanalyse, die das Zusammenwirken bewusster und unbewusster seelischer Prozesse erforscht (Ermann 2007). Psychodynamik meint einen Komplex von Theorien, der der psychodynamischen Psychotherapie zugrunde liegt. Psychodynamik erklärt den individuellen Umgang mit Affekten und den Ausdruck von Emotionen. Sie erforscht Versuche, unangenehmen Gefühlen und Gedanken auszuweichen, die in das Unbewusste verdrängt werden. Sie identifiziert wiederkehrende Lebensthemen, Erlebens- und Verhaltensmuster, welche den Widerspruch zwischen frustrierten unbewussten Wünschen einer Person, ihren Idealen und Normen, sowie der äußeren Realität in Balance halten. Sie betrachtet frühere Erfahrungen aus dem Blickwinkel einer Entwicklungsgeschichte und setzt dabei den Schwerpunkt auf zwischenmenschliche Beziehungen.

Konflikt

Psychische Symptome sind nach psychodynamischem Verständnis Ausdruck von Konflikten zwischen inneren Kräften (z. B. Impulsen oder Emotionen). Dies schließt Gegensätze ein, die zwischen inneren Grundbedürfnissen und erworbenen gesellschaftlichen Regeln entstehen (Arbeitskreis OPD, 95 ff.). Die in Beziehungen regelhaft auftauchenden Konflikte sind Nähe und Distanz, Geben und Nehmen, Dominanz und Unterwerfung, Liebe und Hass etc.

Persönlichkeitsstruktur

Auf dem Hintergrund der psychodynamischen Theorie wird die Konfliktwahrnehmung und Konfliktverarbeitung maßgeblich von der Persönlichkeitsstruktur bestimmt. Die Persönlichkeitsstruktur bezieht Prozesse der Selbstwahrnehmung, die Belastbarkeit des Individuums, die Steuerungsfähigkeit, die Realitätsprüfung und die Beziehungsfähigkeit ein (Arbeitskreis OPD, 113 ff.). Sie entsteht aus psychodynamischer Sicht als Ergebnis früher Beziehungserfahrungen, in denen der Mensch ein Bild von sich selbst erwirbt und sich mit Vorbildern identifiziert (Ermann 2007, 35).

3 Ziele der Einnahme von Neuroenhancern

Zum Zweck einer psychodynamischen Betrachtung wurden die möglichen Ziele von NE in drei Kategorien zusammengefasst. Diese orientieren sich an Grundbedürfnissen der Menschen, z. B. Identität, Sinnfindung, Autonomie oder Wohlbefinden (Ermann 2007, 40 f.). Dies ermöglicht, die Motive einer Einnahme von NE aus psychodynamischer Sicht besser zu beleuchten. Der Literatur zufolge lassen sich drei Ziele verfolgen:[2]

■ Steigerung individueller Leistungsfähigkeit

■ Verbesserung subjektiven Wohlbefindens

■ Erleichterung von Sinnfindung im Leben

---

2   Die Arbeit wurde als Essay konzipiert, es war nicht Ziel, die Literatur zu NE vollständig aufzuarbeiten. Auf Basis der selektiven Literaturrecherche gefundene Anwendungsbeispiele wurden im Diskurs der Autoren induktiv kategorisiert (anhand der Frage, welche Motive jeweils vorstellbar sind). Die Literaturrecherche wurde 2009 in Medline und SpringerLink mit den Stichworten *NE*, *Cognitive Enhancement*, *Brain Doping* und *Pharmacological Enhancement* durchgeführt und war auf deutsch- und englischsprachige Artikel aus 2004–2009 begrenzt. Die Ergebnisse der Kategorisierung erheben keinen Anspruch auf Vollständigkeit.

Leistungssteigerung

Typische Ziele einer Anwendung von NE sind die Steigerung von Konzentration, Aufmerksamkeit, Lernen und Gedächtnisfunktion sowie die Erhöhung der Motivation. Eine Verminderung vegetativer Bedürfnisse (Ruhe, Schlaf) kann über einen Zeitgewinn ebenfalls leistungssteigernd wirken. Soweit Kreativität mit persönlicher Leistungsfähigkeit verbunden ist, wirkt auch die Erhöhung des kreativen Ideenflusses leistungssteigernd. All das kann in Beruf oder Studium eine größere Produktivität bzw. Lernfähigkeit, eine verbesserte Arbeitssicherheit oder einen Wettbewerbsvorteil gegenüber Konkurrenten bewirken.

Die derzeit zur Leistungssteigerung eingesetzten Substanzen reichen von Koffein und Nikotin über verschreibungspflichtige Medikamente bis hin zu Drogen wie Kokain. Medikamentös finden Amphetamine und Substanzen wie Methylphenidat oder Modafinil Verwendung. Experimentell werden weitere Substanzen auf leistungssteigernde Wirkungen hin getestet, beispielsweise D-Cycloserin und Rilopram. Ob die leistungssteigernden Effekte als wissenschaftlich gesichert anzusehen sind, bleibt strittig. Sicher ist, dass ein hohes Interesse an einer Verwendung zur Leistungssteigerung besteht (Förstel 2009; Normann, Berger 2008).

Über pharmakologisches NE hinaus sind permanente Modifikationen des Leistungsvermögens vorstellbar, etwa chirurgisches NE, bei dem Computer und Speicher mit neuralem Interface am Gehirn implantiert werden. Dadurch wären direkte Verbindungen zwischen Bewusstsein und Computernetzwerken möglich. Gedankliche Aufgaben könnten an Coprozessoren abgegeben werden. Solche Modifikationen, die in Romanen von William Gibson als *Cyberware* bezeichnet wurden, sind Gegenstand intensiver Forschung (Gibson 1996; Hochberg et al. 2006; Nicolelis 2001; Wolpaw et al. 2002).

Wohlbefinden

Die Verbesserung des Wohlbefindens ist seit Menschengedenken Ziel der Einnahme psychoaktiver Substanzen. Die Erzeugung von Glücksgefühlen, guter Laune oder Entspannung werden ebenso angestrebt wie die Steigerung der Genussfähigkeit oder sexuellen Appetenz. Auch die Minderung von Schüchternheit, Schuld- oder Schamgefühlen zur Vergrößerung des Handlungsspielraums oder zur Gewinnung neuer Sozialkontakte kann Ziel von NE sein. Es geht also um die Steigerung der Lebensqualität.

Fast alltäglich dienen Schokolade und Alkohol der Stimmungsregulation, Alkohol zusätzlich zur Enthemmung. Nach Angabe der DAK-Studie werden verschreibungspflichtige Antidepressiva und Benzodiazepine zum Teil via Internet bezogen und damit außerhalb ärztlicher Verordnungen konsumiert (Krankenkasse DA 2009). Einige Medikamente werden „off-label", d. h. ohne medizinische Indikation, verschrieben. Auch Narkosemittel (Ketamin, Propofol), Neuroleptika oder Betablocker werden konsumiert. Bei illegalen Substanzen findet sich ein breites Spektrum: THC, Kokain, Crack, Heroin, Ecstasy und Amphetamine, die Nervenkitzel oder positive Gemütszustände hervorrufen sollen (Normann, Berger 2008; Wikipedia 2009).

Wie weit die Vorstellung reicht, veranschaulicht „Brave New World" von A. Huxley (Huxley 1932): Auf das Nervensystem abgestimmte Wirkstoffe können nach Bedarf das Befinden in gewünschter Weise steuern, unangenehme Gefühle lassen sich dort biochemisch unterdrücken.

Sinnfindung

Den eigenen Platz in der Welt zu finden, Sinnhaftigkeit im Leben zu erkennen oder das Gefühl, in der Welt aufgehoben zu sein, sind ebenfalls potentielle Ziele von NE. Neurochemische Veränderungen sollen spirituelle Erfahrungen ermöglichen und Sinnzusammenhänge erkennbar oder als real empfindbar machen.

Psychotrope Substanzen gehören zu schamanistischen und religiösen Traditionen, um spirituelle Erfahrungen zu ermöglichen (z. B. Erleben göttlicher Präsenz oder Verbundenheit mit dem Universum) oder um das Bewusstsein zur spirituellen Reifung aus gewohnten Denkmustern herauszuführen. Ferner sollen psychotrope Substanzen sinnstiftende Gefühle erzeugen. Beispiele sind Verliebtheit, Grenzerfahrungen oder der *Flow*-Zustand, in dem das Ich-Bewusstsein auf angenehme Weise vorübergehend aufgehoben ist (Csikszentmihalyi 2000). Zentral ist oft ist der Wunsch, Bedeutsames zu erleben oder sich bedeutend zu fühlen. Auch auf Beziehungen wurde die Idee übertragen: So wird überlegt, ob mit psychotropen Substanzen befriedigendere Ehen möglich sind, z. B. durch Steigerung von Offenheit, Vertrauen und Bindung unter dem Einfluss von Oxytocin (Savulesku, Sandberg 2008).

Einige Experimente beschäftigten sich mit der Stimulation spiritueller Gefühle. Auch wenn die Ergebnisse schwer zu replizieren oder widersprüchlich sind (u. a. wegen Suggestiveffekten), bleibt es doch wahrscheinlich, dass spirituelle Erfahrungen künstlich herbeigeführt werden können. Die gezielte elektrische

Stimulation der Hirnrinde oder die Einnahme von Halluzinogenen wie LSD oder THC, die in diesem Zusammenhang als *Entheogene* bezeichnet werden, ruft bei vielen Probanden das Gefühl einer göttlichen Präsenz oder Verbundenheit mit dem Universum hervor (Ramachandran, Blakeslee 2002; Roberts 2001; Robert 2006).

Viel bedeutsamer ist der Versuch, durch die Verwendung von Drogen einem unerträglichen oder langweiligen Alltag zu entkommen. Verschiedenste Substanzen wie Kokain, Heroin oder Halluzinogene sollen einen „Kick" bewirken (häufig mit der Folge einer Abhängigkeit).

Einem Gedankenmodell (Savulesku, Sandberg 2008) folgend sei es in Zukunft vorstellbar, dass Partner, die beschlossen haben zu heiraten, sich nach einem komplexen Schema mit Hormonen lebenslang behandeln lassen (Oxytocin, Pheromone). So könne wechselseitig Verliebtheit und Bindungen aufrechterhalten werden, um späterer Untreue oder Scheidung vorbeugen. Ziele dieses NE seien, den Ehepartnern Gefühle von Aufgehobenheit und Sinnhaftigkeit in ihrer Ehe zu geben und die Entwicklung ihrer Kinder zu schützen, indem einer (für Kinder traumatisierenden) Trennung vorgebeugt wird (Savulesku, Sandberg 2008).

4 Die ethische Debatte

Im Folgenden wird ein Überblick über die ethische Debatte zu NE gegeben, um den Begriff *Verantwortung* für die psychodynamische Betrachtung nutzbar zu machen. Wichtige Argumente wurden auf der Jahrestagung des Deutschen Ethikrates im Mai 2009 in Berlin zusammengefasst.

Individualethische Pro-Argumente

Befürworter von NE nennen *Autonomie* und *Selbstbestimmung* als zentrale Werte unserer Gesellschaft. Demnach müsse jeder für sich entscheiden, ob er verfügbare NE-Technologien nutzen und damit verbundene Risiken annehmen will. Das Abwägen von erhofftem Nutzen gegen den potentiellen Schaden liege in der Eigenverantwortung. In pluralistischen Gesellschaften sei es nicht erlaubt, in paternalistischer Weise Gesundheit oder Natürlichkeit gegenüber Autonomie oder Selbstvervollkommnung zu bevorzugen, soweit dies nicht allgemein anerkannt sei. Dementsprechend dürfe man keine Regeln aufstellen, die das Verfolgen solcher Werte erschweren. Zudem sei der Wert der *Selbstvervollkommnung* seit der Antike in unserer Gesellschaft verankert. NE unterscheide sich nicht kategorial von anderen Mitteln der Selbstvervollkommnung. Es handele sich um Selbstgestaltung und Streben nach Vervollkommnung mit biologisch erweiterten Mitteln (Birnbacher 2002; DeGrazia 200).

Individualethische Contra-Argumente

Die Gegner der Liberalisierung von NE führen potentielle biomedizinische Schäden, die Gefahr eines Missbrauches bzw. einer Suchterkrankung und unerwünschte Persönlichkeitsveränderungen als Gegenargumente ins Feld. Z. B. wurden bei Methylphenidat Suchtpotential und körperliche Schädigungen nachgewiesen (Leonard et al. 2004; Soyka 2009). Diese Risiken seien nicht akzeptabel, da es alternative Möglichkeiten wie Entspannungstechniken oder ein längeres Training gebe, um die gewünschten Effekte ebenfalls zu erreichen.

Ein weiteres Argument rekurriert auf das Problem personaler Identität, das in der Medizinethik im Kontext von Patientenverfügungen diskutiert wurde (Quante 2002; Wulf 2005). In einem wichtigen Forum der deutschen Ärzteschaft wurde von Schäfer das Argument vertreten, ein Anwender von NE sei nach Modifikation seiner Persönlichkeit (z. B. der Leistungsbereitschaft) nicht mehr dieselbe Person wie zuvor. Da es jedoch nicht erlaubt sei, ohne das Einverständnis der einwilligungsfähigen (zukünftigen) Person Entscheidungen für sie zu treffen, seien persönlichkeitsverändernde Modifikationen durch NE nicht gestattet (Schäfer 2008). Eine genaue Problemanalyse zeigt, dass es sich hier um ein ontologisches und nicht um ein ethisches Problem handelt: Zum einen treffen wir stets Entscheidungen, die unsere Persönlichkeit verändern, ohne dass wir dies moralisch infrage stellen. Zum anderen findet sich keine plausible Definition diachroner personaler Identität, die die Annahme erlaubt, dass eine Person nach einer Persönlichkeitsveränderung eine Andere ist. Beispielsweise bleibt das Identitätskriterium der Persistenz, d. h. die kausale und chronologische Kontinuität, von NE unberührt (Perry 2002; Quante 1999).

Sozialethische Pro-Argumente

Nahe liegt der Gedanke, man könne die Leistungen einer Gesellschaft zum Wohl aller durch Anwendung von NE steigern. Ein anderes Argument lautet wie folgt: Liebe sei ein biologischer Komplex aus unspezifischer Lust, spezifischer Anziehung und Bindung. Das bindungsstiftende Gefühl sei aus evolutionären Gründen nicht auf Dauer angelegt. Zum Schutz der Gesundheit der Kinder, die aus Liebesbeziehungen erwachsen, und um so gesellschaftliche Kosten zu sparen, seien stabilere Liebesbeziehungen erforderlich als von der Evolution vorgegeben. Daher sei es moralische Pflicht, das biologische Handicap kurzer Liebe auszugleichen und die Dauer von Ehen mithilfe von NE zu erhöhen. Mittelbares Ziel ist also die Kontrolle des familiären Zusammenhaltes (Savulesku, Sandberg 2008).

Ein weiteres Argument ruht auf dem Gerechtigkeitsprinzip. Es sei vorstellbar, dass durch kostengünstiges NE soziale Unterschiede verringert würden. Dieses Argument nimmt Deckeneffekte an (Farah 2002; de Jongh et al. 2008). Damit ist hier gemeint, dass ein Maximum bildungsbezogener Leistungssteigerung sowohl durch NE als auch durch andere Mittel erreicht werden kann. Dabei bestehe kein moralisch relevanter Unterschied zwischen medikamentösen und anderen Maßnahmen zur Steigerung bildungsbezogener Leistungsfähigkeit. Auch Nachhilfe könne als Form kognitiven Enhancements verstanden werden. Dennoch bestehe Konsens darüber, dass diese (vom Einkommen abhängige) Form der Unterstützung erlaubt sei (Cakic 2009).

Sozialethische Contra-Argumente

Auch hier wird auf das Gerechtigkeitsprinzip Bezug genommen. Wenn man Sportlern Doping verbiete, müsse man auch Studenten die Erhöhung ihrer Leistungsfähigkeit mit pharmazeutischen Mitteln untersagen (Loland 2002). Der unterschiedliche Zugang einzelner Bevölkerungsschichten zum NE infolge ihrer finanziellen Ressourcen führe zu einem stärkeren Auseinanderklaffen der sozialen Schere und zur Verschärfung sozialer Kontraste (Chatterjee 2006; Levy 2007). In diesem Fall wird *nicht* von dem o. g. Deckeneffekt ausgegangen.

Andere Autoren befürchten durch NE subtile Formen der Fremdbestimmung, was die Freiheit einschränke, sich gegen NE zu entscheiden. Der regelmäßige Gebrauch von Optimierungsmaßnahmen verändere das Menschenbild dahingehend, dass perfekt funktionierende Menschen zur Norm würden. Die resultierende Zunahme des gesellschaftlichen Leistungsdrucks schränke die Möglichkeiten derer ein, die dem Leistungsideal nicht folgen können oder wollen (Chatterjee 2006; DeGrazia 2000; Farah 2002). Und schließlich wird behauptet, dass medizinische Problemdefinitionen und pharmakologische Lösungen die zugrunde liegenden psychosozialen Probleme maskieren, anstatt sie zu lösen (Schäfer 2008).

5 Diskussion aus Sicht der Psychodynamik

Zusammenhang zwischen Verantwortung, Selbstwirksamkeit und Gesundheit

Der Zusammenhang von Motiv, Handlung und Resultat ist sowohl für den ethischen Begriff *Verantwortung* (für das eigene Handeln) als auch für den erlebnispsychologischen Begriff *Selbstwirksamkeit* bedeutsam. In philosophischer Tradition gilt die Möglichkeit, Einfluss auf eine Ereigniskette auszuüben, als Voraussetzung dafür, jemandem Verantwortung für diese zuzuschreiben. Bei fehlender Einflussmöglichkeit auf den Gang der Dinge trägt jemand sinnvollerweise auch keine Verantwortung für das Resultat der Ereigniskette (Birnbacher 1995).

Entscheidend für Selbstwirksamkeit ist jedoch der subjektive Eindruck, Ereignisse oder Zustände durch eigenes Handeln herbeiführen bzw. beeinflussen zu können. Ein Gefühl von Selbstwirksamkeit (*self-efficacy*) ist für die Konstituierung des Selbst und für die seelische und körperliche Gesundheit von zentraler Bedeutung (Bandura 1997). Störungen der Selbstwirksamkeit wirken sich gesundheitlich negativ aus (Bandura 1997; Hoyle, Sherrill 2009; Newmann 2004). Ein ähnlicher Zusammenhang wurde durch das Anforderungs-Kontroll-Modell beschrieben (Karasek 1976). Ein Gefühl mangelnder Kontrolle über eigene Arbeitsprozesse wirkt sich bei hoher Anforderung negativ auf die körperliche und seelische Gesundheit aus (Karasek, Theorell 1990; Siegrist, Gragano 2008).

Darüber hinaus kann die Fähigkeit zur Übernahme von (Selbst-) Verantwortung durch eine generelle oder situative Beeinträchtigung der Urteilsfähigkeit eingeschränkt sein, ohne dass das Selbstwirksamkeitserleben *zum selben Zeitpunkt* bereits vermindert sein muss. Diese subjektive Veränderung erfolgt beispielsweise bei einigen psychiatrischen Erkrankungen erst deutlich später.

Fallbeispiele

Für die Ziele von NE (Leistungssteigerung, Wohlbefinden, Sinnfindung) werden im Folgenden Fallbeispiele dargestellt. Einzelne Patientenangaben wurden aus ethischen und Datenschutzgründen verändert. Die dort beschriebene Psychodynamik erklärt die Entstehung der Symptome und die Verwendung von NE in einem psychoanalytischen Modell. Es soll zeigen, wie Menschen mit bestimmter Persönlichkeitsstruktur in Situationen geraten, die unbewusste Konflikte reaktivieren. Und es soll dargestellt werden, dass es mit biographischen Erfahrungen zusammenhängen kann, wenn jemand versucht, innere Konflikte mit NE zu bewältigen. Die Modelle sollen also unbewusste Motive für die Anwendung von NE aufzeigen.

Instabiles Selbstwertgefühl trotz leistungssteigerndem NE

Herr A. nahm psychologische Hilfe in Anspruch, da er sich zunehmend ausgebrannt und leer fühlte. Er wirkte im Gespräch unruhig und klagend. Er berichtete, sich bis vor kurzem dem Leistungsdruck am Arbeitsplatz gewachsen gefühlt zu haben. Plötzlich sei er abgestürzt und nicht mehr in der Lage gewesen, seiner Tätigkeit nachzugehen. Es fiel auf, dass er für seinen Absturz andere Personen, die Gesellschaft und deren Leistungsorientierung verantwortlich machte. Er fühlte sich nicht in der Lage, seine Situation selbst zu ändern.

Aus der Biographie war bekannt, dass Herr A. in einem leistungsorientierten Elternhaus groß geworden war. Er beschrieb, dass er sehr früh das Gefühl hatte, Zuneigung und Aufmerksamkeit der Eltern nur zu bekommen, wenn er erfolgreich war. Zum Vater habe er ein distanziertes Verhältnis gehabt. Wenn er traurig war, habe er sich an die Mutter gewandt, aber sie habe sich damit oft überfördert gefühlt. So blieb der primäre Wunsch nach Liebe und Anerkennung wenig erfüllt und Leistung wurde als Wertmaßstab verinnerlicht („Nur wenn ich leiste, bin ich es wert, geliebt zu werden"). Es kam nicht zur Entwicklung eines stabilen Selbstwertgefühls, sondern zu einer Unsicherheit, die als Selbstwertkonflikt bezeichnet wird. Dieser Prozess blieb Herrn A. unbewusst.

Es gelang ihm, sein Selbstwertgefühl durch hohe Leistungsbereitschaft in Studium und Beruf zu stabilisieren. Dass er sich so die vermisste Anerkennung und Zuneigung der Eltern ersatzweise holte, blieb ihm unbekannt. Das Ringen um Anerkennung lenkte Herrn A. davon ab, sich anderen wichtigen Bereichen seines Berufs (z. B. Beziehungspflege) zuzuwenden. Zunehmend war er nicht in der Lage, „mit Anderen Schritt zu halten".

Herr A. versuchte zunächst, sein Leistungsvermögen mithilfe von pharmazeutischem NE zu steigern. Das künstlich gesteigerte Leistungsvermögen integrierte er in sein Selbstbild; so wie man eine Brille nicht mehr wahrnimmt, wenn man sie lange trägt. Er stabilisierte sein Selbstwertgefühl, indem er die Abhängigkeit seiner Leistung vom NE verdrängte.

Durch Gewöhnungseffekte kam es im Verlauf zur Abnahme des leistungssteigernden Effektes. Aufgrund des Wirkungsverlustes wurde es für Herrn A.
schwierig, in seinem Wettrennen so weit vorne zu liegen, dass er das Gefühl
hatte, mehr zu leisten als Andere und dadurch Anerkennung zu bekommen. Er
geriet zunehmend in eine Krise. Den nachlassenden Effekt von NE auf sein
Selbstwertgefühl wahrzunehmen, fiel ihm sehr schwer. Da das NE ins Selbstbild
integriert und die Leistungen dem Selbst zugeschrieben wurden, war die Erkenntnis für ihn sehr schmerzhaft. Er tendierte dazu, seine negative Entwicklung
zu externalisieren, also Andere (Ärzte, Pharmazeuten) oder die Gesellschaft für
seinen Absturz verantwortlich zu machen. Durch die damit verbundene Opfer-
haltung nahm er sich solange die Möglichkeit einer aktiven Veränderung seiner
Situation, bis das fragile Selbstwertgefühl als Ursache seiner Krise ins Bewusstsein geriet.

Gemäß der Klassifikationen der operationalisierten psychodynamischen
Diagnostik (OPD-2) kann bei Herrn A. ein Selbstwertkonflikt diagnostiziert
werden (Arbeitskreis OPD 2006). Die betroffene Person muss keineswegs an
einer narzisstischen Persönlichkeitsstörung erkrankt sein. Es genügt ein biogra-
phisch bedingter, anhaltender Konflikt zwischen dem erstrebten Ich-Ideal und
einem wiederholt als wertlos erlebten Real-Selbst, das den Ansprüchen nicht
gerecht wird, verbunden mit der fehlenden Möglichkeit, den Selbstwert auf
anderen Wegen zu regulieren.

Suchtdynamik bei befindlichkeitssteigerndem NE

Frau B. wurde von ihrem Hausarzt in eine psychosomatische Ambulanz über-
wiesen. Sie berichtete, in den letzten Jahren zurückgezogen zu leben. Sie leide
unter innerer Unruhe und Ängsten, darunter auch die Befürchtung, ernsthaft
körperlich erkrankt zu sein. Aus der Biographie ist bekannt, dass die Patientin
ohne Vater groß wurde. Die allein erziehende Mutter sei berufstätig und viel
beschäftigt, jedoch gut verdienend gewesen. Sie habe wenig Zeit für die Tochter
gehabt, daher hatten sich viele Kindermädchen um sie gekümmert. An Wochen-
enden habe die Mutter oft unter Kopfschmerzen gelitten und im Bett gelegen.
Abends habe sie öfter Alkohol getrunken und die Patientin gebeten, sich selbst
zum Schlafen fertig zu machen, und habe sie anschließend häufig zu sich ins
Bett mitgenommen. Als kleines Kind habe sie es schön gefunden, bei der Mutter
zu schlafen. Später habe sie sich dabei ängstlich und alleine gefühlt. So konnte
Frau B. durch den Mangel an elterlicher Zuwendung und Pflege keine sichere

Bindung und keine reife Autonomie – i. S. eines reflektierten und begründeten Sich-Verhaltens – entwickeln. Die Patientin bekam nicht die Möglichkeit, emotional regulierende Aspekte einer guten Elternbeziehung zu verinnerlichen, um sie später intuitiv zur Selbstberuhigung zu nutzen. Infolge dessen litt sie unter einer starken Selbstunsicherheit und geringen Frustrationstoleranz, insbesondere in Stresssituationen. Oft bekam die Musikerin bei Proben und Konzerten den sehnlichen Wunsch, es möge etwas geben, was die Ängste und Unsicherheitsgefühle verschwinden ließe. Nach dem Tipp eines Kollegen, sie könne vielleicht mit β-Blockern stressfreier spielen, bat sie ihren Hausarzt wegen Herzrasen um eine entsprechende Verschreibung. Zusätzlich bot er ihr bedarfsweise ein Beruhigungsmittel an. Sie spürte unmittelbar positive Effekte und begann, die Medikamente in vielen Situationen anzuwenden, die sie als belastend erlebte. Aufgrund dessen vermied Frau B. weiterhin, sich unangenehmen Gefühlen zu stellen. Mit der Zeit ging sie dazu über, Medikamente übers Internet zu bestellen. Dabei empfand die Patientin keine Hemmung, da die Einnahme ursprünglich ärztlich legitimiert war. Ihr war nicht bewusst, dass sie damit – ohne es zu wollen – dem Vorbild ihrer Mutter entsprach. Vielmehr war sie sicher, sich von der Mutter und deren Alkoholproblematik entfernt zu haben, da sie selbst keinen Alkohol trank. Ferner war ihr nicht bewusst, wie sehr ihr Leben inzwischen dem der Mutter ähnelte (Vielbeschäftigung, Zurückgezogenheit). Auch ihre Gefühle von Einsamkeit und Traurigkeit, von Wut und Ärger auf die Mutter blieben unbewusst. Sie wandelten sich in eine Angst vor Erkrankungen um, zumal ihr dies eine Beziehung zu ihrem Hausarzt, den sie sehr mochte, zusicherte.

Die Beziehungen zu anderen Menschen waren oberflächlich geworden, da sie den damit verbundenen emotionalen Risiken auswich (Liebeskummer, Kränkung, Enttäuschung). Mit den Jahren ging es ihr zunehmend schlechter, so dass sie sich in psychotherapeutische Behandlung begab. Dadurch fand sie heraus, dass sie sich infolge ihres Vermeidungsverhaltens genau das vorenthielt, was sie sich wünschte: Nähe zu Menschen.

Anhand der Klassifizierung der OPD-2 liegt bei der Patientin eine strukturelle Störung der Selbststeuerung und der Bindungsfähigkeit vor (Arbeitskreis OPD 2006). Diese Konstellation führt bei Patienten oft zu Suchterkrankungen und Depression, wie auch bei der beschriebenen Patientin.

Gefühle von Leere und Sinnlosigkeit nach beziehungsstabilisierendem NE

Herr C. kam in psychotherapeutische Behandlung, nachdem er das Gefühl hatte, mit seinem Lebenskonzept gescheitert zu sein. Er war niedergeschlagen, fand keine Perspektiven mehr im Leben und wurde von seiner Freudlosigkeit eingenommen. Seine Familie drohe zu zerbrechen und er äußerte, sein Leben und seine Bemühungen der letzten Jahre verlören dadurch ihre Bedeutung. Er könne sich nicht vorstellen, einen anderen Sinn im Leben zu finden als den, für seine Familie da zu sein.

Er selbst habe eine „ganz normale" Kindheit gehabt. Seine Mutter habe sich stets gekümmert und sehr auf ihn Acht gegeben. Der Vater sei streng und wenig herzlich, aber sehr zuverlässig gewesen und habe ihm eine feste moralische und religiöse Orientierung geboten. Die Beziehung zwischen den Eltern sei voller Streit gewesen. Er habe als Kind ständig Sorge gehabt, dass die Eltern sich trennen, und sei oft als Vermittler aufgetreten. Seit der Jugend sei er bemüht, in seinem Leben wenig dem Zufall zu überlassen. Entsprechend seiner Weltanschauung sei es für ihn das einzige Ziel im Leben, eine Familie zu gründen und Kinder groß zu ziehen, alles andere diene auch nur diesem Ziel. Darauf basierend habe er seine Partnerwahl getroffen. Er habe eine zuverlässige Frau geheiratet, mit der es wenig Streit gab, um eine Trennung zum Wohl der Kinder auf jeden Fall zu verhindern. Klare Absprachen und Treue seien beiden sehr wichtig gewesen.

Herr C. bekam mit seiner Frau mehrere Kinder, danach sei ihre Sexualität eingeschlafen. Er habe den Wunsch verspürt, fremdzugehen. Er sehe in seinen Impulsen ein Handicap, einen evolutionären Atavismus, der schädlich sei. Daher komme er diesem Wunsch nicht nach. Es sei bei ihm aber aus kleinsten Anlässen zu Wutausbrüchen gegenüber seiner Frau gekommen, weshalb er starke Schuldgefühle habe. Er mache sich zunehmend die Sorge, er könne die Kontrolle über sich verlieren und seiner Familie schaden. Er wandte sich mit der Bitte an seinen Hausarzt, ihm etwas zu verschreiben, womit er seinen Ärger unterdrücken könne. Dieser habe ihm als erste Maßnahme ein entspannendes Neuroleptikum verordnet und ihm eine Paartherapie empfohlen. Da er mit Hilfe des Medikaments die Situation zunächst unter Kontrolle hatte, verwarf er die Idee einer Paartherapie, ohne jedoch die Ursache seiner Wut verstanden zu haben. Herr C. nahm regelmäßig Neuroleptika ein, wenn er Ärger auf seine Frau verspürte. Mit der Zeit habe er sich zunehmend leer und entfremdet gefühlt. Schließlich sei seine Frau für ihn überraschend mit den Kindern in eine andere Wohnung gezogen.

Daraufhin sei er depressiv zusammengebrochen und er habe sich in psychotherapeutische Behandlung begeben.

Das Beispiel beschreibt einen Patienten mit depressiver Symptomatik, dessen Problem nach OPD-2-Klassifikation als Kontrollunterwerfungskonflikt verstanden werden kann (Arbeitskreis OPD 2006). In diesem Beispiel besitzt Herr C. zwanghafte und selbstunsichere Persönlichkeitszüge, jedoch ohne die Kriterien der entsprechenden Persönlichkeitsstörungen zu erfüllen. Nach psychodynamischem Verständnis hat er große Angst vor seinen eigenen Impulsen und die Phantasie, dass sich im Falle fehlender Kontrolle eine große Katastrophe ereignen wird.

Verantwortung für NE

Die Fallbeispiele zeigen, wie die Wahrnehmung von Verantwortung für NE durch Persönlichkeitsfaktoren beeinflusst werden kann. Es besteht die Möglichkeit, dass Anwendern ihre Motive für die Verwendung von NE nicht bewusst sind und sich somit der Reflexion und bewussten Folgenabschätzung entziehen. Die liberale Position im Umgang mit NE beruht jedoch auf der Prämisse innerlich und äußerlich frei und vernünftig entscheidender Personen, die sich die Konsequenzen ihrer Entscheidung bewusst machen und abwägen können. Soweit kein Konsens für ein generelles Verbot oder die Freigabe von NE existiert, werden Einzelfallentscheidungen notwendig. Wer kann nun entscheiden, ob NE möglich, legitim oder angeraten ist?

a) Soll es *der Anwender selbst* sein, bedarf er ausführlicher Beratung. Dennoch können soziale und neurotische Zwänge, mangelnde Frustrationstoleranz, wirtschaftlicher Anreiz, ein kurzsichtiger Entscheidungshorizont und mangelnde Selbsteinschätzung ihn dazu veranlassen, entgegen seiner langfristigen Interessen NE anzuwenden. Hier selbst zu entscheiden, stellt somit für viele Konsumenten eine Überforderung dar (Gallien 2002; Reichertz 2008).

b) Soll ein Arzt entscheiden, ob NE bei entsprechendem Wunsch gewissermaßen „indiziert" ist, entstehen neue Probleme: Denn Arzt wie Konsument verwickeln sich in schwer durchschaubare Widersprüche, wenn der Anwendungspraxis von NE das Modell der Arzt-Patient-Beziehung übergestülpt wird, das diesbezüglich auch per definitionem ungültig ist. Bestenfalls kann der Arzt als neurokosmetischer „Coach" oder (aus psychoanalytischer Sicht) als Hilfs-Ich in Sachen NE fungieren. Bei diesem Modell der „kosmetischen Indikationsstellung" wäre es möglich, das Fürsorgeprinzip neben dem Autonomieprinzip zu stärken (Maio 2007). Dennoch trägt der Mediziner letztlich nur die fachliche Verantwortung für seine Empfehlung. Der Konsument strebt das NE nach eigener Entschlussbildung zunächst an und muss sich z. B. bei pharmakologischem NE immer wieder neu für eine Einnahme entscheiden.

Bei vollständiger Gesundheit des Konsumenten liegt kein Auftrag für einen *Arzt* im engeren Sinn vor. Ein Mediziner träte als Sachverständiger auf und könnte somit die Verantwortung nicht allein tragen. Ein Vergleich zur kosmetischen Chirurgie liegt nahe, wenn gesunde Klienten ihr Aussehen ändern wollen. Hier ist anzunehmen, dass behandelnde Ärzte sich in einem Interessenkonflikt zwischen Klientenwohl und eigenem Gewinn befinden. Es ist daher nicht anzunehmen, dass sie alleine zum Wohl des Konsumenten entscheiden können (Ravelingien et al. 2009). Ähnliches gilt für NE.

c) Die dritte Alternative, dass Konsument und Arzt gemeinsam entscheiden, ist ebenfalls problematisch: Es ist denkbar, dass sich eine Kollusion, eine „unheilige Allianz" zwischen Konsument und Arzt bildet und Interessenkonflikte tabuisiert werden. Diese Gefahr ist insbesondere gegeben, wenn die Kosten für ein NE oder dessen Folgen zu Lasten der Solidargemeinschaft gehen oder wenn gesetzliche Bestimmungen tangiert werden (z. B. Betäubungsmittel).

Mögliche psychologische Konsequenzen bei der Anwendung von NE

Anhand der vorliegenden Fallbeispiele wurde der mögliche Einfluss von NE auf das Selbstbild dargestellt. Ferner wurde gezeigt, inwiefern damit einhergehende Prozesse der Selbstfestlegung pathogene seelische Konflikte stabilisieren können. Mitunter sollen Gefühle oder Wünsche einer Person (als Aspekte ihrer Persönlichkeit) in einer Weise verändert werden, die nicht folgenlos rückgängig zu machen ist. Jedoch sind Personen einige Aspekte ihrer Persönlichkeit unbewusst. Bei Selbstfestlegungen kann dieses fehlende Bewusstsein später zu Widersprüchen und Konflikten führen und so die innere Freiheit ungewollt einschränken. Dies stellt einerseits die Prämisse frei und bewusst entscheidender Personen in Frage, andererseits gelten seelische Konflikte nach dem tiefenpsychologischen *Konfliktmodell* als pathogen und erschweren die angestrebte Selbstverwirklichung.

Eine weitere Gefahr langfristiger Anwendung von NE kann darin bestehen, dass die mithilfe des NE erbrachten Leistungen nicht als persönlicher Erfolg bzw. als Leistung des Selbst angesehen werden können, sondern das Enhancement als wichtigstes Element der Ereigniskette wahrgenommen wird. Daraus können eine Abhängigkeit des Selbst von NE und eine *Störung der Selbstwirksamkeit* resultieren. Zudem besteht die *Gefahr einer Entfremdung vom eigenen Selbst*, da wichtige Aspekte des Wahrnehmens und Handelns evtl. als „von außen gemacht" erlebt werden (Jaeggi 2005).

Entstünde im Rahmen gesellschaftlicher Leistungsanforderungen ein Druck zur Anwendung von NE, könnte das Gefühl fehlender Kontrolle über Arbeitsprozesse und den eigenen Körper zudem die Gesundheit beeinträchtigen.

Einschränkend ist es jedoch zu bemerken, dass unsere Ausführungen zwar auf unserer klinischen Erfahrung, aber nicht auf breiter empirischer Basis beruhen. Auch unsere Fallbeispiele beziehen sich auf Konsumenten von NE, die letztendlich psychisch erkrankten - und psychotherapeutische Hilfe aufsuchten. Dies ist sicherlich eine hochselektierte Gruppe und somit nicht für alle NE-Konsumenten repräsentativ. Da aber unseres Wissens empirische Belege hierfür nicht zur Verfügung stehen, sollen unsere Ausführungen ein Beitrag zu den bisher nicht ausreichend diskutierten, aber denkbaren psychologischen Ursachen und Folgen einer Anwendung von NE sein.

Weiterführende Fragen

Der Bedarf an NE orientiert sich letztlich an gesellschaftlich bzw. subjektiv erwünschten kognitiv-emotionalen psychischen Zuständen und Charaktereigenschaften. Doch welche gesellschaftlichen, politischen oder ökonomischen Zwecke verfolgt eine Werbung für immer höhere Leistung und Produktivität? Und welche Persönlichkeiten sind dafür besonders empfänglich? Wessen Leistungsideal folgt ihr Wunsch nach NE? Möglicherweise unreflektierten Idealen der Elterngeneration? Und welche Folgen hat es für die Qualität und das Selbstverständnis zwischenmenschlicher Beziehungen, insbesondere unter den Aspekten Bindung an Andere, Anerkennung und Unlusttoleranz, wenn diese mithilfe von NE beeinflusst werden?

Die hier aufgeführten unbewussten Motive für die Anwendung von NE stellen den Versuch einer Annäherung an das Problem psychologischer Langzeitfolgen dar. Die Arbeit möchte ein weiteres Erforschen psychischer Gründe anregen, die hinter den deklarierten Zwecken von NE liegen können, um sie für die normativ-ethische Diskussion nutzbar zu machen.

Literatur

Arbeitskreis OPD (Hg) (2006) Operationalisierte Psychodynamische Diagnostik OPD-2 – Das Manual für Diagnostik und Therapieplanung. Bern

auf dem Hövel J (2008) Pillen für den besseren Menschen – Wie Psychopharmaka, Drogen und Biotechnologie den Menschen der Zukunft formen. Hannover

Bandura A (1997) Self-efficacy: the exercise of control. New York

Birnbacher D (1995) Grenzen der Verantwortung. In: Bayertz K (Hg) (1995) Verantwortung, Prinzip oder Problem? Darmstadt, S 143-183

Birnbacher D (2002) Der künstliche Mensch – ein Angriff auf die menschliche Würde? In: Kegler KR, Kerner M (Hg) (2002) Der künstliche Mensch. Körper und Intelligenz im Zeitalter ihrer technischen Reproduzierbarkeit. Köln/Weimar/Wien, S 165-189

Cakic V (2009) Smart drugs for cognitive enhancement: ethical and pragmatic considerations in the era of cosmetic neurology. J Med Ethics 35: 611-615

Chatterjee A (2006) The promise and predicament of cosmetic neurology. J Med Ethics 32: 110-113

Csikszentmihalyi M (2000) Das Flow-Erlebnis. Jenseits von Angst und Langeweile im Tun aufgehen. 8. Ausgabe. Stuttgart

DeGrazia D (2000) Prozac, enhancement, and self-creation. Hastings Cent Rep 30: 34-40

de Jongh R, Bolt I, Schermer M, Olivier B (2008) Botox for the brain: enhancement of cognition, mood and pro-social behavior and blunting of unwanted memories. Neurosci Biobehav Rev 32: 760-776

Ermann M (2007) Psychosomatische Medizin und Psychotherapie – Ein Lehrbuch auf psychoanalytischer Grundlage. 5. Ausgabe. Stuttgart

Farah MJ (2002) Emerging ethical issues in neuroscience. Nat Neurosci 5: 1123-1129

Förstl H (2009) Neuro-Enhancement: Gehirndoping. Nervenarzt 80: 840-846

Galert T, Heuser I, Repantis D, Talbot D, Bublitz C, Merkel R, Schöne-Seifert B (2009) Das optimierte Gehirn. Ein Memorandum zu Chancen und Risiken des Neuroenhancements. Gehirn und Geist 11: 40-48

Gallien CL (2002) High-performance society and doping. Ann Pharm Fr 60: 296-302

Gay V, Houdoyer E, Rouzaud G (2008) Taking drugs for performance-enhancing at job: a study in a sample of workers in Paris. Thérapie 63: 453-462

Gibson W (1996) Die Neuromancer Trilogie: Neuromancer, Biochips, Mona Lisa Overdrive. Hamburg

Greely H, Sahakian B, Harris J, Kessler RC, Gazzaniga M, Campbell P, Farah MJ (2008) Towards responsible use of cognitive-enhancing drugs by the healthy. Nature 456: 702-705

Hochberg LR, Serruya MD, Friehs GM, Mukand JA, Saleh M, Caplan AH, Branner A, Chen D, Penn RD, Donoghue JP (2006) Neuronal ensemble control of prosthetic devices by a human with tetraplegia. Nature 442: 164-171

Hoyle RH, Sherrill MR (2006) Future orientation in the self-system: possible selves, self-regulation, and behavior. J Pers 74: 1673-1696

Huxley A (1932) Brave new world. London

Jaeggi R (2005) Entfremdung. Frankfurt a.M.

Karasek RA (1976) The impact of the work environment on life outside the job. Unpublished Doctoral dissertation. Springfield

Karasek RA, Theorell T (1990) Healthy work: stress, productivity, and the reconstruction of working life. New York

Krankenkasse DA (2009) DAK Gesundheitsreport 2009. Hamburg

Lapeyre-Mestre M, Sulem P, Niezborala M, Ngoundo-Mbongue TB, Briand-Vincens D, Jansou P, Bancarel Y, Chastan E, Montastruc JL (2004) Taking drugs in the working environment: a study in a sample of 2106 workers in the Toulouse metropolitan area. Thérapie 59: 615-623

Leonard BE, McCartan D, White J, King DJ (2004) Methylphenidate: a review of its neuropharmacological, neuropsychological and adverse clinical effects. Hum Psychopharmacol 19: 151-180

Levy N (2007) The presumption against direct manipulation. In: Levy N (Hg) (2007) Neuroethics: challenges for the 21st century. Cambridge, S 88-135

Loland S (2002) Fair play in sport: a moral norm system. London

Maher B (2008) Poll results: look who's doping. Nature 452: 674-675

Maio G (2007) Medizin auf Wunsch? Dtsch Med Wochenschr 132: 2278-2281

Newman S (2004) Engaging patients in managing their cardiovascular health. Heart 90: 9-13

Nicolelis MA (2001) Actions from thoughts. Nature 409: 403-407

Normann C, Berger M (2008) Neuroenhancement: status quo and perspectives. Eur Arch Psychiatry Clin Neurosci 258: 110-114

Perry J (2002) Identity, personal identity, and the self. Indianapolis

Quante M (1999) Personale Identität als Problem der analytischen Metaphysik. In: Quante M (Hg) (1999): Personale Identität. Paderborn

Quante M (2002) Personales Leben und menschlicher Tod. Frankfurt a.M.

Racine E, Forlini C (2008) Cognitive enhancement, lifestyle choice or misuse of prescription drugs? Ethics blind spots in current debates. Neuroethics online first: doi:10.1007/s12152-12008-19023-12157

Ramachandran VS, Blakeslee S (2002) Die blinde Frau, die sehen kann: Rätselhafte Phänomene unseres Bewusstseins. Reinbek bei Hamburg

Ravelingien A, Braeckman J, Crevits L, De Ridder D, Mortier E (2009) 'Cosmetic Neurology' and the moral complicity argument. Neuroethics 2: 151-162

Reichertz J (2008) Gehirn-Doping: scientist's little helpers. Forschung und Lehre 08: 518-521

Roberts TB (Hg) (2001) Psychoactive sacramentals: essays on entheogens and religion. San Francisco

Roberts TB (2006) Chemical input, religious output: entheogens. In: McNamara P (Hg) (2006) The psychology of religious experience. Westport, S 235-267

Sahakian B, Morein-Zamir S (2007) Professor's little helper. Nature 450: 1157-1159

Savulescu J, Sandberg A (2008) Neuroenhancement of love and marriage: the chemicals between us. Neuroethics 1: 31-44

Schäfer G (2008) Enhancement: Eingriff in die personale Identität. Deutsches Ärztebl 105: A210-212

Siegrist J, Dragano N (2008) Psychosoziale Belastungen und Erkrankungsrisiken im Erwerbsleben. Befunde aus internationalen Studien zum Anforderungs-Kontroll-Modell und zum Modell beruflicher Gratifikationskrisen. Bundesgesundheitsblatt – Gesundheitsforschung – Gesundheitsschutz 51: 305-312

Soyka M (2009) Neuro-Enhancement aus suchtmedizinischer Sicht. Nervenarzt 80: 837-839

Wikipedia (2009) Portal: Drogen. http://de.wikipedia.org/wiki/Portal:Drogen. Zugegriffen: 30. Mai 2009

Wolpaw JR, Birbaumer N, McFarland DJ, Pfurtscheller G, Vaughan TM (2002) Brain-computer interfaces for communication and control. Clin Neurophysiol 113: 767-791

Wulf MA (2005) Fragen der personalen Identität im Kontext von Patientenverfügungen. Magisterarbeit, Heinrich-Heine-Universität Düsseldorf

Viel Lärm um nichts?

Konzeptionen von Wohlbefinden in der Debatte um Neuroenhancement

Caroline Harnacke, Ineke Bolt

1 Einleitung

Neuroenhancement verspricht große Verheißungen: jetzt schon, und sicherlich umso mehr in der Zukunft, können wir unsere Denkfähigkeit erhöhen, die Aufmerksamkeit steigern, die Stimmungslage aufhellen, mehr mit unseren Sinnen wahrnehmen und mit mehr Sinnen wahrnehmen. Befürworter von Neuroenhancement nehmen oftmals bereitwillig an, dass durch diese Enhancements die Lebensqualität der betroffenen Individuen erhöht wird. Die Steigerung der kognitiven Fähigkeiten oder, allgemeiner ausgedrückt, unserer Fähigkeiten im Allgemeinen mache unser Leben besser und darum sollten wir (Neuro-)enhancement befürworten (z.B. Harris 2007). Zumindest auf den zweiten Blick erscheint die Gültigkeit genau dieser Annahme jedoch wenigstens fraglich. Es ist immerhin nicht selbstverständlich, inwiefern etwa die Fähigkeit, Bücher innerhalb kürzester Zeit zu lesen oder all seine Erlebnisse in jedem Detail zu erinnern zu einem erfüllenden Leben beitragen.

Im Folgenden wollen wir daher den Zusammenhang zwischen Neuroenhancement und dem Wohlbefinden einer Person untersuchen. Dafür werden wir im ersten Abschnitt Konzeptionen von Wohlbefinden analysieren und zwischen hedonistischen Theorien, Wunschtheorien und Objektiven-Listen-Theorien unterscheiden. Im zweiten Abschnitt verbinden wir diese Konzeptionen mit der Diskussion um Neuroenhancement und argumentieren, dass deutlich sein muss, welches Verständnis von Wohlbefinden angesprochen ist. Abschnitt drei widmet

© Springer Fachmedien Wiesbaden GmbH, ein Teil von Springer Nature 2018
N. Erny et al. (Hrsg.), *Die Leistungssteigerung des menschlichen Gehirns*,
https://doi.org/10.1007/978-3-658-03683-6_8

sich Julian Savulescus Analyse, dass die Steigerung von Allzweckgütern wie Intelligenz und Erinnerungsvermögen das Wohlbefinden innerhalb jeder Theorie befördern. Im vierten Abschnitt kritisieren wir die Vorstellung von Neuroenhancement als Allzweckgut. Wir argumentieren hierbei aus Sicht der disability studies sowie der Glücksforschung. Hierbei wird deutlich, dass es keinen eindeutig positiven Zusammenhang zwischen kognitiven Fähigkeiten und Wohlbefinden gibt. Außerdem untersuchen wir die Idee des Maximierens von Gütern, die Savulescu annimmt. Wir stellen fest, dass Savulescu dadurch nicht gänzlich neutral gegenüber den verschiedenen Wohlseinstheorien ist. Wir schlussfolgern, dass die Relevanz von Neuroenhancement für unser Wohlbefinden relativiert werden muss.

Mit Neuroenhancement ist hier die Steigerung der allgemeinen Intelligenz, Denkfähigkeit, Aufmerksamkeit, Konzentration und des Gedächtnisses gemeint. Wir werden uns auf die Folgen von Enhancement für Individuen beschränken und nicht die Konsequenzen für die gesamte Gesellschaft oder für zukünftige Generationen in den Blick nehmen. Selbst wenn das Argument für Enhancement im Sinne einer Steigerung des Wohlbefindens entweder ohne Einschränkungen oder unter bestimmten Bedingungen erbracht werden kann, bedeutet dies selbstverständlich noch nicht, dass Neuroenhancement freien Lauf gewährt werden kann. Es wurde dann lediglich gezeigt, dass Neuroenhancement in der Tat das Wohlbefinden steigert. Das ist nicht automatisch ein Grund, dieses anzustreben. Schließlich haben wir allen Grund, Menschen etwa das Morden oder Vergewaltigen zu verbieten, selbst wenn sie argumentieren können, dass es zu ihrem persönlichen Wohlergehen beiträgt. Überlegungen zum individuellen Wohlbefinden stehen üblicherweise nicht über allen anderen Überlegungen, aber sie spielen häufig, und nicht zuletzt in individuellen Entscheidungen, eine wichtige Rolle.

2   Konzeptionen von Wohlbefinden

Um die Frage zu beantworten, ob etwas zum Wohlbefinden beiträgt, stellt sich zunächst einmal die Frage, wie Wohlbefinden selbst denn eigentlich verstanden werden kann. Was ist es, das ein gutes Leben ausmacht? Welche Dinge sind in sich selbst gut für eine Person? Dies ist nicht die Frage, welche Dinge ein gutes Leben zur Folge haben – Selbsthilfebücher oder Psychologen mögen uns vorhalten, dass gesunde Ernährung, ausreichend Sport, ein erfüllender Job, eine gute Partnerschaft etc. gut für uns sind –, sondern die Frage, was dieses gute Leben eigentlich ist, woraus es besteht. David Wasserman fasst das Problem zusammen:

> „Is quality of life or well-being to be understood mainly or exclusively in terms of pleasure and pain; in terms of happiness in some broader but still subjective sense; in terms of the satisfaction of actual desires, or of adequately informed desires; in terms of inherently valuable activities and achievements; or in terms of all, or some combinations of, diverse elements?" (Wasserman et al. 2005, 9 f.)

Schon hier wird deutlich, dass Wohlbefinden zumindest nicht notwendigerweise das gleiche ist wie glücklich sein. Glücklich sein kann ein Aspekt einer Definition von Wohlbefinden sein oder gar keine Rolle spielen oder auch im Rahmen mancher Auffassungen als gleichbedeutend mit Wohlbefinden verstanden werden. Es bestehen viele verschiedene Ideen und Theorien darüber, was ein gutes Leben oder Wohlbefinden nun genau ist. Konzeptionen von Wohlbefinden können in drei verschiedene Kategorien eingeteilt werden: hedonistische Theorien, Wunschtheorien und Objektive-Listen-Theorien (vgl. Parfit 1984, 493 ff.; ausführliche Diskussion in Griffin 1986). Auch wenn diese Terminologie nicht immer gänzlich trennscharf ist und einige moderne Theorien verschiedene Aspekte aus dieser Kategorisierung miteinander verbinden, bietet sie einen guten Ausgangspunkt für die weitere Analyse. Wie beschreiben diese einzelnen Theorien Wohlbefinden?

Im Rahmen hedonistischer Theorien ist Wohlbefinden das Erfahren von mehr Freude (pleasure) als Leid (pain). Freude kann hierbei in der Tat als ‚fröhlich sein' beschrieben werden, aber kann sich auch auf einen breiteren Horizont positiver mentaler Erfahrungen beziehen wie Zufriedenheit oder glücklich sein. Es geht hier in jedem Fall darum, wie ein bestimmter Zustand subjektiv von dem Individuum erfahren wird: überwiegt die Freude das Leid? Dieses Verständnis von einem guten Leben geht weit in die Geschichte bis zu den alten Griechen zurück und hat seine Wurzeln bei Epikur, der bekannterweise im Garten seiner Schule proklamierte, dass Lust, Freude und Genuss im Leben zentral sind. Im Rahmen des Utilitarismus wurden diese Ideen weiterentwickelt. Für Jeremy Bentham, der Grundleger des Utilitarismus, zählen die Dauer und Intensität des erlebten Leids und der erlebten Freude. Ein Leben ist dann gut für die Person, wenn die Balance positiv in Richtung der Freude ausschlägt (Bentham 1823, 1ff.). Benthams Neffe, John Stuart Mill, hat vorgeschlagen, als zusätzlichen Faktor die Qualität der erlebten Freude mit hinzuzunehmen. Ein Trinkgelage mit Freuden soll anders zählen als intellektuelle Genüsse wie das Studieren von Goethes Faust oder das Hören von Wagners Tannhäuser: „It is better to be a human being dissatisfied than a pig satisfied; better to be Socrates dissatisfied than a fool satisfied" (Mill 1863, 14). Im Zentrum hedonistischer Theorien steht der Gedanke, dass unsere Freude das Einzige ist, was an sich gut für uns ist (Heathwood 2010, 648).

Ein bekanntes Argument gegen hedonistische Theorien ist Robert Nozicks Erfahrungsmaschine (Nozick 1974, 42 ff.). Nozick bittet uns, uns eine Maschine vorzustellen, an die wir angeschlossen werden können und dann entsprechend allerlei Erfahrungen auswählen können, die uns glücklich machen: ein Buch schreiben, Freunde kennenlernen, ferne Reiseziele aufsuchen und so weiter. Es wird sich für uns so anfühlen, als ob wir all diese Dinge wirklich erleben, da wir nicht wissen, dass wir an eine Maschine angeschlossen sind. Wollen wir an diese Maschine angeschlossen werden wollen? Nozick denkt, dass dies ein großer Fehler wäre, denn es geht für ihn nicht nur um das Gefühl, glücklich zu sein: wir wollen wirklich etwas erleben, jemand sein und uns nicht auf eine menschengemachte Realität reduzieren lassen (Nozick 1974, 43). Viele teilen diese Intuition. Offensichtlich sind mentale Zustände von Freude nicht ausreichend, um Wohlbefinden zu charakterisieren.

Für dieses Gegenargument sind Wunschtheorien nicht anfällig. Wunschtheorien gehen davon aus, dass Wohlbefinden durch die Befriedigung von Wünschen des Individuums gekennzeichnet wird. Wenn es also der Wunsch einer Person ist, nach Indonesien zu reisen, dann geht es darum, dies tatsächlich zu tun und nicht nur die Erfahrung zu haben, als ob man nach Indonesien reist, wie es die Erfahrungsmaschine suggerieren würde. Wunschtheorien basieren auf den Wünschen einer Person. Damit sind diese Theorien genau wie hedonistische Theorien subjektiv, denn hierbei hängt Wohlbefinden von bestimmten mentalen Zuständen eines Individuums ab. Das Spektrum von Wunschtheorien bestimmt sich anhand der Anforderungen, die sie an die verschiedenen Wünsche stellen. So kann man zum Beispiel sagen, dass die Wünsche befriedigt werden sollen, die jemand in diesem Moment hat. Das erscheint jedoch unplausibel, wenn man sich einen verärgerten Teenager vorstellt, der sich in an einem Samstagabend wünscht, tot zu sein, weil seine Eltern ihm verbieten, in eine bestimmte Disko zu gehen (Crisp 2013). Darum kann entweder gefordert werden, dass lebenslange Wünsche Priorität haben oder dass nur Wünsche zählen, die auf wahren Annahmen beruhen, unter vollständiger Information und bei klarem Nachdenken formuliert wurden.

Problematisch für Wunschtheorien ist zum einen, wie mit Wünschen umgegangen werden kann, die keinen Bezug (mehr) zum Leben einer Person haben.

Dies kann etwa der Fall sein, wenn man jemanden trifft, der schwerkrank ist und man entsprechend wünscht, dass diese Person geheilt wird. Angenommen, diese Person wird einige Jahre später tatsächlich geheilt, aber man selbst hat zu diesem Zeitpunkt keinen Kontakt mehr mit ihr, kann man dann noch sagen, dass diese Heilung sein eigenes Leben besser macht (Parfit 1984, 494)? Gleiches gilt für Dinge, die wir gänzlich fremden Menschen wünschen. Es ist anzunehmen, dass wir keinem Fremden chronische Migräne wünschen, wenn wir gefragt würden. Wenn dieser Fremde nun in der Tat keine chronische Migräne bekommt, können wir aber nicht sagen, dass das unser eigenes Wohlbefinden steigert (Heathwood 2010, 651). Zum anderen stellen Fälle wie Rawls' berühmter Grashalmzähler (Rawls 1971, 432) für Wunschtheorien ein Problem dar: angenommen, ein berühmter Harvard-Mathematiker entwickelt autonom und unter vollständiger Information über alle andere Möglichkeiten den Wunsch, seine Forschung nicht fortzuführen, sondern stattdessen alle Grashalme auf dem Campus seiner Universität zu zählen. Würden wir sagen, dass er ein gutes Leben führt?

Auf dergleichen Herausforderungen haben Objektive-Listen-Theorien eine Antwort. Vertreter Objektiver-Listen-Theorien argumentieren, dass bestimmte Fähigkeiten und Zustände Wohlbefinden unabhängig von der Einstellung oder des Befindens der betreffenden Person gegenüber diesen befördern. Hierbei wird also versucht, von dem subjektiven Element, das sowohl hedonistische Theorien als auch Wunschtheorien charakterisiert, zu abstrahieren. Für den Grashalmzähler könnte man im Rahmen dieser Theorie also sagen, dass er oder sie kein gutes Leben führt, wenn sich kein korrespondierender Eintrag auf der Liste befindet – was naheliegt. Einträge auf so einer Liste sind typischerweise Freundschaft, Liebe oder Wissen. Theoretisch besteht natürlich die Möglichkeit, dass Elemente, die mit hedonistischen Theorien und Wunschtheorien übereinkommen, auf die Liste zurückfinden. Der wichtige Unterschied ist aber, dass etwa einen guten Freund zu haben, nicht auf der Liste steht, weil es der Wunsch einer Person ist, sondern weil es aus einer objektiven Perspektive gut für die Person ist, einen Freund zu haben (vgl. Parfit 1984, 499). Welche Einträge sich auf einer objektiven Liste finden lassen und wie sie begründet werden muss innerhalb einer Objektiven-Liste-Theorie konkretisiert werden. Es ist eine Möglichkeit, zu sagen, dass jeder Eintrag für sich zum Wohlbefinden beiträgt (Crisp 2013). Eine andere Möglichkeit ist es, aufbauend auf Aristoteles eine Idee davon zu entwickeln, welches Leben der Natur des Menschen angemessen ist. Wenn es etwa zur menschlichen Natur gehört, Wissen zu erlangen, dann sollte das zum Wohlbefinden beitragen. Dergleichen Ideen entwickelt etwa Richard Kraut (2009). Auch der capabilities approach von Amartya Sen und Martha Nussbaum kann als Beispiel für eine Objektive-Liste-Theorie gelten (etwa Nussbaum, Sen 1993). Nussbaum schlägt eine Liste mit einer Reihe verschiedener menschlicher Befähigungen und Fähigkeiten wie körperliche Integrität, kognitive Fähigkeiten und soziale Interaktion vor, die für ein gutes Leben realisiert werden sollen, weil sie als besonders menschlich gelten.

Der objektive Charakter, der diese Theorieformen ausmacht, ist auch gleichzeitig Grund für das fundamentalste Problem dieser Theorien: es fällt schwer, zu sagen, dass jemand, der keinerlei Interesse an den Dingen auf der objektiven Liste hat, dennoch mit diesen ein besseres Leben haben soll (Heathwood 2010, 647). Angenommen, auf einer objektiven Liste stehen allerlei Aktivitäten, die ein menschliches Leben kennzeichnen sollen. Es liegt nahe, anzunehmen, dass nicht jeder an diesen spezifischen Aktivitäten ein Interesse hat. Objektive-Listen-Theorien können aber diesen persönlichen Vorlieben und Wünschen keine Rechnung tragen, nur weil es persönliche Vorlieben und Wünsche sind.

Neben den drei verschiedenen Theorieformen, die hier dargestellt wurden, gibt es eine ganze Reihe von Hybridtheorien (e.g. Haybron 2008; Sumner 1996). Diese beinhalten verschiedene Elemente der skizzierten Theorien und versuchen so, einleuchtende Aspekte zu kombinieren und offensichtliche Kritikpunkte zu vermeiden.

3 Konzeptionen von Wohlbefinden und Neuroenhancement

Was bedeutet dies nun für die Debatte um Neuroenhancement, in der gesagt wird, dass Neuroenhancement zum Wohlbefinden beiträgt? Die kurze Analyse hat gezeigt, dass Wohlbefinden oder das gute Leben auf sehr verschiedene Arten begriffen werden kann. Während hedonistische Theorien ein Leben ausschließlich nach dem Glücksgefühl der betroffenen Person bewerten, spielt dies für Objektive-Listen-Theorien nicht notwendigerweise eine Rolle: manche Dinge können gut für eine Person sein unabhängig davon, wie die Person selbst dies erfährt. Und während Objektive-Listen-Theorien versuchen, das gute Leben unabhängig von Gefühlen, Meinungen und Einstellungen des Einzelnen zu bestimmen, stellen Wunschtheorien Wünsche des Individuums in den Mittelpunkt. Wenn also gesagt wird, dass unser Leben durch Neuroenhancement verbessert wird, muss also deutlich sein, was mit dem guten Leben gemeint ist. Was im

Rahmen der einen Theorie als Verbesserung gilt, ist dies noch lange nicht innerhalb einer anderen Theorie. Bestimmte Objektive-Listen-Theorien würden es
begrüßen, wenn die kognitiven Fähigkeiten eines jeden soweit verbessert werden, dass jeder die Finessen einer Wagner-Komposition begreift; für Vertreter
hedonistischer Theorien ist dies nur wünschenswert, wenn es auch ein entsprechendes Glücksgefühl auslöst. Die Verbesserung des Gedächtnisses ist im Rahmen von Wunschtheorien nur dann erstrebenswert, wenn die Person selbst dies
will oder es ermöglicht, seine Wünsche besser oder schneller zu verwirklichen.
Die Aussage, dass Neuroenhancement deswegen wünschenswert ist, weil es ein
besseres Leben ermöglicht, ist also nur dann gültig, wenn die entsprechende
Konzeption von einem guten Leben, die hinter so einer Aussage steht, auch angenommen wird. So argumentiert Barbro Fröding beispielsweise, dass Enhancement das gute Leben ermöglicht, wie es innerhalb der Tugendethik verstanden
wird (Fröding 2011). Ohne die Triftigkeit ihrer Argumentation überprüfen zu
müssen, ist sofort deutlich, dass die Argumentation ohnehin nur für einen Tu-
gendethiker von praktischer Relevanz sein kann. Um bestimmen zu können, ob
eine Neuroenhancementtechnologie unser Wohlbefinden befördert, müssen wir,
so scheint es, uns auf eine bestimmte Wohlseinstheorie festlegen (und diese
Wahl rechtfertigen).

4   Allzweckgüter: Die Argumentation Savulescus

Innerhalb dieser Überlegungen verfolgt Julian Savulescu in verschiedenen eigenen Beiträgen und in Beiträgen gemeinsam mit Kollegen eine besonders interessante Strategie. Er glaubt nicht, dass die Festlegung auf eine Wohlseinstheorie
immer notwendig ist, um zu argumentieren, dass eine bestimmte Neuroenhancementtechnologie unser Wohlsein befördert. Er argumentiert, dass bestimmte
Enhancements innerhalb jeder Konzeptionen des guten Lebens wünschenswert
sind. Diese Enhancements richten sich auf Allzweckgüter (all-purpose goods),
die vielseitig eingesetzt werden können. Savulescu et al. wollen damit gegenüber
den wichtigsten verschiedenen Konzeptionen des guten Lebens neutral bleiben
(Savulescu, Kahane 2009, 279). Auch dann gebe es noch eine deutliche Übereinstimmung in der Frage, welche Fähigkeiten oder Güter ein Leben besser oder
schlechter machen (Savulescu 2011). Damit soll die Argumentation bezüglich
des Zusammenhangs zwischen Enhancement und Wohlbefinden also für verschiedene Konzeptionen des guten Lebens gültig sein.

Als Beispiele für Allzweckgüter werden Gedächtnis, Selbstdisziplin, Geduld, Empathie, Humor, Optimismus und ein sonniges Temperament genannt (Savulescu et al. 2011, 11). Diese Güter würden alle in jedem Fall wertvoll sein, unabhängig davon, was für ein Leben eine Person leben möchte. Am ausführlichsten wird das Beispiel der kognitiven Fähigkeiten, oder Intelligenz im Allgemeinen, besprochen (Savulescu et al. 2011, 10 ff.). Kognitive Fähigkeiten seien erstens notwendig, um eine instrumentelle Rationalität zu entwickeln. Unabhängig davon, welche Ziele man sich setze, sei Rationalität notwendig, um zu entscheiden, welche Mittel eingesetzt werden müssen, um diese Ziele zu erreichen. Dies gelte, wenn man nach Lust strebt, seine Wünsche erfüllen will oder objektive Güter erreichen will. Damit seien kognitive Fähigkeiten also innerhalb jeder Wohlseinstheorie sinnvoll. Zweitens seien kognitive Fähigkeiten in manchen Theorien notwendige Voraussetzungen für ein gutes Leben, etwa für Anhänger von Mills Utilitarismus. Wenn Objektive-Listen-Theorien Werte wie Wissen oder Errungenschaften beinhalten, dann seien kognitive Fähigkeiten auch hierfür erforderlich. Savulescu et al. geben zu, dass es eine empirische Frage ist, ob Individuen ihre kognitiven Fähigkeiten auch in der Tat so einsetzen, dass ihr Wohlbefinden gesteigert wird (Savulescu et al. 2011, 11). Die empirischen Daten, um dies zu testen, seien nur begrenzt. Im Wesentlichen könne man davon ausgehen, dass Intelligenz zwar nicht direkt ein gutes Leben verspreche, aber vor mentalen und körperlichen Gesundheitsproblemen schütze und so (auch) zum Wohlbefinden beitrage.

5 Neuroenhancement als Allzweckgut?

Können wir auf der Basis der Argumentation von Savulescu et al. nun tatsächlich sagen, dass wir von Neuroenhancement Gebrauch machen sollen, wenn wir ein gutes Leben anstreben? Aus unserer Sicht sind einige kritische Anmerkungen notwendig, die diese Konklusion relativieren. Im Folgenden werden wir uns auf Fälle von Neuroenhancement beschränken, wie sie oben definiert wurden und wie sie von Savulescu auch aufgegriffen werden. Es geht also um die Steigerung der allgemeinen Intelligenz, Denkfähigkeit, Aufmerksamkeit, Konzentration und des Gedächtnisses. Zunächst werden wir Kritikpunkte aus dem Bereich der disability studies anbringen. Hierbei wird deutlich, dass die Umgebung eine größere als bislang angenommene Rolle bei der Bewertung von Enhancementtechnologien spielen sollte. Außerdem zeigen empirische Studien, dass Menschen mit

Behinderungen viel glücklicher sind, als normalerweise angenommen wird (Kapitel 6). Auch die Glücksforschung macht deutlich, dass nicht als selbstverständlich vorausgesetzt werden kann, dass kognitive Fähigkeiten zu mehr Wohlbefinden führen (Kapitel 7). Außerdem begründen wir, dass Savulescus Argumentation auf der Annahme beruht, dass Wohlbefinden ein aggregiertes Konzept ist, was nicht innerhalb jeder Wohlseinstheorie der Fall ist (Kapitel 8).

6 Argumente der *disability studies*

An erster Stelle erscheint es für die Klärung der Wünschbarkeit von Enhancement notwendig, auch über Behinderung nachzudenken. Denn sowohl die Diskussion um Enhancement als auch die Auseinandersetzung mit Behinderung drehen sich um die Veränderbarkeit des Menschen und unseren Umgang damit. Während Enhancement verspricht, die bisher bekannten Grenzen zu überschreiten und uns mehr von allem zu ermöglichen, was wir sein und tun wollen, gilt Behinderung oftmals als tragische, aber größtenteils unvermeidliche Einschränkung der Funktionsfähigkeit. Enhancement und Behinderung sind daher zwei Seiten einer Medaille. Die Erfahrung mit Behinderung kann dabei unterstützen, die Frage nach dem guten Leben, wie sie sich in Bezug auf Enhancement stellt, zu reflektieren.

Zunächst einmal ist innerhalb der disability studies die Einsicht weit verbreitet, dass Behinderung nicht ausschließlich durch Charakteristika eines Individuums bestimmt wird, sondern auch durch soziale Faktoren beeinflusst wird. Dies ist das soziale Modell von Behinderung, das Ende der 1980er Jahre entwickelt wurde und zum vorherrschenden Paradigma wurde (Oliver 1990; Silvers 1998; Shakespeare 2006; Wasserman et al. 2011). Es steht im deutlichen Kontrast zu dem medizinischen Modell von Behinderung, das bis zu diesem Zeitpunkt zumeist unbewusst angenommen wurde (Wasserman et al. 2011). Hierbei werden Einschränkungen, die Personen mit Behinderungen erleben, ausschließlich als Konsequenz ihrer individuellen, körperlichen oder geistigen Merkmale verstanden. Behinderung wurde also erklärt, indem man bestimmte Schwächen oder Funktionseinschränkungen der Person anwies. Das soziale Modell von Behinderung macht deutlich, dass dies zu kurz gedacht ist. Jemand ist nicht lediglich auf Grund eines individuellen Merkmals behindert, sondern wird in erster Linie durch das Zusammenspiel zwischen einem individuellen Merkmal und der Umgebung, in der die Person lebt, behindert. Schließlich ist eine taube Person zumindest nicht auf die gleiche Art und Weise behindert, wenn in der Umgebung Lautsprache verwendet wird, wie wenn jeder Gebärdensprache spricht. Es ist also auch die Umgebung, die gemeinsam mit dem Merkmal einer Person eine Behinderung verursacht, und nicht die Person selbst, die in jedem Fall behindert ist.

Wenn diese Konzeption von Behinderung angenommen wird, und sie erscheint aus unserer Sicht durchaus plausibel, dann bedeutet dies umgekehrt, dass die Umgebung oder Kontexte im Allgemeinen auch für die Bewertung von Enhancement eine Rolle spielen. In der Diskussion um Enhancementtechnologien geht es ausschließlich darum, das Individuum selbst zu verändern, um so das Wohlbefinden zu steigern. Die tatsächliche Erfahrung dieser Verbesserung hängt jedoch genauso von der Umgebung ab wie die tatsächliche Erfahrung der individuellen Einschränkung von behinderten Personen. Die Umgebung kann den Effekt der Funktionsveränderung entweder verstärken oder relativieren (s. auch Rehmann-Sutter 2012, 82). Das bedeutet, dass die Veränderung der Funktionsfähigkeit des Individuums womöglich weniger effektiv ist, als erwartet. Möglicherweise ist sie auch nicht der beste Weg, um das Ziel der Verbesserung des Wohlbefindens zu erreichen. Dann kann es also sinnvoller sein, schlichtweg die Umgebung anzupassen, um Wohlbefinden zu steigern. Dies gilt unabhängig davon, welche der oben analysierten Konzeptionen von Wohlbefinden zugrunde gelegt wird. Auf diese wichtige Rolle der Umgebung bei der Bewertung von Enhancementtechnologien geht Savulescu kaum ein. Er erkennt, dass die Veränderung der Umgebung auch durchaus zielführend sein kann (Savulescu et al. 2011, 15), arbeitet dieses Argument aber nicht weiter aus. Innerhalb der disability studies hat man sich mittlerweile weitestgehend auf das soziale Modell von Behinderung verständigt. Gleichermaßen sollte in der Diskussion über die Wünschbarkeit von Neuroenhancement eine Einschränkung auf ein medizinisches Modell der Funktionsfähigkeiten vermieden werden.

Neben dieser Einsicht, die aus einer theoretischen Diskussion der Konzeptualisierung von Behinderung gewonnen werden kann, hat auch die praktische Erfahrung mit Behinderung Bedeutung für die Bewertung von Neuroenhancement. Savulescu et al. argumentieren, dass empirische Daten zeigen, dass hohe Intelligenz zu einem guten Leben beitrage, wenn auch keine Garantie dafür biete (Savulescu et al. 2011, 11). Umgekehrt liegt es dann nahe, anzunehmen, dass Menschen mit geistigen Behinderungen ein weniger gutes Leben als andere haben. Empirische Untersuchungen mit behinderten Menschen zeigen nun aber, dass genau dies fraglich ist. Wie Tom Shakespeare feststellt: „(E)mpirical research with people with disabilities shows that even very significant limitations of body or mind need not be an obstacle to fulfillment, happiness or human relationships" (Brocher-Hastings Summer Academy on Human Enhancement 2011). Zwei Vorbemerkungen zu dem Umgang mit den empirischen Studien innerhalb der philosophischen Diskussion sind notwendig.

Erstens konzentrieren sich viele empirischen Studien zum Zusammenhang zwischen Behinderung und Wohlbefinden vor allem auf körperliche Behinderungen. Es ist aber anzunehmen, dass geistige Behinderung keinen absoluten Ausnahmefall einer Behinderung darstellt. Das Verständnis, was eine Behinderung ist, und damit die theoretische Konzeptualisierung von geistiger und körperlicher Behinderung, sind schließlich dasselbe. Hinzu kommt, dass, auch wenn geistige sicherlich von körperlicher Behinderung unterschieden werden kann, viele der vorkommenden Behinderungen wie Down-Syndrom oder Spina bifida häufig sowohl eine körperliche als auch eine geistige Komponente haben. Geistige und körperliche Behinderung können in diesen Fällen im praktischen Leben von Betroffenen kaum voneinander getrennt werden. Zweitens gilt für den Umgang mit diesen empirischen Daten eine wichtige Einschränkung: die meisten Studien machen Aussagen darüber, wie glücklich sich jemand in einem Moment oder über einen längeren Zeitraum hin fühlt. Auch wenn andere Möglichkeiten, Wohlbefinden zu messen, sicherlich möglich sind, wird hiervon zumeist kein Gebrauch gemacht (Hope 2011). Damit können sie nur über einen Teil von dem Aussagen machen, was als mögliche Konzeptionen von Wohlbefinden definiert wurde. Sie beziehen sich in erster Linie auf ein hedonistisches Konzept von Wohlbefinden, denn hierbei wird Wohlbefinden oder ein gutes Leben anhand dessen definiert, ob die Person sich selbst glücklich fühlt. Auch innerhalb von Wunschtheorien ist es möglich – und äußerst plausibel –, dass jemand sich wünscht, glücklich zu sein. Wenn es darüber hinaus noch weitere Wünsche gibt, etwa, dass die Gründe, warum man glücklich ist, auch authentisch sind – mein Partner liebt mich wirklich und hat nicht heimlich eine Affäre –, dann kann subjektives Wohlbefinden nur einen Teil einer Wunschtheorie ausmachen. Subjektives Wohlbefinden kann sich natürlich auch als ein Eintrag neben anderen auf einer objektiven Liste finden. In den Studien, die hier herangezogen werden, wird jedoch von den Forschern keine objektive Liste zugrunde gelegt. Damit können anhand der vorhandenen empirischen Studien also Aussagen für hedonistische Theorien und plausibler Weise auch zum Teil Aussagen über Wunschtheorien gemacht werden.

Die Studien zeigen nun, dass Menschen mit Behinderung viel positiver über ihr eigenes Wohlbefinden urteilen, als andere annehmen (etwa: Ubel et al. 2003, 605; Goering 2008, 125/126; Asch, Wasserman 2005, 175; Tännsjö 2010). In einer berühmten Studie wurden Personen, die vor kurzem durch einen Unfall querschnittsgelähmt geworden waren, noch im Rehabilitationszentrum gefragt, wie glücklich sie in dieser Lebensphase waren. Sie bewerteten ihre eigene Zufriedenheit deutlich höher, als man annehmen könnte, nämlich in der Mitte einer Skala zwischen ‚gar nicht hoch' und ‚sehr hoch' (Brickman et al. 1978, 919). Im Allgemeinen bewerten Menschen mit einer Rückenmarksverletzung ihr subjektives Wohlbefinden zwar niedriger als die Allgemeinbevölkerung, aber dieser Unterschied ist nicht dramatisch (Dijkers 1999, 867). Für Menschen mit geistigen Behinderungen gilt möglicherweise selbst, dass sie glücklicher sind als andere (Verri et al. 1999). Sie bewerten ihre eigene Lebensqualität als hoch (Hensel et al. 2002). Brigitta Lannering et al. berichten über Patienten, die sie einige Jahre nach der Behandlung eines Hirntumors über ihre Lebensqualität befragt haben. Die Lebensqualität der Studienteilnehmerinnen und –teilnehmer war unabhängig von ihrem Grad der geistigen Behinderung (Lannering et al. 1990). Andere Studien vergleichen die Lebensqualität, die Patienten mit einer bestimmten Erkrankung selbst angeben, mit der, die Dritte ihnen zuschreiben. Die Resultate zeigen, dass Gesunde die Lebensqualität der Erkrankten kontinuierlich geringer einschätzen als die Erkrankten selbst. Patienten, die lebenslang in einem Krankenhaus Dialyse bekamen, bewerteten ihre Lebensqualität auf 0,52 (wobei 0 für Tod steht und 1 für perfekte Gesundheit) im Vergleich mit gesunden Personen, die diese auf nur 0,32 schätzten (Sackett, Torrance 1978, 702). Eine andere Studie kommt zu vergleichbaren Ergebnissen. Patienten mit einem künstlichen Darmausgang durch die Bauchwand bewerten ihre eigene Lebensqualität höher als Menschen, die sich so eine Situation nur vorstellten (Boyd et al. 1990). Ein weiterer Hinweis auf die hohe Lebensqualität von Menschen mit Behinderungen ist die Tatsache, dass die meisten von ihnen gar nicht wünschen, keine Behinderung zu haben. Wenn eine Wunderpille bestehen würde, die sie heilen würde, dann würden sie diese gar nicht einnehmen wollen (Hahn, Belt 2004; Morris 2006, 11).

Es scheint also nicht so zu sein, dass Menschen mit Behinderungen weniger glücklich sind als andere. Umgekehrt ist es dann auch fraglich, ob Savulescu et al. Recht haben, dass mehr Funktionsfähigkeiten ein besseres Leben bedeuten, so wie hedonistische Theorien oder ein Aspekt von Wunschtheorien dies beschreiben. Das erscheint äußerst zweifelhaft. Für Objektive-Listen-Theorien können auf Basis dieser Daten noch keine Aussagen getroffen werden. Die bisherigen Ergebnisse können einen jedoch im Allgemeinen nachdenklich stimmen. Der Zusammenhang zwischen Funktionsfähigkeit und Wohlbefinden scheint zumindest nicht von ganz direkter Art zu sein. Veränderungen der Funktionsfähigkeit scheinen weniger drastische Effekte auf unser Wohlbefinden zu haben als in Diskussionen um Enhancement häufig angenommen wird.

7 Argumente aus der Glücksforschung

Neben der Forschung über die Auswirkungen von Funktionseinschränkungen bei behinderten Personen auf deren Wohlbefinden gibt es mittlerweile auch eine breite empirische Forschung über Wohlbefinden im Allgemeinen. Einige der Ergebnisse sind auch in diesem Kontext relevant. Der größte Teil der Forschung bezieht sich wieder auf hedonistische Theorien von Wohlbefinden und einem Aspekt von Wunschtheorien, aber lässt zum Teil auch Rückschlüsse auf Objektive-Listen-Theorien zu.

Gibt es einen Zusammenhang zwischen Intelligenzquotient (IQ) und glücklich sein? Torbjörn Tännsjö analysiert, dass dieser Zusammenhang sehr unklar ist. Einige Studien würden einen schwachen positiven Zusammenhang beschreiben und andere gar keinen Zusammenhang. Wichtiger scheint ohnehin die emotionale Intelligenz zu sein (Tännsjö 2009, 424, mit ausführlichen Literaturangaben). Für hedonistische Theorien von Wohlbefinden und Wunschtheorien, die glücklich sein als einen der verschiedenen Wünsche nennen, relativiert dies deutlich den Einfluss von Steigerung der Intelligenz auf unser Wohlbefinden. Vier weitere Ergebnisse der Glücksforschung sind für den Zusammenhang von Enhancement und subjektivem Wohlbefinden relevant (Hope 2011, 236-239): *Erstens* bestimmen auch unsere Gene, wie glücklich wir sind. Zwillings- und Adoptionsstudien zeigen, dass sich glücklich fühlen genetisch beeinflusst wird. *Zweitens* passen wir unseren individuellen Glückslevel schnell an veränderte Umstände an. Im Prozess der Adaption gewöhnen wir uns an gute und schlechte Dinge, die wir erfahren haben. So sind Menschen, die im Lotto gewonnen haben, nicht langfristig, sondern nur für einen kurzen Zeitraum glücklicher. Wir passen uns immer wieder an neue Situationen und Möglichkeiten an und kommen wieder auf unser ursprüngliches Glücksniveau zurück. *Drittens* bestimmt auch unser Vergleich mit anderen, wie glücklich wir uns fühlen. Unser Glücksgefühl hängt unter anderem davon ab, wie wir das einschätzen, was andere haben. *Viertens* sind wir schlecht darin, vorherzusagen, was es eigentlich ist, das uns glücklich macht. Das alles bedeutet, dass wir gar nicht so viele Möglichkeiten haben, eigenständig zu beeinflussen, wie glücklich wir uns fühlen. Bewusste Veränderungen, die wir an uns selbst durchführen könnten, wie etwa die Steigerung unserer Intelligenz, können unser Wohlbefinden dann kaum verändern. Das relativiert die Möglichkeit, durch Neuroenhancement überhaupt theoretisch eine Wirkung auf unser subjektives Wohlbefinden auszuüben.

Zudem beschreiben Savulescu et al., dass eine instrumentelle Rationalität notwendig sei, um entweder seine Lüste zu befriedigen (hedonistische Theorie), seine Wünsche zu verwirklichen (Wunschtheorie) oder auch, um die Einträge auf der Liste zu realisieren (Objektive-Liste-Theorie). Unabhängig davon, was für ein Ziel man sich setze, sei Intelligenz nützlich, um zu erkennen, welche Mittel notwendig sind, um dieses Ziel effizient zu erreichen. Es ist jedoch fraglich, ob Menschen tatsächlich zufrieden(er) sind, wenn es ihnen besser gelingt, all ihre Ziele zu verwirklichen. Würde das nicht schlichtweg mehr Lüste, Wünsche oder das Streben nach mehr von den Dingen auf der Liste wecken? Wer unzufrieden ist mit seinen Fähigkeiten, Schach zu spielen, wird dies vermutlich auch noch sein, wenn man nach erfolgreichem kognitiven Enhancement auf einem höheren Level spielt (Tännsjö 2009, 425). Es ist wichtiger, realistische Ansprüche bezüglich seiner Ziele zu haben und Aufgaben passend zu seinen kognitiven Fähigkeiten auszuwählen. Nur wenn Intelligenz an sich und nicht als Mittel für etwas anderes und zudem als einziges Gut angestrebt wird, ist es sicher, dass Neuroenhancement zum guten Leben führt. Dieses Verständnis von einem guten Leben ist jedoch nicht plausibel. Die meisten von uns wollen intelligenter sein, um eben besser Schach spielen zu können oder schneller einen noch besseren Artikel zu schreiben und nicht, weil sie Intelligenz selbst wertvoll finden.

Intelligenter sein wird uns also im Rahmen hedonistischer Theorien, Wunschtheorien und Objektiver-Listen-Theorien, die mehr beinhalten als Intelligenz an sich, nicht glücklicher machen. Damit relativiert die Glücksforschung die Möglichkeit, durch Neuroenhancement unser Wohlbefinden zu steigern, die Savulescu beschreibt.

8 Gut, besser, am besten

Ein grundsätzliches Merkmal der Argumentation von Savulescu et al. ist es, dass sie annehmen, dass mehr gleichzeitig besser ist. Weil die Allzweckgüter laut ihrer Analyse zu einem guten Leben führen, ist mehr davon, ermöglicht durch Neuroenhancement, besser und führt zu einem noch besseren Leben. Selbst wenn man annimmt, dass die Allzweckgüter tatsächlich Wohlbefinden befördern, ist es fraglich, ob mehr von diesen Gütern auch zu mehr Wohlbefinden führt. Könnte nicht eine Sättigung erreicht werden oder stärker ab einem Kehrpunkt ein umgekehrter Zusammenhang bestehen, ab dem mehr Allzweckgüter zu weniger Wohlbefinden führen? Wir schätzen es durchaus, wenn die Nudelsoße mit Knoblauch bereitet wird, aber das bedeutet nicht, dass mehr Knoblauch auch umso besser ist. Gleiches gilt für etwas komplexere Fälle: wir nehmen an, dass jeder gerne Zeit mit seinem Partner verbringt und viele Paare gerne mehr Zeit miteinander verbringen würden. Doch wenn man sich gar keine Freiräume und Zeit für eigene Hobbys mehr lässt und seine gesamte Zeit miteinander verbringt, dann hat das oftmals nicht die gewünschten Folgen. Ebenso kann die Steigerung der Empathie, eine prinzipiell positiv bewertete Fähigkeit, für eine Person selbst und ihre Beziehungen mit anderen letztlich negative Konsequenzen haben. Mehr von etwas Gutem ist nicht immer besser. Diese Grundproblematik hat schon Aristoteles erkannt, der in seiner Mesotes-Lehre, der Lehre von der Mitte, proklamierte, dass wir bei allen Dingen die rechte Mitte zwischen Übermaß und Mangel finden sollen (Aristoteles 1985, bk.II.6). Zu wenig Mut ist Feigheit, aber zu viel Mut ist Übermut. Zu wenig Freigiebigkeit ist Geiz und zu viel ist Verschwendung. Das gilt möglicherweise auch für die Steigerung unseres Wohlbefindens durch die Steigerung unserer kognitiven Fähigkeiten. Wenn uns unser Wohlbefinden am Herzen liegt, dann sollten wir Neuroenhancement möglicherweise gar nicht wollen.

Die grundsätzliche Annahme Savulescus, dass mehr besser ist, lässt noch einen weiteren Rückschluss zu: Savulescu nimmt also an, dass Wohlbefinden in jedem Fall etwas ist, was sich summieren lässt und dessen Summe maximiert werden soll. Damit ist fraglich, inwiefern er tatsächlich gegenüber verschiedenen Konzeptionen von Wohlbefinden neutral ist. Schließlich ist diese Annahme bereits keine rein formelle Annahme, sondern eine Annahme, die bestimmte Theorien ausschließt. Sie lässt die Möglichkeit nicht zu, dass weniger von einem Gut besser ist als mehr. Damit lässt Savulescus Theorie beispielsweise bestimmte

Objektive-Listen-Theorien nicht mehr zu. Für Vertreter Objektiver-Listen-Theorien ist nämlich zumeist deutlich, dass es nicht darum geht, die Objekte auf der Liste zu maximieren. Wir sollten eher probieren, eine Balance zwischen ihnen zu finden. Es ist nicht das Ziel, etwa Wissen zu maximieren oder sich ganz seinen Kindern zu widmen, sondern Abwägungen dazwischen zu machen (Tännsjö 2009, 428). Dergleichen Überlegungen sind bei Savulescu ausgeschlossen.

9 Konklusion

Savulescu plädiert dafür, Enhancement als eine Funktionsveränderung zu definieren, die die Chancen, ein gutes Leben zu haben, erhöht (Savulescu et al. 2011, 10). Dieser Ansatz soll dazu in der Lage sein, die Frage zu beantworten, welche Enhancementtechnologien wünschenswert oder sogar moralisch verpflichtend sind. Dabei möchte Savulescu gegenüber verschiedenen Theorien darüber, was das gute Leben oder Wohlbefinden ist, neutral bleiben. Es soll also keine Rolle spielen, ob eine hedonistische Theorie, eine Wunschtheorie oder eine Objektive-Listen-Theorie vertreten wird. Darum sollen Allzweckgüter angestrebt werden, die innerhalb jeder Theorie über Wohlbefinden zu diesem beitragen. Zu diesen Allzweckgütern zählt Savulescu Neuroenhancement.

Wir haben in unserem Beitrag gezeigt, dass dieser Ansatz weniger plausibel ist, als es zunächst scheint. Aus den disability studies wird deutlich, dass die Lebensqualität von Menschen mit einer geistigen oder körperlichen Behinderung nicht bedeutend niedriger ist als für andere. Außerdem spielt nicht nur das Individuum, sondern auch die Umgebung eine bedeutende Rolle bei der Bewertung von Funktionsveränderungen. Die Glückforschung lässt an dem grundsätzlichen Zusammenhang zwischen kognitiven Fähigkeiten und Glücklichsein zweifeln. Wir haben relativ wenig Möglichkeiten, unser Wohlbefinden aktiv zu beeinflussen. Im Prozess der Adaption gewöhnen wir uns an veränderte Umstände, seien es positive oder negative Veränderungen, und kommen schnell wieder auf unser altes Glückniveau zurück. Damit ist fraglich, ob Neuroenhancement uns wirklich glücklicher macht, so wie Savulescu annimmt.

Wir haben außerdem argumentiert, dass Savulescu nicht gänzlich neutral ist gegenüber den verschiedenen Wohlseinstheorien. Er nimmt zumindest an, dass mehr von den Allzweckgütern besser ist und vertritt damit ein aggregiertes Konzept von Wohlbefinden. Dadurch werden bestimmte Wohlseinstheorien, wie etwa manche Objektive-Listen-Theorien, ausgeschlossen.

Damit muss nicht nur die Neutralität von Savulescus Ansatz relativiert werden, sondern auch insgesamt die Relevanz von Neuroenhancement für unser Wohlbefinden. Wenn wir unser Wohlbefinden innerhalb einer hedonistischen Theorie, einer Wunschtheorie oder einer Objektiven-Listen-Theorie steigern wollen, dann scheint Neuroenhancement nicht die vor der Hand liegende Lösung zu sein.

Literatur

Amundson R (2000) Against Normal Function. Studies in History and Philosophy of Biology & Biomedical Science 31(1): 33-53

Aristoteles (1985) Nikomachische Ethik. 4., durchgesehene Aufl., Bien G (Hg) Hamburg

Asch A, Wasserman D (2005) Where is the sin in synecdoche? Prenatal testing and the parent-child relationship. In: Wasserman D, Bickenbach J, Wachbroit R (2005): 172-216

Bentham J (1823) An Introduction to the Principles of Morals and Legislation. A new edition, corrected by the author. Oxford

Boyd NF, et al. (1990) Whose Utilities for Decision Analysis? Medical Decision Making 10(1): 58-67

Brickman P, Coates D, Janoff-Bulman R (1978) Lottery winners and accident victims: Is happiness relative? Journal of personality and social psychology 36(8): 917-927

Brocher-Hastings Summer Academy on Human Enhancement (2011) Abstracts & Bio

Buchanan A, et al. (2001) From Chance to Choice: Genetics and Justice. Cambridge/New York

Crisp R (2013) Well-Being. In: Zalta EN (Hg) The Stanford Encyclopedia of Philosophy. Available at: http://plato.stanford.edu/archives/win2008/entries/well-being/ [Accessed September 5, 2012]

Dijkers MP (1999) Correlates of life satisfaction among persons with spinal cord injury. Archives of physical medicine and rehabilitation 80(8): 867-876

Eilers M, Grüber K, Rehmann-Sutter C (Hg) (2012) Verbesserte Körper – gutes Leben? Bioethik, Enhancement und die Disability Studies. Frankfurt

Fröding B (2011) Cognitive Enhancement, Virtue Ethics and the Good Life. Neuroethics, 4(3): 223-234.

Goering S (2008) "You Say You're Happy, but...": Contested Quality of Life Judgments in Bioethics and Disability Studies. Journal of Bioethical Inquiry 5(2): 125-135

Griffin J (1986) Well-Being: Its Meaning, Measurement, and Moral Importance. Oxford

Hahn HD, Belt TL (2004) Disability Identity and Attitudes Toward Cure in a Sample of Disabled Activists. Journal of Health and Social Behavior 45(4): 453-464

Harris J (2007) Enhancing Evolution: The Ethical Case for Making Better People. Princeton

Haybron DM (2008) The Pursuit of Unhappiness: The Elusive Psychology of Well-Being. Oxford

Heathwood C (2010) Welfare. In: Skorupski J (2010): 645-655

Hensel E, et al. (2002) Subjective judgements of quality of life: a comparison study between people with intellectual disability and those without disability. Journal of Intellectual Disability Research 46(2): 95-107

Hope T (2011) Cognitive Therapy and Positive Psychology Combined: A Promising Approach to the Enhancement of Happiness. In: Savulescu J, ter Meulen R, Kahane G (2011): 377-399

Kraut R (2009) What Is Good and Why: The Ethics of Well-Being. Cambridge

Lannering B, et al. (1990) Long-term sequelae after pediatric brain tumors: Their effect on disability and quality of life. Medical and Pediatric Oncology 18(4): 304-310

Mill JS (1863) Utilitarianism. London

Morris S (2006) Twisted lies: My journey in an imperfect body. In: Parens E (2006): 3-12

Nozick R (1974) Anarchy, State, and Utopia. New York

Nussbaum M, Sen A (Hg) (1993) The Quality of life. Oxford/New York

Oliver M (1990) The Politics of Disablement: A Sociological Approach. London

Parens E (Hg) (2006) Surgically Shaping Children: Technology, Ethics, And the Pursuit of Normality. Baltimore

Parfit D (1984) Reasons and Persons. Oxford

Ralston DC, Ho JH (Hg) (2010) Philosophical Reflections on Disability. Dordrecht

Rawls J (1971) A theory of justice. Cambridge/London

Rehmann-Sutter C (2012) Können und wünschen können. In: Eilers M, Grüber K, Rehmann-Sutter C (2012): 63-86

Sackett DL, Torrance GW (1978) The utility of different health states as perceived by the general public. Journal of Chronic Diseases 31(11): 697-704

Savulescu J (2007) In defence of Procreative Beneficence. Journal of Medical Ethics, 33(5): 284-288

Savulescu J (2009) Autonomy, Well-Being, Disease, and Disability. Philosophy, Psychiatry, & Psychology 16(1): 59-65

Savulescu J, Kahane G (2009) The moral obligation to create children with the best chance of the best life. Bioethics 23(5): 274-290

Savulescu J, Sandberg A, Kahane G (2011) Well-being and enhancement. In: Savulescu J, ter Meulen R, Kahane G (2011): 3-18

Savulescu J, ter Meulen R, Kahane G (Hg) (2011): Enhancing Human Capacities. Malden

Schermer M (2003) In search of 'the good life' for demented elderly. Medicine, Health Care and Philosophy 6(1): 35-44

Shakespeare T (2006) Disability rights and wrongs. London/New York

Silvers A (Hg) (1998) Disability, difference, discrimination: perspectives on justice in bioethics and public policy. New York/Oxford

Skorupski J (Hg) (2010) The Routledge Companion to Ethics. New York

Sumner LW (1996) Welfare, Happiness, and Ethics. Oxford

Tännsjö T (2009) Ought We to Enhance Our Cognitive Capacities? Bioethics 23(7): 421-432

Tännsjö T (2010) Utilitarianism, Disability, and Society. In: Ralston DC, Ho JH (2010): 91-108

Terzi L (2004): The social model of disability: A philosophical critique. Journal of Applied Philosophy 21(2): 141-157

Tremain S (2001) On the government of disability. Social theory and practice 27(4): 617-636

Ubel PA, Loewenstein G, Jepson C (2003) Whose quality of life? A commentary exploring discrepancies between health state evaluations of patients and the general public. Quality of Life Research 12(6): 599-607

Verri A, et al. (1999) An Italian–Australian comparison of quality of life among people with intellectual disability living in the community. Journal of Intellectual Disability Research 43(6): 513-522

Wasserman D, Bickenbach J, Wachbroit R (Hg) (2005) Quality of Life and Human Difference: Genetic Testing, Health Care, and Disability. New York

Wasserman D, et al. (2011) Disability: Definitions, Models, Experience. In: Zalta EN (Hg) The Stanford Encyclopedia of Philosophy. Available at: http://plato. stanford.edu/archives/win2011/entries/disability/ [Accessed June 6, 2012]

Wasserman D, Bickenbach J, Wachbroit R (2005) Introduction. In: Wasserman D, Bickenbach J, Wachbroit R (2005): 1-26

Was motiviert zum Neuroenhancement?

Anmerkungen aus sozialethischer Sicht

Carmen Kaminsky

1 Einleitung

Stellen wir uns einen Moment lang vor, alle Menschen könnten mit Hilfe irgendwelcher Maßnahmen ihr Schlafbedürfnis völlig überwinden, wären stets konzentrationsfähig und befänden sich darüber hinaus immer in einem emotional ausgewogenen Gemütszustand. Die Vorstellung hat für sich genommen wenig Erschreckendes. Im Gegenteil lässt sie sich beispielsweise mit der Vision verbinden, dass sich die kreativen, kommunikativen und produktiven Potentiale jedes Einzelnen vollkommen entfalten ließen und gewalttätige bzw. kriegerische Auseinandersetzungen sich ggf. erübrigten. Egal aber, wie die Phantasmen ausfallen: Die Vorstellung umfänglicher Wachheit, Konzentrationsfähigkeit und wohlgelaunter Gelassenheit aller Menschen versetzt uns in eine Welt, die nicht die unsere ist. Ob und inwieweit die Fantasie als Utopie oder Dystopie ausfällt, mag hier deshalb ebenso dahingestellt bleiben, wie die damit verbundene Frage, ob wir zum Ziel haben sollten, entsprechende Weltveränderungen anzustreben oder zu verhindern.

Wenn wir das Phänomen Neuro-Enhancement (NE) verstehen und uns kritisch damit auseinandersetzen wollen, dann sollten wir mit unseren Betrachtungen jedenfalls im Kontext unserer Welt bleiben. Was es bedeutet, wie wir es bewerten und beurteilen, wenn Einzelne sich vor allem medizinischer Mittel bedienen, um länger wach, konzentrationsfähiger und gelassener oder heiterer zu sein, ist demnach im Kontext konkret gegebener gesellschaftlicher Verhältnisse zu betrachten. Faktisch ist es die freiheitlich demokratische, postindustrielle Gesellschaft, die diesen Kontext bildet. Jedenfalls nehmen wir das Phänomen NE in

© Springer Fachmedien Wiesbaden GmbH, ein Teil von Springer Nature 2018
N. Erny et al. (Hrsg.), *Die Leistungssteigerung des menschlichen Gehirns*,
https://doi.org/10.1007/978-3-658-03683-6_9

diesen Gesellschaften wahr und problematisieren es unter dem Gesichtspunkt der Wechselwirkungen, die sich zwischen der gesellschaftlichen Verfassung und individuellen Verhaltensweisen ergeben. Wir dürfen und müssen dabei davon ausgehen, dass die Gesellschaft mit ihren konkreten Institutionen und Praktiken den äußeren lebensweltlichen Rahmen individueller Interessenlagen bestimmt. Die Freiheit des Einzelnen, hier die freiwillige Entscheidung, sich bestimmter Mittel zu bedienen, um wach, konzentrationsfähig und wohlgelaunt zu bleiben, ist demnach von vornherein als lebensweltlich bedingte Freiheit verstanden, d.h. als die operationelle Selbstverwirklichung des als vergesellschaftet verstandenen Einzelnen. Der Einzelne trifft seine Entscheidungen für oder gegen das NE mit anderen Worten nicht im Zustand isolierter Selbstbezüglichkeit, sondern als Person, die sich und ihr Leben im Austausch mit umgebenden Bedingungen gestaltet.

Für die kritische Beurteilung entsprechender Lebens- und Selbstgestaltungen stehen unterschiedlichste Perspektiven zur Verfügung. Unter Bezugnahme auf prominente ideengeschichtliche Positionen oder auch systemkritische politische Haltungen lassen sich facettenreiche Argumentationen sowohl *für* als auch *wider* das Neuro-Enhancement entwickeln. Sie werden allerdings nicht viel Konstruktives zur Sache beitragen können, weil sie zumeist einen *externen* kritischen Standpunkt bekleiden, der im Konkreten kaum Geltung beanspruchen kann. Ein *interner* Standpunkt dagegen, also einer der die konkrete gesellschaftliche Verfassung anerkennt und ihn als normativen Bezugsrahmen versteht, wird kritische Betrachtungen des Phänomens NE, einerlei ob diese lediglich auf ein tieferes Problemverständnis oder auf ethisch-moralische Beurteilungen von Handlungsweisen gerichtet sind, sachlich gewinnbringend formulieren können.

Die bisherige, interdisziplinär geführte medizinethische Auseinandersetzung mit dem Phänomen Neuro-Enhancement hat im Wesentlichen eine in dieser Weise enggestellte Perspektive realisiert. Es ging und es geht in den entsprechenden Diskursen darum, Empörungen, Besorgnisse und Irritationen, die mit der Wahrnehmung des Neuro-Enhancements verknüpft sind, zu versachlichen und sie im normativ-ethischen Rahmen der gegebenen freiheitlich-demokratischen, postmodernen Industriegesellschaften kritisch zu erörtern.

Vor allem in der ersten Diskursphase waren die Erörterungen um die Aufklärung drei zentraler Fragestellungen bemüht:

(1)   Treffen Individuen ihre Entscheidung für das Neuro-Enhancement frei von Zwang?

(2) Treffen sie ihre Entscheidung auf der Grundlage relevanter Informationen bzw. aufgeklärt?

(3) Erzeugen die fraglichen individuellen Handlungsweisen Ungerechtigkeiten?

Die über diese Fragen kontrovers geführte Debatte hat manches klären können. Vor allem die Deutlichkeit, mit der sich im Zuge der Argumentationen erwies, dass gerade auch im Zusammenhang des Neuro-Enhancements die Autonomie des Einzelnen unterstützt und individuelle Freiheitsrechte geschützt werden müssen, ist ein bedeutsames Diskursergebnis. Unter Bezugnahme auf konstituierende normative Grundlagen unseres gesellschaftlichen Miteinanders weist dieses Ergebnis nämlich all jene in die Schranken, die mit mehr oder weniger Transparenz beabsichtigen, Einschränkungen individueller Freiheitsrechte strategisch in Kauf zu nehmen, d.h., individuelle Verhaltensweisen mit Blick auf ein dadurch ggf. zu erzielendes, gesamtgesellschaftlich Gutes für verboten zu erklären. Mit dem klaren Votum für eine liberale, die Freiheitsrechte des Einzelnen nicht in Frage stellende Betrachtung des Phänomens Neuro-Enhancement ist der Diskurs jedoch keineswegs abgeschlossen. Im Gegenteil hat eine erste Diskursphase zunächst bloß, wie Schöne-Seifert prägnant darstellt, „dazu gedient, die verschiedenen Problemaspekte und -ebenen zu bestimmen und zueinander in Bezug zu setzen". In der Folge sei, so Schöne-Seifert weiter, „so etwas wie eine anerkannte Landkarte ethischer Probleme des Neuro-Enhancements" entstanden, „auf der sich Fragen nach den *sozialethischen* Aspekten [...] und die Beurteilung *individuellen* Enhancements [...] als zwei getrennte, aber selbstverständlich doch miteinander verwobene Großthemen darstellen" (Schöne-Seifert 2009, 348 f.). Die konkrete, auf das Hier und Jetzt gerichtete ethische Debatte wird also weiter geführt, und zwar als ein sowohl an Fragen der Gerechtigkeit als auch an Fragen des guten Lebens orientierter Diskurs. Nach Schöne-Seiferts Auffassung geht es jedenfalls „auf der gesellschaftlichen Ebene [...] einerseits um Hoffnungen auf gesteigerte soziale Kreativität und Produktivität, andererseits aber um Enhancement-induzierten Leistungsdruck, Fairness im Zugang zu Enhancement und um das Verhältnis zwischen Bürgern, Paaren, Eltern und Kindern, von denen die einen *geboostert* wurden und die anderen nicht. Auf der individuellen Nutzer-Ebene geht es darum, inwiefern Neuro-Enhancement Einfluss auf das gute oder richtige Leben des Nutzers hätte." (Schöne-Seifert 2009, 348 f.)

Diese Charakterisierung der medizinethischen Debatten in der zweiten Diskursphase ist sicherlich zutreffend und sie verdeutlicht, wie weitreichend das

Thema Neuro-Enhancement kritisch betrachtet wird. Die beschriebene „Landkarte" ethischer Probleme des Neuro-Enhancements weist meines Erachtens dennoch erhebliche Lücken auf. Man befasst sich in den Debatten nämlich noch nicht in hinreichendem Maße mit der Frage, ob und inwieweit wir angesichts des freiwilligen individuellen Neuro-Enhancements ggf. unsere gesellschaftlichen Praktiken verändern müssen. Dabei ist genügend Anlass gegeben, sich auch der Frage zu widmen, ob sich im Rahmen der individuellen Entscheidung für das Neuro-Enhancement nicht soziale Probleme offenbaren, denen wir uns in Wahrnehmung unserer gesamtgesellschaftlichen Verantwortung institutionell zuwenden müssen. Auf der Landkarte anerkannter ethischer Probleme des Neuro-Enhancements ist diese Thematik gleichsam terra incognita. Wesentliche, für das Verständnis und die ethisch-moralische Beurteilung des Phänomens NE ausschlaggebende Faktoren, wie etwa die Frage, welche gesellschaftlichen Bedingungen Einzelne dazu *motivieren*, ihre Wachheit, Konzentrationsfähigkeit und Gemütszustände zu verbessern, geraten dadurch aus dem Blickfeld; sie werden diskursiv gleichsam nicht adressiert. Stattdessen sind die Debatten darauf fokussiert, die sozialen und individuellen *Folgen* freiwilligen individuellen Neuro-Enhancements zu erörtern.

Ein Gutteil der Skepsis und des Unbehagens, das mit Enhancement-Maßnahmen generell und speziell mit dem Neuro-Enhancement öffentlich verbunden ist, bleibt wohl nicht zuletzt aus diesem Grund bestehen. Außerhalb der im medizinethischen Diskurs dominanten Problemwahrnehmungen bleibt Skepsis hinsichtlich der Frage bestehen, ob die individuelle Entscheidung für das Neuro-Enhancement (und anderes Enhancement) nicht doch problematische gesellschaftliche Ursachen hat. Mit dieser Skepsis ist beispielsweise die Frage verbunden, ob wir mit unseren vorherrschenden Praktiken Einzelne ggf. dazu treiben, sich bedenklicher Mittel zur Lebensgestaltung und Selbstverwirklichung zu bedienen. Damit verbindet sich die Sorge, dass wir im gesamtgesellschaftlichen Miteinander unbeabsichtigt möglicherweise Werthaltungen fördern, die zu fragwürdigen individuellen Entscheidungen führen und dadurch eine bereits bekannte gesellschaftliche Problematik spiralförmig vorantreiben, statt sie aufzulösen.

Man kann und darf solche Besorgnisse in der ethisch-moralischen Debatte nicht ignorieren, sondern muss sie umgekehrt überprüfen und diskursiv adressieren. Wenn die anwendungsbezogene ethische Auseinandersetzung mit dem als problematisch wahrgenommenen Phänomen Neuro-Enhancement gelingen soll, dann wird man sich deshalb auch mit den sozialen *Ursachen* individuellen Verhaltens auseinandersetzten müssen. Es gilt, mit anderen Worten, den Einzelnen tatsächlich als vergesellschaftet und seine freiheitlichen Entscheidungen auch als sozialisierte zu verstehen. Erst dann, wenn wir auch diese Perspektive einnehmen, kann deutlich werden, welche Verantwortung wir für das Aufkommen und die Weiterentwicklung des Phänomens Neuro-Enhancements tragen. Solange wir auf diese Betrachtungsweise verzichten, besteht die Gefahr, die gesamte Verantwortung, d.h. die für das eigene Leben und für das soziale Miteinander, dem Einzelnen aufzuerlegen.

Mit meinen folgenden thesenförmigen Ausführungen möchte ich dazu beitragen, dieser Gefahr zu entgehen und Diskurse zu inspirieren und zu initiieren, mit denen die noch bestehenden Lücken geschlossen werden können.

2 Warum kommt es auf (mehr) Wachheit an?

Der Mensch ist kein Winterschläfer wie die Fledermaus. Als Menschen benötigen wir im Tagesverlauf Zeiten des Wachseins wie auch Zeiten des Schlafs und das heißt Zeiten zur Aktivität und Zeiten zur Regeneration. In den Übergängen dieser Phasen stellt sich Müdigkeit ein, die den Wechsel von einem regenerativen, unkonzentrierten in einen aktiven und fokussierten Modus anzeigt. Zeiten der Schläfrigkeit und Unkonzentriertheit gehören demnach zur biologischen Natur des Menschen.

Mit Bezug auf die zweite Natur des Menschen, d.h. in kultureller Hinsicht, lässt sich zumindest für das Abendland allerdings eine tief verwurzelte Bevorzugung der Wachheit bzw. des Wachseins gegenüber der Schläfrigkeit feststellen. Schon die mythologisch dem Gott Hypnos zugeordneten Handlungsweisen vermitteln, dass der Schlaf riskant ist. Und mit ‚Aufkommen des Logos' verfestigt sich, dass Wachheit als Modus des sehen, erkennen und handeln Könnens der Gefahrenabwehr dient, dem Bewältigen und Schaffen. Kurz: Wachheit, nicht Schlaf, ist der Modus, in dem sich menschliches Potential, seine Fähigkeit zur Existenzsicherung und kreativen Selbstverwirklichung realisiert. Wachheit und Konzentrationsfähigkeit sind, so könnte man es sehen, zumindest in unserer Kultur also das Unterpfand wahren Menschseins, gelingender Lebensführung und der damit verbundenen Glücksaussichten. Die Vorzüge gesteigerter Wachheit werden in der abendländischen Kultur somit von jeher geschätzt und verbinden sich keineswegs erst mit modernen Lebensweisen. Wandlungen ergeben sich allerdings sowohl im Hinblick auf die Praktiken, mit denen Menschen versuchen, ihr Schlafbedürfnis zu überwinden als auch in Hinblick auf die Anlässe, aus denen sie sich motiviert sehen, diese Praktiken auszuüben. Eine nähere kulturhistorische Betrachtung der Maßnahmen zur Aufrechterhaltung von Wachheit bzw. zur willentlichen Überwindung von Schläfrigkeit wäre daher zweifellos hilfreich für das Verständnis des Phänomens Neuro-Enhancement und die damit verknüpften Besorgnisse. Es könnte sich erweisen, dass das Neuro-Enhancement weit weniger innovativ ist, als es zunächst scheint. Die mit den jüngsten, dem Phänomen Neuro-Enhancement zugeordneten individuellen Praktiken zur Steigerung von Wachheit und Konzentrationsfähigkeit haben jedenfalls historische Vorläufer, die, wie beispielsweise der im Zeitalter der Aufklärung aufkommende Kaffeegenuss, zu ihrer Zeit ebenso kritisch betrachtet wurden, wie heute der Griff zur Pille. Es zeigen sich hier kulturelle Kontinuitäten.

Was die Anlässe zur Ausübung der Praktiken betrifft, so liegen allerdings einige Brüche auf der Hand. Stand die Motivation zur Überwindung der eigenen Schläfrigkeit in vorindustriellen Zeiten noch wesentlich im Dienste der Emanzipation von gottgewolltem Schicksal und der damit verbundenen Idee einer freiheitlichen Selbstverwirklichung, so kann und muss genau dies für das Zeitalter der Industrialisierung und für spätere Zeiten bezweifelt werden. Es ist jedenfalls nicht von der Hand zu weisen, dass mit der Industrialisierung eine radikale Loslösung der Wach- und Aktivzeiten des in den industriellen Produktionsstätten arbeitenden Menschen von der außermenschlichen Natur, d.h. von Dunkelheit und Helligkeit, und vom eigenen biologischen Rhythmus stattfindet. Kulturgeschichtlich verdichtet sich im hochindustrialisierten Kontext das, was Michel Foucault unter dem Gesichtspunkt der *Gouvernementalität* kritisch thematisiert, nämlich eine nach seiner Auffassung übermäßige und letztlich individuelle unwillkürliche Bereitschaft des Einzelnen zur Selbstdisziplinierung und zum Selbstmanagement. Nicht selten beziehen sich kritische Stimmen zum Neuro-Enhancement auf eben diese Perspektive Foucaults und rücken das Phänomen damit in einen Kontext umgreifender Kultur- bzw. Gesellschaftskritik. Die Option und Praxis, medizinische Mittel zur Steigerung der eigenen Wachheit und Konzentrationsfähigkeit zu nutzen, gilt dann als eines von vielen Beispielen für eine in den gesellschaftsstrukturellen Machtverhältnissen angelegte und letztlich selbstschädigende Bereitschaft zur Selbstdisziplinierung. Wobei eine Auflösung des Problems sich wohl nur durch revolutionäre Maßnahmen erwirken ließe.

Eine in dieser Weise kultur- und gesellschaftskritische Betrachtung des Neuro-Enhancements ist reflexiv bedeutsam und bleibt als ein eher abstrakter philosophischer Beitrag zum Thema an dieser Stelle kritiklos. Für die konkrete Frage jedoch, wie wir uns im Hier und Jetzt zu dem Phänomen Neuro-

Enhancement stellen müssen und dürfen, wenn wir unsere höchsten Werte nicht gefährden wollen, trägt eine fundamentalkritische Perspektive nur wenig bei. Wenn wir tatsächlich konkrete Antworten auf die Frage entwickeln wollen, was wir angesichts der Praxis des Neuro-Enhancements tun sollen, dann müssen wir uns in den entsprechenden Diskursen den Gegebenheiten stellen, was nicht ohne Weiteres bedeutet, sie auch zu akzeptieren. Es bedeutet aber, sie als Gegebenheiten wahrzunehmen und sich argumentativ auf sie beziehen zu müssen.

Die mit diesem Anspruch an Konkretheit verbundene Aufgabe, die Gegebenheiten des Hier und Jetzt zu betrachten, ist allerdings nicht leicht zu erfüllen. Zum einen ist nicht ohne Weiteres klar, welche Aspekte unseres zeitgenössischen Lebens als themenrelevante Gegebenheiten gelten müssen. Kontroversen über dieses Problem sind gleichsam vorprogrammiert und werden sich noch verstärken, wenn es weiterführend um die Frage geht, ob solche Gegebenheiten mittelfristig als pragmatisch veränderlich oder eher unveränderlich eingeschätzt werden müssen. Zum anderen besteht das Problem, dass immer wieder empirische Daten fehlen, mit denen Thesen belegt werden könnten. Vieles, was über sozialethisch relevante Zusammenhänge gesagt werden kann, wird daher thesenförmig und spekulativ bleiben. Man sollte sich dadurch aber nicht davon abhalten lassen, entsprechend spekulative Thesen zu formulieren;[1] wichtige qualitativ und quantitativ-empirische Forschungen könnten dadurch nämlich allererst inspiriert werden. Es wird letztlich darauf ankommen, mit den eigenen Spekulationen allgemeine Wahrnehmungen zu treffen.

Zu den mittelfristig unveränderlichen Gegebenheiten gehört die Schnelllebigkeit und zunehmende Komplexität unserer Gesellschaft. Wir kommen nicht umhin, unsere zeitgenössischen Verhältnisse als beispiellos schnelllebig und komplex zu verstehen. Technische Entwicklungen, vor allem solche im digitalen Bereich, aber auch soziale Strukturen, vor allem solche der sozialen Sicherung, verändern unsere allgemeinen Lebensverhältnisse durchdringend und rasant. Galt es vor zehn Jahren beispielsweise noch für die meisten als klug und empfehlenswert, die eigene monetäre Altersvorsorge mit Hilfe einer sog. Riester-Rente zu unterstützen, so scheint genau dies für viele inzwischen eher als unklug. Glaubt man der jüngeren massenmedialen Resonanz, dann muss die Riester-Rente zum Nachteil Vieler, die vor Jahren wohl informiert und aufgeklärt entsprechende Verträge abgeschlossen haben, als gescheitert gelten. Noch schneller

---

1   In dieser Hinsicht habe ich eine frühere Auffassung teilweise revidiert (vgl. Kaminsky 2005, 106).

verändern sich die technischen Lebensumgebungen: Wer heutzutage etwa nicht in der Lage ist, das Internet zu nutzen und per E-Mail zu korrespondieren, wer mit Ausdrücken wie SMS, IP, Google und Twitter nichts anfangen kann, der muss sich nicht bloß Gestrigkeit vorwerfen lassen, sondern ist von wesentlichen gesellschaftlichen Praktiken tatsächlich exkludiert. Die schnelllebigen und komplexen gesellschaftlichen Bedingungen verlangen der gelingenden Lebensführung und gesicherten Teilhabe der Einzelnen viel ab. Man muss schon „auf Zack", d.h. wohl informiert, lernfähig, diszipliniert und flexibel sein, wenn man im Hier und Jetzt mit den dynamischen Herausforderungen Schritt halten und sein Leben meistern will. Wachheit, Konzentrationsfähigkeit und die Fähigkeit zur affektiv-emotionalen Selbststeuerung sind dafür unverzichtbare Ressourcen der Person.

Im Vergleich mit früheren bzw. anderen Gesellschaften, d.h. solchen, die weniger dynamisch und weniger komplex waren oder sind, wird dem Menschen in hiesigen Verhältnissen – davon ist meines Erachtens jedenfalls auszugehen – generell ein erheblich größeres Maß an fokussierter Aufmerksamkeit und Selbstkontrolle abverlangt. Eine vergleichsweise gesteigerte Wachheit, Konzentrationsfähigkeit und Stimmungskontrolle liegt demnach im Interesse eines jeden Mitglieds dieser Gesellschaft und es wäre nach meiner Auffassung ein Fehler, die Bedeutsamkeit der angesprochenen Ressourcen lediglich in kompetitiven Zusammenhängen, etwa denen der beruflichen Konkurrenz, zu verorten. Zwar ist nicht von der Hand zu weisen, dass derjenige, der nachts noch wach ist und das nächtlich eintreffende E-Mail des amerikanischen Kollegen am frühen Morgen schon beantwortet hat, dem Konkurrenten, der erst am Morgen seine Mails liest, eine Nasenlänge voraus ist. Das Interesse, länger wach, konzentrationsfähig und guten Mutes zu sein, entspringt jedoch keineswegs allein dem Bemühen, „besser" zu sein als andere. Der gestiegene Anspruch an Wachheit, Konzentrationsfähigkeit und Selbstkontrolle ergibt sich vielmehr aus dem allgemeinen Umstand, individuelle Entscheidungen im Zusammenhang hoch dynamischer Bedingungen treffen zu müssen, die darüber hinaus in Wechselbeziehung zu sämtlichen Lebensbereichen stehen. Wer sein Leben gut führen und die in dessen Verlauf aufkommenden Entscheidungsprobleme bewältigen will, kann sich nicht darauf verlassen, wach und konzentrationsfähig genug zu sein. Die Steigerung dieser persönlichen Ressourcen ist unter den Bedingungen der Schnelllebigkeit und Komplexität grundsätzlich von lebenspraktischem Vorteil. Es ist daher nicht, wie Schöne-Seifert meint, erst künftig mit einem „Enhancement-Druck" zu rechnen (Schöne-Seifert 2009, 352), sondern er besteht bereits, und zwar nicht nur in kompetitiven Lebenszusammenhängen, sondern in allen.

Zugleich muss man jedoch davon ausgehen, dass sich der insgesamt gestiegene Anspruch an Wachheit, Konzentrationsfähigkeit und affektiv-emotionaler Selbstkontrolle in verschiedenen Milieus unterschiedlich stark auswirkt. Milieus sind dabei als die sozialen Orte zu verstehen, in denen sich individuelle Lebensweisen realisieren. Es sind die Kontexte, in denen konkrete sachliche und kommunikative Bedingungen individueller Lebensführung bestehen, die in motivationaler und normativer Hinsicht die Selbstverwirklichungsinteressen des Einzelnen rahmen. Was man als Person will, d.h., haben und sein, erreichen und erhalten will und welche Möglichkeit man hat, das Gewollte und Angestrebte zu erreichen, hängt demnach deutlich von dem Milieu ab, dem man angehört. Erwartungen und Herausforderungen an Einzelne entstehen somit in den sozialen Milieus, denen sie jeweils angehören; sie werden im Lichte der dort vorherrschenden Einstellungen interpretiert und im Spektrum der dort verfügbaren Optionen angenommen und bewältigt.

Mit Blick auf die milieuspezifisch kontextuierten Erwartungen an Wachheit, Konzentrationsfähigkeit und Selbststeuerung kann man thesenförmig wohl davon ausgehen, dass sie in denjenigen Milieus besonders hoch sind, wo Müdigkeit und Unkonzentriertheit die Lebenssituation stark gefährden bzw. dort, wo sich Wachheit und Konzentrationsfähigkeit besonders positiv auf die Wahrnehmung von Lebenschancen auswirken. Entsprechend gering werden die Erwartungen dort ausfallen, wo die Selbstverwirklichungsaussichten bzw. -möglichkeiten von vornherein so zahlreich oder umgekehrt so eingeschränkt sind, dass ein Mehr an Wachheit und Konzentrationsfähigkeit kaum positiven Effekt auf die Lebensführung hat. Wenn diese spekulative These stimmt, wird man davon ausgehen müssen, dass in den Milieus der Mittelschicht weitaus höhere Erwartungen an die entsprechenden Ressourcen bestehen als in den Milieus der Ober- und Unterschicht. Wer den Milieus der Mittelschicht angehört, steht mit anderen Worten unter sehr viel stärkerem „Enhancement-Druck" als Angehörige anderer Milieus und wird von (gelingenden) Maßnahmen des „Neuro-Enhancements" ggf. auch stärker profitieren als Personen, die den Milieus der Ober- oder denen der Unterschicht angehören.

Ob und welche Maßnahmen zum eigenen Neuro-Enhancement erwogen und welche tatsächlich ergriffen werden, bleibt freilich Sache der Willensbildung und Entscheidung des Einzelnen. Welche Motive der Einzelne hat, so oder anders zu entscheiden, ändert nichts an seinem Recht zur Selbstbestimmung – und geht

Dritte demnach nichts an. In sozialethischer Perspektive ist es dennoch relevant, den individuellen Willensbildungs- und Entscheidungsprozess unter milieuspezifischem Gesichtspunkt genauer zu betrachten. In sozialethischer Perspektive geht es nämlich nicht allein darum, die Entscheidungen des Einzelnen zu respektieren, sondern auch noch darum, den Einzelnen als Mitmenschen anzuerkennen. Das heißt, ihn in seiner Lebenslage empathisch wahrzunehmen und die in dem Wahrgenommenen ggf. auftauchenden, an das soziale Miteinander gerichteten, moralischen Forderungen zu entdecken und auch sie anzuerkennen. Unter diesem Gesichtspunkt ist es in sozialethischer Perspektive sehr wohl von Interesse, die individuellen Motive für das Neuro-Enhancement zur Kenntnis zu nehmen. Der tatsächlichen Nutzung von Neuro-Enhancern geht nämlich ein Prozess voran, in dem der Einzelne sich ins Verhältnis mit der ihn umgebenden sozialen Welt setzt. Zwischen dem Individuum und seiner konkreten, milieuspezifischen Umgebung entsteht gewissermaßen eine Kommunikation und es ist sozialethisch von Interesse, die Botschaften, auf die der Einzelne mit seinen Entscheidungen gleichsam antwortet, zu erkennen und sie kritisch-konstruktiv zu reflektieren.

Man muss in diesem Zusammenhang meines Erachtens im Blick behalten, dass jeder Entscheidung für oder gegen das Neuro-Enhancement eine Selbstbeurteilung des Subjekts vorangeht. Wer sich in einer leistungsorientierten Umgebung, d.h in der Umgebung der Mittelschichtsmilieus, befindet, wird unweigerlich und immer wieder selbst beurteilen müssen, ob er wach und konzentrationsfähig *genug* ist oder ob in diesen Hinsichten Defizite zu verzeichnen sind. Als „Messstellen" für diesen Selbsteinschätzungsprozess dienen zum einen Kriterien, die sich auf die Verwirklichung mehr oder weniger situativer Anforderungen beziehen, wobei die Anforderungen sowohl den eigenen Zielsetzungen als auch Erwartungen Dritter entstammen können. Es geht also keineswegs allein um die Anforderungen der Arbeitswelt, sondern auch um solche, die im Privaten entstehen: Ist man wach genug, um nach getaner Arbeit noch an einer Party teilzuhaben? Ist man noch konzentrationsfähig genug, um sich mit den Vertragsbedingungen verschiedener Stromanbieter auseinanderzusetzen? Ist man ausgeglichen genug, um sich mit den Sorgen und Nöten der Familie zu befassen? Zum anderen ist der Vergleich mit anderen ein Anhaltspunkt für solche Selbsteinschätzungen: Ist man so wach, konzentriert und wohlgelaunt wie andere in vergleichbaren Lebenslagen?

Fallen diese Beurteilungen negativ aus, wird das tendenziell weder vom beurteilenden Subjekt noch von seiner Umgebung als neutral wahrgenommen. Vielmehr werden Müdigkeit, Unkonzentriertheit und schlechte Laune als Leistungsgrenzen gedeutet, die nicht bloß die Lebensführung, sondern die Person bzw. ihre Haltungen und Einstellungen in Frage stellen. Zugleich lässt sich insbesondere in den Mittelschichtsmilieus eine zunehmende *Tabuisierung von Leistungsgrenzen* verzeichnen. Sie äußert sich beispielsweise darin, dass der Verweis auf bestehende Müdigkeit kaum noch als Grund für den Verzicht auf Erlebnisse oder die Bewältigung von Herausforderungen akzeptiert wird, und zwar weder von der Umgebung noch vom Subjekt selbst. Wer eine Aufgabe nicht erfüllt oder eine Chance nicht wahrnimmt, kann sich anderen gegenüber rechtfertigend zwar darauf berufen, „keine Zeit" dafür gefunden zu haben; „zu müde" gewesen zu sein, gilt hingegen kaum noch als akzeptabler Rechtfertigungsgrund. Im Gegenteil wird es in manchen Kontexten als geradezu beleidigend aufgefasst, wenn ein Unterlassen, beispielsweise der Verzicht auf Sport am Feierabend oder ein Partybesuch, mit Bezug auf bestehende Müdigkeit erklärt wird. Im kommunikativen Miteinander verlieren Müdigkeit, Erschöpfung, Unkonzentriertheit und Misslaunigkeit zunehmend den Status menschlicher Normalität. Sie können jedenfalls nicht mehr ohne Weiteres als Handlungs- bzw. Unterlassungsgrund angeführt werden und werden zunehmend als selbst verschuldete Zustände, eher Missstände der Person aufgefasst.

Mit der Entscheidung *für* das Neuro-Enhancement ist demnach stets zunächst einmal eine *Selbstgeringschätzung* verbunden: Wer zu Maßnahmen des Neuro-Enhancements – worin auch immer sie bestehen mögen – greift, der schätzt seine Kräfte als unzureichend ein. Die eigenen Kräfte genügen nicht, um seine Ziele zu erreichen bzw. um den Erwartungen Dritter zu entsprechen. Hinzu kommt die Überzeugung, dass es möglich und erforderlich ist, diese Defizite durch gezielte Maßnahmen der Selbstgestaltung zu beheben. Mit der Tabuisierung von Leistungsgrenzen und damit eben auch von Müdigkeit geht so eine *Intimisierung der Problembewältigung* einher. An die Stelle einer kritisch-kommunikativen Haltung gegenüber den eigenen (privaten) Zielsetzungen bzw. gegenüber den (sozialen) Erwartungen Dritter, tritt die (intime) Beeinflussung der eigenen kognitiven und psycho-emotionalen Ressourcen. Mit anderen Worten: Wer sich für Neuro-Enhancement entscheidet, der sieht davon ab, seine Ziele bzw. seine Umgebung auf seine Kräfte einzustellen und beabsichtigt umgekehrt, seine Kräfte den eigenen Planungen und externen Erwartungen anzupassen. Der individuellen Entscheidung für das Neuro-Enhancement unterliegt also regelmäßig eine defizitorientierte, die eigenen Ressourcen geringschätzende Selbstsicht des Subjekts, die zu intimen, selbstbezüglichen Enhancement-Praktiken veranlasst.

3 Warum medizinische Mittel?

Konkreter auf die Problematik des Neuro-Enhancements bezogen stellt sich nun allerdings die Frage, was Einzelne dazu treibt, die eigenen Defizite mit medizinischen Mitteln bzw. mit Medikamenten steigern zu wollen. Zu Buche schlägt hier meines Erachtens Verschiedenes: Zum einen verbindet sich mit der defizitorientierten Selbstsicht und der gleichzeitig bestehenden Tabuisierung von Leistungsgrenzen tendenziell eine Pathologisierung von Müdigkeit bzw. Leistungsgrenzen. Der Zustand der Müdigkeit wird (vom Subjekt selbst) demnach nicht lediglich als situativ handlungsbeschränkende Normalität, sondern zunehmend als eine Fehlfunktion aufgefasst. Wer zu müde ist, seinen alltäglichen Anforderungen nachzukommen, obwohl er es doch will, mit dem stimmt etwas nicht und dieses Etwas wird zunehmend in Seinsstrukturen verortet, die dem Einzelnen nicht ohne Weiteres zugänglich sind, nämlich entweder in somatischen Funktionen oder in psychologischen Tiefenstrukturen. Thematisieren lässt sich dies noch in der Intimität des familiären Nahbereichs; allerdings ist dort letztlich kaum Hilfe zu erwarten. Erst im medizinischen Kontext – sei es im psychotherapeutischen Sprechzimmer oder in der Apotheke – ist damit zu rechnen, die Hilfe zu erhalten, die man braucht.

Die Stellung, die das Medizinische generell eingenommen hat, unterstreicht die Akzeptanz, die mit dieser Art der individuellen Problembewältigung verbunden ist. Errungenschaften der Medizin und insbesondere hochwirksame Medikamente dienen längst nicht mehr nur zur Heilung von Erkrankungen und Linderung von Krankheitssymptomen, sie dienen auch zur Vermeidung und Behebung von Unwohlsein bzw. der Bekämpfung von störenden bzw. beeinträchtigenden „Zipperlein", die häufig durch eigenes Verhalten verursacht sind und vermieden werden könnten. Die ursprünglich im Geiste professioneller medizinischer Kunst und Wissenschaft entwickelten Heilmittel und Heilverfahren sind in weitem Umfang also längst Mittel der Selbst- und Lebensgestaltung. Wobei in diesen Fällen nicht die ärztliche Expertise für die Inanspruchnahme der Mittel ausschlaggebend ist, sondern der persönlich empfundene Bedarf. Wer Bedarf hat und über hinreichende finanzielle Mittel verfügt, der leistet sich die Einnahme von Medikamenten, wohltuenden Therapien und sogar Operationen.

Der Trend scheint gesamtgesellschaftlich erwünscht zu sein. Jedenfalls ist auf allen Ebenen gesellschaftlicher Kommunikation und Interaktion die Empfehlung, sich mit medizinischen Mitteln ein unbeeinträchtigtes Wohlbefinden herzustellen oder gar seinen Lebensstil zu fördern, festzustellen. Die Werbung forciert diesen Trend in nicht zu unterschätzendem Maße und die Massenmedien erweisen sich nicht bloß als Träger der Botschaften, sondern auch als Präsentationsräume medikalisierter Selbst- und Lebensgestaltung. Dass sich nun offenbar eine wachsende Zahl gesunder Menschen bestimmter Medikamente bedient, um wacher zu sein, sich länger konzentrieren zu können oder um Stimmungen zu kontrollieren, unterscheidet sich daher im Grunde nicht von der Selbstmedikation bei Völlegefühl, Impotenz oder nervöser Flatulenz. In diesem Zusammenhang ist dann auch noch relevant, dass die medikamentöse (Selbst-) Behandlung gegenüber der auf Selbsterkenntnis und Verhaltensänderung zielenden psychotherapeutischen eine weitaus größere Effizienz verspricht: auf geringen Aufwand und sofortige Wirkung kommt es an.

Bemerkenswert ist allerdings, dass die Substanzen offenbar einigermaßen bedenkenlos eingenommen werden. Man scheint der Sicherheit und Effektivität medizinischer Mittel jedenfalls ein naives Vertrauen entgegenzubringen. Einmal abgesehen davon, dass noch unklar ist, ob Mittel wie Ritalin® oder Modafinil® „off label" überhaupt in gewünschter Weise wirken, ist nämlich bislang noch kaum erforscht, welche Spuren sie beim gesunden Menschen hinterlassen. Man hat in den medizinethischen Diskursen daher schnell einen Konsens darüber erzielt, die Wirkung der Substanzen auf den gesunden Menschen genauer erforschen zu müssen und darüber hinaus für eine angemessene Aufklärung über Risiken Sorge zu tragen. So unterstützenswert diese Forderungen sind, so wenig scheinen sie jedoch die Nöte zu adressieren, die mit den individuell wahrgenommenen und tabuisierten Leistungsgrenzen verbunden sind. Man darf nicht übersehen, dass in manchen, eher gehobenen Kreisen, längst auf zweifellos wirksame, dabei aber höchst problematische Mittel – z.B. auf Kokain oder Crystal Meth – zurückgegriffen wird, wenn es gilt, die eigene Wachheit bzw. Leistungsfähigkeit zu steigern. Allein das Wissen um die Risiken verhindert, wie der Drogenkonsum zeigt, den Gebrauch solcher Substanzen also nicht. Aufklärung über Risiken, die mit der Einnahme von Neuro-Enhancern verbunden sind, ist daher zwar dringend erforderlich, wird allein aber nur wenig zur autonomen Entscheidung beitragen, wenn nicht gleichzeitig auch über alternative Optionen und die damit verbundenen Risiken aufgeklärt wird.

4 Worin besteht unsere Verantwortung?

Wenn die vorangegangenen thesenförmigen Überlegungen stimmen, dann liegt die Problematik des Neuro-Enhancements weniger in den persönlichen Risiken und sozialen Auswirkungen, die mit der individuellen Nutzung von Medikamenten verbunden sind, als vielmehr in den (milieuspezifischen) Lebensbedingungen, die Einzelne zur Einnahme der Substanzen veranlassen. Die Nöte derjenigen wahrzunehmen, die sich fragen, ob sie (vermeintlich) leistungssteigernde Medikamente einnehmen wollen, ist für eine sachgerechte ethische Auseinandersetzung daher unverzichtbar. Im Rahmen der konkreten ethischen Auseinandersetzung mit dem Neuro-Enhancement auf eine differenzierte Thematisierung des Zusammenhangs von Überforderung und (Selbst-) Geringschätzung zu verzichten, würde einer einseitig auf die Option des individuellen Enhancements gerichteten Bewältigungsstrategie und der zunehmenden Tabuisierung von Leistungsgrenzen jedenfalls erheblichen Vorschub leisten. Letzteres wäre in ethischer Perspektive schon für sich genommen inakzeptabel. Darüber hinaus ist im Vorangegangenen aber wohl auch deutlich geworden, dass das Phänomen Neuro-Enhancement insgesamt Anlass gibt, die Lebenslagen der Einzelnen kritisch-konstruktiv zu reflektieren, und zwar mit dem Ziel, ausfindig zu machen, was wir tun dürfen und müssen, wenn wir unsere höchsten Werte nicht gefährden wollen.

Ein Teil dieser Frage wurde durch die individualethische, am Höchstwert der individuellen Autonomie und den damit verbundenen Freiheitsrechten orientierte Auseinandersetzung bereits beantwortet: Regelungen oder Maßnahmen, die den Einzelnen bevormunden und seine Entscheidungsfreiheiten beschränken, sind ethisch nicht zu rechtfertigen. Bei dieser Einsicht zu verbleiben, birgt allerdings die Gefahr, den Einzelnen quasi zu verabsolutieren, ihn einerseits aus dem gesellschaftlichen Miteinander herauszulösen und ihm andererseits die Verantwortung für die Gestaltung dieses Miteinanders individuell aufzubürden. Wie schon gesagt, gilt es nicht nur, den Einzelnen zu respektieren, sondern ihn auch anzuerkennen und das bedeutet, ihn nicht bloß mit Bezug auf seine Rechte, sondern auch mit Bezug auf seine Lebenslage und die darin aufkommenden Bedürfnisse ernst zu nehmen. Wir dürfen nicht übersehen, dass Einzelne ihre Entscheidungen – auch die für oder gegen das Neuro-Enhancement – im kommunikativen Austausch mit den sie umgebenden Strukturen treffen. Wie solche konkreten Kommunikationsverhältnisse sich gestalten, ist jedoch nicht mehr nur Sache der

Einzelnen und darf auf sie auch nicht abgewälzt werden. Im Gegenteil sind wir durch die insgesamt kritische Wahrnehmung des Neuro-Enhancements dringend veranlasst, uns unsere gesamtgesellschaftliche Verantwortung vor Augen zu halten.

Die konkreten, anwendungsbezogenen Ethik-Diskurse dürfen sich daher nicht länger darauf beschränken, das Thema Neuro-Enhancement vorrangig in individualethischer Perspektive zu behandeln und sich in sozialethischer Perspektive lediglich mit gerechtigkeitsrelevanten Konsequenzen individueller Praktiken zu befassen. Es gibt Grund und Anlass, die Moraldebatten auf die sozialethische und politische Frage auszuweiten, in welcher Weise wir dafür Sorge zu tragen haben, die strukturell problematischen Lebensbedingungen in bestimmten Milieus zu verbessern. Als konkreter normativer Bezugsrahmen darf und muss dabei das humanitäre und wohlfahrtliche Selbstverständnis unserer Gesellschaft dienen. Wir verstehen – zumindest im europäischen Raum – unter Gesellschaft ja doch mehr und noch anderes als lediglich den institutionellen Rahmen der Märkte und der sich darin entfaltenden individuellen Freiheit. Gesellschaft ist nach unserem Verständnis auch Ort der sozial gestalteten Lebenswelten und wir verleihen diesem gesamtgesellschaftlichen Selbstverständnis nicht zuletzt durch die Etablierung einer dezidierten Sozialpolitik Ausdruck. Sozialpolitisch anerkennen wir Verantwortung dafür, die soziale Lage der Einzelnen in unserer Gesellschaft wahrzunehmen und – vor allem mit Bezug auf benachteiligte Gruppen – Maßnahmen zu entwickeln und zu ergreifen, mit denen wir strukturelle Benachteiligungen auflösen, bzw. die Lebenslagen verbessern können. Konkret geht es darum, sich um den Einzelnen gesamtgesellschaftlich und politisch tatsächlich zu scheren und zu kümmern. Dies bedeutet zum Beispiel, soziale Umgebungen bereit zu stellen, in denen Einzelne sich mit den ihnen gegebenen Kräften annehmen können und im geschützten sozialen Miteinander in der Lage sind, ihre Interessen zu verfolgen.

Die in bestimmten Milieus sozialstrukturell angelegte Überforderung Einzelner und ihre damit einhergehende Selbstgeringschätzung sind auf dieser Basis in unserer Gesellschaft eben so wenig hinzunehmen wie die Tabuisierung von Leistungsgrenzen und die Intimisierung von Problembewältigungen. Wenn Sozialstrukturen so sind, dass gesellschaftliche Gruppen und ganze Milieus ihre Energien eher für Selbstgestaltung als für Lebensgestaltung einsetzen, Egozentrismus Individualität ersetzt und Selbstbezüglichkeit Geselligkeit, dann liegt darin eine Herausforderung der Sozialpolitik. Es gilt Maßnahmen zu ergreifen, mit denen die Energien wieder frei werden können, und zwar frei werden können für eine autonome Lebensgestaltung der Einzelnen und für ein sich wechselseitig anerkennendes Miteinander. Welche Maßnahmen dafür konkret zu ergreifen sind, ist nicht zuletzt in anwendungsbezogenen, ethisch-politischen Diskursen zu bestimmen, und zwar auch in den medizinethischen, die sich dem Thema Neuro-Enhancement zuwenden. Man wird sich nämlich in diesen Debatten, die dann nicht die Einzelnen, sondern Institutionen, Organisationen und Korporationen adressieren, auch damit auseinandersetzen müssen, welche Rolle die Medizin bei der sozialen Problembewältigung insgesamt einnehmen darf und soll. Ob von Psychopharmaka und anderen pharmakologischen Substanzen in dieser Hinsicht Gutes erwartet werden kann, wage ich zu bezweifeln. Eine generelle Ablehnung medizinischer und medikamentöser Maßnahmen ist aber unangebracht; es bleibt Sache der zukünftigen Debatten, solche Optionen zu klären und zu beurteilen.

Von diesen, noch abzuwartenden Auseinandersetzungen einmal abgesehen, lassen sich in ethisch-moralischer Perspektive allerdings auch schon jetzt erste Forderungen formulieren.

5 Was sollten wir tun?

Zunächst einmal wäre es wohl angebracht, genauere empirische Kenntnisse über die aktuellen und potentiellen Nutzerinnen und Nutzer des Neuro-Enhancements zu erhalten. Es ist zwar damit zu rechnen, dass die Pharmaindustrie vor der Entwicklung entsprechender Präparate hierzu milieugenaue Untersuchungen vornehmen wird. Wenn aber die ethisch-politische Auseinandersetzung nicht erst im Nachgang, sondern bereits im Vorfeld solcher Entwicklungen richtungsweisend argumentieren können will, dann sind solide, vor allem qualitativ-empirische Erkenntnisse schon jetzt dringlich. Die Initiierung und Förderung entsprechender Studien ist somit zu fordern.

Darüber hinaus ist zu erwägen, ob nicht arbeitsrechtliche und bildungspolitische Maßnahmen ergriffen werden sollten, um milieuspezifische Überforderungsstrukturen aufzulösen oder sie wenigstens zu entschärfen. Möglicherweise könnte beispielsweise eine strengere Kontrolle der Beschäftigungsverhältnisse bzw. der Arbeitszeiten für Viele Entlastungen mit sich bringen. Und in bildungspolitischer Hinsicht wäre es meines Erachtens begrüßenswert, Formen der Selbstwertschätzung und wechselseitigen Anerkennung zu fördern. Speziell die Sozialpädagogik wäre meines Erachtens damit zu beauftragen, entsprechende Konzepte zu entwickeln und umzusetzen. Dazu könnte dann auch gehören, die

Individuen stärker als bislang dazu zu befähigen, ihre individuellen Bewältigungsstrategien kritisch reflektieren und zum eigenen Besten entwickeln zu können. Des Weiteren wäre abzuwägen, ob es mit Bezug auf einen ggf. allzu leichtfertigen Medikamentengebrauch nicht angebracht wäre, wie im Fall von Alkohol und Nikotin, die marketingstrategischen Konsumanreize durch Werbeverbote aufzuheben.

Meine Überlegungen sollten folgende Grundthese verdeutlichen: Das individuelle Neuro-Enhancement ist nicht als Mittel auf dem Weg zur Selbstverwirklichung, sondern als Ausdruck einer Kompensations- und Bewältigungsstrategie aufzufassen. Und zwar als Strategie eines Subjekts, das sich in Kommunikation mit seiner sozialen Umgebung als defizitär und mit diesem Defizit als nicht anerkennungswürdig wahrnimmt. Aus eben diesem Grunde ist dem Neuro-Enhancement mit größter Skepsis zu begegnen. Von einer autonomen Entscheidung für oder gegen das Neuro-Enhancement kann nämlich überhaupt erst und nur dann die Rede sein, wenn sie auf der Basis der Selbstwertschätzung und in einer die Person anerkennenden Umgebung getroffen wird.

Eine solche Umgebung zu schaffen und die Selbstwertschätzung jedes Einzelnen zu ermöglichen, liegt in der Verantwortung der ganzen Gesellschaft. Es geht darum, den Menschen zu befähigen, sich Verhältnisse zu schaffen, die ihm gerecht werden und nicht umgekehrt, ihm ethisch und politisch bloß zu erlauben, sich den Verhältnissen gerecht zu gestalten. Dafür muss jeder Einzelne fähig sein, sich als *Mensch* zu würdigen. Diese Würdigung, die individuell und im Miteinander zu leisten ist, umfasst die Anerkennung der Grenzen persönlicher Fähigkeiten und das politische Engagement für die Freiheit, mit seinen jeweiligen Kräften sicher am gesellschaftlichen Ganzen teilhaben zu können.

Erst dann, wenn wir uns in den akademischen Diskursen, insbesondere in den interdisziplinären Ethikdiskursen, hierfür einsetzen, können wir hoffen, die künftigen Enhancement-Optionen menschengerecht zu nutzen. Dem medikamentösen Neuro-Enhancement wird dabei meiner Einschätzung nach in Zukunft nur vergleichsweise wenig praktische Bedeutung zukommen. Optionen zur Erweiterung, Veränderung und Stärkung der Person, ihrer Wahrnehmungsmöglichkeiten und Kräfte sind in naher Zukunft eher im Zusammenhang mit digitalen Technologien zu erwarten. Was immer da auf uns zukommen mag, es muss uns nicht schrecken, wenn wir es in einer den Menschen würdigenden und die Person anerkennenden Haltung empfangen.

Literatur

Bönisch L, Lenz K, Schröer W (2009) Sozialisation und Bewältigung: eine Einführung in die Sozialisationstheorie der zweiten Moderne. Weinheim/ München

Honneth A (Hg) (1994) Pathologien des Sozialen. Die Aufgaben der Sozialphilosophie. Frankfurt a.M.

Honneth A (2013) Das Recht der Freiheit. Grundriß einer demokratischen Sittlichkeit. Berlin

Jaeggi R (2014) Kritik von Lebensformen. Berlin

Kambartel F (1994) Arbeit und Praxis. In: Honneth A (Hg) (1994): 123-139

Kaminsky C (2005) Moral für die Politik. Eine konzeptionelle Grundlegung der Angewandten Ethik. Paderborn

Schöne-Seifert B (2009) Neuro-Enhancement: Zündstoff für tiefgehende Kontroversen. In: Schöne-Seifert B, et al. (Hg) (2009): 347-363

Schöne-Seifert B, Talbot J, Opolka U, Ach JS (Hg) (2009) Neuro-Enhancement. Ethik vor neuen Herausforderungen. Paderborn

Teil III:

Hintergründe und Horizonte

Die Frage nach dem gelingenden Leben

Neuro-Enhancement vor dem Hintergrund des Aristotelischen Eudämonie-Begriffs

Nicola Erny

Die Frage nach der Möglichkeit des guten Lebens hat seit der Antike nicht an Aktualität verloren: Dabei markiert die Nikomachische Ethik des Aristoteles den Beginn der Methodologie und Problemstellungen in der Frage, wie wir unser Leben gut führen können. Die Rede ist von der Aristotelischen Eudämonielehre.

Die im letzten Jahrzehnt geführte Debatte um die Vor- und Nachteile des kognitiven Neuro-Enhancements berührt insofern zentral die Frage nach einer Philosophie des gelingenden Lebens, als das Instrument des Neuro-Enhancements als ein Mittel auf dem Weg der Erreichung dieses Ziels betrachtet werden kann (vgl. Kipke 2011, 120 ff.) – entsprechend wurde schon in den Anfängen der der Debatte dieses Argument als Pro-Argument für die Erlaubtheit der Anwendung von Neuro-Enhancement angeführt (vgl. hierzu Nagel, Stephan 2009).

Im folgenden Beitrag soll der Versuch unternommen werden, durch eine systematische und philosophiegeschichtliche Betrachtung der Aristotelischen Eudämonielehre die ethische Argumentation zum Neuro-Enhancement zu erweitern: Die Richtung der Fragestellung wird dabei verändert, da das Neuro-Enhancement nicht als mögliches Instrument oder Mittel der Erreichung von Glück untersucht werden soll, sondern in Hinblick auf seine Funktion als eines möglicherweise bedingenden Konstituens von gelingendem Leben. Aufgrund der Komplexität der Thematik der Philosophie des gelingenden Lebens findet eine Beschränkung auf die Aristotelische Eudämoniekonzeption statt, um eine Konzentration auf die tugendethische Dimension der Fragestellung zu ermöglichen, die für die vorliegende Thematik von besonderer Relevanz ist.[1]

Was ist terminologisch unter Eudämonie im Unterschied zum deutschen Begriff des Glücks zu verstehen? Eudämonie bedeutet, dass jemand einen guten Daimon hat, d.h. ein gelungenes und wohlgeratenes Leben führen kann. Anders als das doppeldeutige deutsche Wort ‚Glück', das problematischerweise häufig zur Übersetzung verwendet wird, bezeichnet ‚Eudämonie' keineswegs das überraschende Gelingen oder den günstigen Zufall – das wäre die ‚Eutychìa'. Eudämonie hingegen bezeichnet eine objektive Gestalt und Qualität eines gelingenden Lebens im Ganzen.

Der Aufsatz ist folgendermaßen gegliedert: Nach einer Erläuterung des Aristotelischen Eudämoniebegriffs vor dem Hintergrund des Themas (erster Teil) werden im zweiten Teil grundsätzliche und für die Fragestellung wichtige Forschungskontroversen skizziert. Danach wird es im dritten Teil um Kants Eudämonismuskritik gehen, die auf das Problem der Bestimmung des Verhältnisses zwischen Glück und Moral verweist. Im vierten Teil werden vor diesem wirkungsgeschichtlichen Horizont zwei moderne tugendethische Konzeptionen geprüft, die von MacIntyre und Nussbaum.

1 Die Eudämonielehre des Aristoteles

Aristoteles bestimmt die Eudämonie als das höchste Gut, das zugleich als letztes und vollendetes Ziel allen Handelns und Strebens gilt. Alle Menschen streben nach Glück – doch Aristoteles erkennt, dass dieses Streben nicht bedeutet, dass alle Menschen nach demselben streben: Es bestehen höchst unterschiedliche Auffassungen darüber, worin dieses Ziel genau besteht. Aufgrund der inhaltlichen Divergenzen werden in der Nikomachischen Ethik als mögliche Kandidaten für ein gelingendes Leben zunächst vier Lebensweisen diskutiert, die auf unterschiedlichen Wertsetzungen beruhen: 1. das genußorientierte Leben, 2. das auf Reichtum abzielende Leben, 3. das Leben im Engagement für die Gemeinschaft

---

1   Kipke misst in seiner konzisen Untersuchung zum Neuro-Enhancement als einer Möglichkeit der Selbstformung der Frage nach dem Glück insofern systematische Relevanz bei, als die Philosophie des Glücks für ihn den Ausgangspunkt für das Desiderat bildet, dem Phänomen der Selbstformung, das bisher in der Betrachtung der Philosophie der Lebenskunst übersehen worden sei, angemessene Beachtung zu schenken (Kipke 2009, 135-137).

(bios politikós) und 4. das der Kontemplation zugeneigte Leben der Forschung und Wissenschaft (bios theoretikós).

Die bei vielen vorherrschenden Lebensziele wie Lust, Reichtum und Ehre werden als *un*tauglich zur Erlangung der Eudämonie zurückgewiesen. Methodisch begründet wird dies durch zwei Argumentationsschritte – einem formalen und einem inhaltlichen. Der erste besteht in einer formalen Charakterisierung der Eudämonie: Gefragt wird nach dem Verhältnis, in dem Güter und Ziele relativ zueinander gewählt werden. Aristoteles abstrahiert daraus drei teleologische Merkmale, die die Eudämonie auszeichne: Sie ist (1) das schlechthin vollkommene und vollständige Ziel (télos teleiotatón), sie ist (2) für sich hinreichend (autarkés) und sie ist (3) das wählenswerteste (hairetotatón) Gut.

(ad 1) Als vollkommenes Gut gilt die Eudämonie, weil sie nicht um eines anderen Gutes oder Zieles willen gewählt werden kann: „Denn diese [sc. Glückseligkeit] wünschen wir stets wegen ihrer selbst und niemals wegen eines anderen. Ehre dagegen und Lust und Vernunft und jede Tüchtigkeit wählen wir teils wegen ihnen selber [...], teils um der Glückseligkeit willen, da wir glauben, eben durch jene Dinge glückselig zu werden. Die Glückseligkeit aber wählt keiner um jener Dinge willen und überhaupt nicht wegen eines anderen.“[2] Das schlechthin Zielhafte ist also das, was *nur* um seiner selbst und nie um eines anderen willen erstrebt wird. Diese Bedingung erfüllt die Eudämonie, da wir zwar auch Ziele wie Lust und Vernunft um ihrer selbst willen erstreben, diese jedoch *auch* um der Eudämonie willen erstreben können.

(ad 2) Die Bedingung der Autarkie besagt, dass die Eudämonie etwas In-sich-Hinreichendes ist und somit genügt, um ein Leben gelingen zu lassen.

(ad 3) Als wählenswertestes Gut gilt sie, weil sie zu anderen Gütern nicht addiert werden kann: Wäre sie als Gut verrechenbar, so müsste sie durch die Hinzufügung eines geringsten weiteren Gutes wählenswerter werden.

Schon die formale Bestimmung der Eudämonie liefert Gründe dafür, das genussorientierte oder auf Reichtum abzielende Leben zu verwerfen: Geldakkumulation impliziert das Prinzip der endlosen Steigerung, deshalb wird das Streben nach Reichtum nicht zu einem befriedigenden Zustand führen: Handlungsmotiv ist das

---

2   Aristoteles, Die Nikomachische Ethik, Griechisch-deutsch, Übersetzt von Olof Gigon, neu herausgegeben von Rainer Nickel, Düsseldorf/Zürich 2001, 1097b 1-8, S. 25f. (künftig: Aristoteles NE).

endlose Mehr-Haben-Wollen. Für das genußorientierte Leben gilt *cum grano salis* dasselbe: Cicero berichtet von der Inschrift, die Sardanapal, der seine Befriedigung in Ausschweifungen suchende König von Ninive, auf sein Grabmal einmeißeln ließ: „Das besitze ich, was ich gegessen und was meine Begierde bis zur Sättigung ausgeschöpft hat" und Aristoteles habe hinzugefügt: Auf das Grab eines Rindviehs hätte man nichts anderes schreiben können. (Tusc. V, 101)

Inhaltlich wird die Charakterisierung durch einen weiteren, zweiten Argumentationsschritt ergänzt: Nach Aristoteles verfügt der Mensch über eine spezifische Leistungsfähigkeit, die ihn von Wesen anderer Art substantiell unterscheidet. Diese Leistung besteht in der Tätigkeit der Seele gemäß der Vernunft (katá lógon). Das entscheidende Argument lautet: Wenn die spezifische Leistung, das (érgon) des Menschen in der Tätigkeit gemäß der Vernunft besteht, die des hervorragenden Menschen in der guten Ausübung dieser Tätigkeit, dann liegt in der guten Ausübung der vernunftgemäßen Tätigkeit das Gut für den Menschen, das heißt die Eudämonie. „[...] [W]enn das alles so ist, dann ist das Gute für den Menschen die Tätigkeit der Seele auf Grund ihrer besonderen Befähigung, und wenn es mehrere solche Befähigungen gibt, nach der besten und vollkommensten." (Aristoteles NE: 1098a 18-20, 29f)

Bereits an dieser Stelle kann festgehalten werden, dass Neuro-Enhancement aufgrund der formalen Bestimmung der Eudämonie als schlechthin vollkommenes und vollständiges Ziel als Glückskandidat in teleologischer Hinsicht denkbar ungeeignet ist: Neuro-Enhancement als Möglichkeit der Leistungssteigerung impliziert schon rein begrifflich – Enhancement als Steigerung – den Komparativ, in diesem Fall aristotelisch gesprochen die Pleonexie nach immer weiterer Leistungssteigerung, i.e. die Negation des schlechthin vollkommenen Ziels (télos teleiotatón).

Für unsere Fragestellung ist ein weiterer Aspekt der Aristotelischen Eudämonielehre zentral: die Aktivität bzw. Handlungsdimension. Deutlich wird durch die Überlegungen des Aristoteles, dass für die Eudämonie Aktivität, Tätigsein erforderlich ist: Eudämonie läßt sich *verwirklichen* durch ein Aktivieren der ethischen und intellektuellen Vortrefflichkeiten, den aretaí. Damit zielt der Mensch auf eine Lebensform ab, bei der das Tun des Schönen und Richtigen um seiner selbst willen wünschenswert ist. Eudämonie wird so zur ethisch-politischen Eupraxie der normativen Selbstbestimmung, die sowohl Vernunft als auch Vortrefflichkeit des Charakters aufweist und ein Leben zu einem gelungenen, geglückten Leben macht: Demgemäß sagt Aristoteles, dass der Glückliche gut lebe und es ihm gut gehe und dass die Eudämonie dem Sinne nach als gutes Leben und Wohlverhalten, als eupraxía, zu bezeichnen sei.

Auch hier lässt sich zeigen, dass Neuro-Enhancement nicht den Bedingungen des Aristotelischen Eudämoniebegriffs genügen kann: Neuro-Enhancement zielt als Aktivität nicht auf die Wirkungen der Selbstformung, die für uns wünschenswerte Erfahrungen und Fähigkeiten nach sich ziehen, da sie nicht im Zusammenhang mit der Idee eines Lebensentwurfs stehen. Gerade die von Aristoteles indirekt geforderte Eupraxie der normativen Selbstbestimmung kann deshalb nicht gelingen. Von einer zwar etwas anders gelagerten Perspektive ausgehend kommt Kipke genau zu diesem Ergebnis: „Selbstformung tritt stets als mehr oder weniger langfristig angelegtes Vorhaben auf, als ein im Leben allmählich zu verwirklichender Entwurf. In diesem Sinne ist Neuro-Enhancement kein Projekt. NE ist kein langfristiges persönlichkeitsbezogenes Vorhaben, keine Arbeit an sich selbst, die Lebensperioden oder gar das ganze Leben strukturieren vermag." (Kipke 2011, 271)

Betrachten wir nun noch eine weitere Facette der Aristotelischen Eudämoniekonzeption[3] in Hinblick auf Argumente, wie sie in der Neuro-Enhancement-Debatte auftreten: Überraschenderweise zeichnet Aristoteles nämlich im Fortgang seiner Untersuchung zuletzt das theoretische Leben, insbesondere die Philosophie, als die höchste Realisierungsweise menschlicher Eudämonie aus. Begründet wird diese Wertung durch die Auszeichnung des besten Vermögens des Menschen, nämlich die Aktivität des Intellekts, des nous, durch die der Mensch Gott ähnlich wird.

Die Begründung des Primats der theoretischen Lebensform wirft sowohl inhaltliche als auch systematische Probleme auf. Will Aristoteles sagen, dass für denjenigen, der die theoretische Lebensform nicht erreicht, die politische als die am meisten Eudämonie versprechende übrig bleibt? Oder ist die soziale, auf die Polis bezogene Lebensweise als ergänzende Lebensform des Theoretikers aufzufassen? Wenn die Theorie die höchste Lebensform darstellt – warum sollte sich der Mensch dann noch um die Ausbildung und die Erlangung der ethischen Tugenden bemühen und darin die Eudämonie suchen?

---

3   Vgl. allgemein zum Zusammenhang antiker Glückstheorien vor dem Hintergrund der Moderne Bremner (2011) und Eckermann (2016).

2 Eine zentrale Differenz: Inklusiv oder exklusiv?

Die Dichotomie von politischer und theoretischer Lebensform hat zu einer Forschungskontroverse[4] geführt, in der man darüber diskutiert, ob Aristoteles eine inklusive oder exklusive Eudämoniekonzeption vertreten habe. (a) Die Vertreter der inklusiven Interpretation behaupten, dass der aristotelische Eudämoniebegriff mehrere und einander gleichberechtigte intrinsische, um ihrer selbst willen gewählte Güter beinhalte. Zwischen allen einzelnen Gütern, die ihr Ziel in sich tragen und der Eudämonie besteht nach dieser Auffassung ein Zusammenhang des Ganzen zu seinen Teilen. (b) Die exklusive Deutung geht davon aus, dass nur *ein* Gut und nicht eine Summe verschiedener Güter die Eudämonie ausmache.

Die Vertreter der inklusiven Interpretation behaupten, dass der aristotelische Eudämoniebegriff mehrere und einander gleichberechtigte intrinsische, um ihrer selbst willen gewählte Güter beinhalte. Zwischen allen einzelnen Gütern, die ihr Ziel in sich tragen und der Eudämonie besteht nach dieser Auffassung ein Zusammenhang des Ganzen zu seinen Teilen. Ackrill, der als *der* Vertreter der inklusiven Interpretation gilt, veranschaulicht diese Sichtweise durch den Vergleich mit einem gelungenen Urlaub: Wenn jemand die konstitutiven Faktoren für einen gelungenen Urlaub zusammenstellen will, könnte er beispielsweise das gute Wetter oder den Genuss einer angenehmen Lektüre als solche Faktoren anführen (Bedingungs-Relation). Die Frage, welche anderen oder weiteren Faktoren für einen gelungenen Urlaub relevant sind, ob z.B. ein gutes Tennismatch dazugehört, wäre dann von ganz anderer Bedeutung als die Frage, was zu tun ist, um ein gutes Tennismatch zu spielen (Zweck-Mittel-Relation). Der inklusiven Interpretation zufolge leisten theoretische Aktivitäten innerhalb der Bedingungsrelation einen wichtigen Beitrag zur Eudämonie, ohne dass die anderen intrinsischen Güter als vergleichsweise unerheblich betrachtet werden.

Stemmer hingegen vertritt eine exklusive Deutung. Durch die prinzipielle Differenz der Finalität, die in den Bezeichnungen téleion und teleiotatón zum Ausdruck kommt, habe Aristoteles deutlich gemacht, dass nur ein Gut und nicht eine Summe verschiedener Güter die Eudämonie ausmacht: „Das vollkommene Glück ist die Theorie, das zweitbeste Glück, das Glück für die Menschen, die zu dieser (eigentlich übermenschlichen und quasigöttlichen) theoretischen Praxis

---

4   Vgl. hierzu exemplarisch Ackrill (1985) zur inklusiven und Stemmer (1992) zur exklusiven Interpretation.

nicht in der Lage sind, ist die praktische Realisierung der politischen Arete. [...]
Man lebt entweder das theoretische Leben oder das politische Leben, aber nicht
beide in einem." (Stemmer 1992, 108f)

Ich möchte nun eine These entwickeln, durch die die Elemente der exklusiven und inklusiven Interpretation miteinander verbunden werden. Hierzu ist es
notwendig, die auf den Ziel-Aspekt abzielende formale Charakterisierung der
Eudämonie mit der inhaltlichen, den Tätigkeitsaspekt betonenden Erläuterung
stärker zu verschränken. Aristoteles betont wiederholt, dass die Eudämonie als
die Möglichkeit einer kontinuierlichen sinnvollen Aktivität zu verstehen ist und
identifiziert diese mit dem Ziel selbst: „Richtig ist auch, daß das Ziel (telos) als
Handlungen (praxeis) und Tätigkeiten (energeiai) bestimmt wird." (Aristoteles
NE, 1098 b 19)

Entscheidend an dieser Textstelle ist, dass die Eudämonie nicht ausgehend
von einem Ziel als Resultat gedacht wird, das gelingende Leben also nicht vom
gelungenen Leben her verstanden wird, sondern vielmehr unter dem Aspekt des
Tätigseins selbst betrachtet wird. Dieses Tätigsein kann zwar als Prozeß der
Zielverfolgung verstanden werden, insofern das Tätigsein auf die Eudämonie
bezogen ist, aber die Auszeichnung des gelingenden Lebens beruht hierbei auf
einer Sichtweise, die einen bestimmten Lebens-Vollzug betont. Eine Stützung
dieser Interpretation sehe ich darin, dass nach Aristoteles' Auffassung die Eudämonie als höchstes Gut nur im Umriss bestimmt und zu bestimmen sei: „Dies
möge als Umriß des gesuchten Gutes gelten (denn man muß wohl zuerst die
Grundlinien ziehen und dann nachher das Bild ausführen). Sind die Grundlinien
vorhanden, so sollte wohl jeder selbst weiterkommen und das Richtige herausar-
beiten. Auch ist die Zeit Entdecker solcher Dinge und ein guter Helfer [...]."
(Aristoteles NE, 1098 a 5ff)

Sehr viel deutlicher lässt sich wohl kaum sagen, dass eine konkrete Bestimmung des Inhalts der Eudämonie nicht gewährleistet werden kann. Naheliegend ist es deshalb, den Begriff Eudämonie im Sinne eines inhaltlich nicht definitiv zu bestimmenden und für die Lebensführung dennoch entscheidenden
Leitprinzips zu verstehen. Die Handlungen werden dann nicht als Mittel zu einem übergeordneten Ziel, der Eudämonie betrachtet (exklusive Interpretation),
auch nicht als beitragende Teile zu einem Ganzen namens Eudämonie (inklusive
Interpretation), sondern vielmehr als der jeweilige Modus der Realisierung von
Eudämonie. Die Einschätzung des bios theoretikós als des eher Eudämonie ver-
sprechenden Lebens ergäbe sich nach dieser These aus einer negativen Bestimmung: Es handelt sich nicht um die höherwertige, sondern vielmehr um die we-

niger fragile Form der Eudämonie: Da die Kontemplation nicht von äußeren Umständen abhängig und – vor allen Dingen – nicht auf andere Menschen bezogen ist, ist diese Aktivität in ihrem Gelingen weniger gefährdet als die ethischpolitische Betätigung.

Die teleologische Bestimmung der Eudämonie als eines leitenden Strebensziels bleibt bei dieser Interpretation erhalten: Allerdings wird dieses Strebensziel nicht als finaler und endgültiger Abschluss gedeutet, sondern die Art des Vollzugs einzelner Tätigkeiten gilt selbst auch als Ziel: Der Begriff der Eudämonie entgeht somit den Beschränkungen und Schwierigkeiten einer rein finalisierenden Fassung, indem er durch einen prozessualen Begriff der Eudämonie ergänzt wird – und diese Verschränkung, so meine These, ist bereits von Aristoteles intendiert.

Diese vertiefende Analyse war notwendig, um in Hinblick auf das Neuro-Enhancement folgendes Ergebnis zu verdeutlichen: Nicht aufgrund der Zielsetzung ist Neuro-Enhancement als ein Schritt auf dem Weg zur Eudämonie auszuschließen, sondern aufgrund der prozessualen Bedingungen. Die in NE 1098 b 19 postulierte Übereinstimmung von telos, praxeis und energeai ist aufgrund der Wahl der Mittel beim Neuro-Enhancement ausgeschlossen.

3 Wirkungsgeschichte: Kant

Nach diesen systematischen Überlegungen komme ich nun zu dem wirkungsgeschichtlichen Horizont, der am deutlichsten bei Kant erkennbar wird. Der Vorwurf Kants gegenüber jeder eudämonistischen Ethik lautet, dass bei Aristoteles und seinen Nachfolgern nicht zwischen Tugend und Glück als zwei verschiedenen Elementen des höchsten Gutes unterschieden wird. Vielmehr würde fälschlicherweise ein Identitätsverhältnis konstruiert. Kant wendet sich jedoch nicht nur gegen die „Regel der Identität", sondern moniert vor allen Dingen die inhaltliche Unbestimmtheit des Glücksbegriffs: „Allein es ist ein Unglück, dass der Begriff der Glückseligkeit ein so unbestimmter Begriff ist, dass, obgleich jeder Mensch zu dieser zu gelangen wünscht, er doch niemals bestimmt und mit sich selbst einstimmig sagen kann, was er eigentlich wünsche und wolle." (Immanuel Kant, Grundlegung der Metaphysik der Sitten, Bd. VII, 7ff. BA 46f)

Moralisches Handeln hat sich deshalb nach Kants Auffassung *nicht* am Glück zu orientieren. Es sei eine Illusion zu meinen, dass das Wohlbefinden sich jederzeit nach dem Wohlverhalten richte (GMS BA 90) und deshalb schließt Kant das Glück als Prinzip sittlichen Handelns aus. Das Prinzip aller moralischen Gesetze liegt in der Autonomie, der Selbstgesetzgebung des Willens, also in normativer Selbstbestimmung. Das Streben nach Glück, nach den „Annehmlichkeiten des Lebens", erfolge hingegen aus dem Prinzip der Selbstliebe und gilt Kant sogar als *Garant für das Ende der Moral*: „Wenn *Eudämonie* (das Glückseligkeitsprinzip) statt der *Eleutheronomie* (des Freiheitsprinzips der inneren Gesetzgebung) zum Grundsatze aufgestellt wird, so ist die Folge davon *Euthanasie* (der sanfte Tod) aller Moral." (Immanuel Kant, MdS, Tugendlehre, Vorrede, A IX)

Mit dieser Kritik hat Kant in nicht wieder erreichter Klarheit und Schärfe ein methodisches Problem angesprochen, vor dem jede Theorie des guten und gelingenden Lebens steht: Den Zusammenhang zwischen Zuständen des Glücks und der qualitativen Einheit eines geglückten Lebens unter ethischer Perspektive zu erfassen. Das entscheidende Argument von Kant zielt darauf ab zu zeigen, dass es in der Moral hinsichtlich dessen, was wir tun *sollen*, objektive, allgemeingültige Regeln gibt, während es für die Erreichung des Glücks keine allgemeingültigen Regeln geben *kann*.

Ernst Tugendhat formuliert vor diesem Problemhintergrund deshalb zu Recht eine These, die auf die grundsätzliche Differenz zwischen antikem (objektivistischem) und neuzeitlichem (subjektivistischem) Glücksverständnis verweist: „Welches Handeln schlechthin gut, das heißt moralisch gut ist, läßt sich objektiv begründen, hingegen läßt sich nicht objektiv, allgemeingültig begründen, welches Handeln gut für mich ist, mein Wohl fördert. Ein bestimmter inhaltlicher Begriff von Glück läßt sich nicht begründen [...]." (Tugendhat 1984, 46)

Auf das Thema Neuro-Enhancement bezogen bedeutet die Kantische Differenzierung zwischen Zuständen des Glücks und der qualitativen Einheit eines geglückten Lebens unter ethischer Perspektive, dass die Frage nach dem gelingenden Leben für die Beurteilung von Neuro-Enhancement keine Rolle zu spielen hat. Argumente ethischer Provenienz können erst dann relevant werden für die Frage nach dem Glück, wenn sie den Zusammenhang zwischen Tugend und Glück ins Auge fassen. Hier könnte man im Anschluss an Seel[5] dahingehend argumentieren, dass die Verfolgung des eigenen Glücks zumindest der ethischen Minimalbedingung genügen muss, dass hierdurch nicht das Glück eines Anderen

---

5   Vgl. hierzu Seels Ausführungen zu einer Ethik der Anerkennung (Seel 1995, 257ff.).

gefährdet wird. Bekannt ist diese Argumentationsfigur im Kontext der Neuro-Enhancement-Debatte vor allen Dingen in Bezug auf die Beeinträchtigung von Wettbewerbschancen: Neuro-Enhancement ist demnach genau dann zu verurteilen, wenn durch den Einsatz von Neuro-Enhancement in einer Konkurrenzsituation die Chancen der konkurrierenden Partei gemindert werden.

4 Aristotelische Eudämonie heute: Neo-Aristoteliker

Welche Anschlussmöglichkeiten an die Aristotelische Eudämonielehre bestehen heute noch – *nach* Kants Argumentation? Die führenden Neo-Aristoteliker der modernen Debatte sind Alasdair MacIntyre und Martha Nussbaum, die im Anschluss an Aristoteles zu einer objektivistischen Auffassung des gelungenen Lebens zurückkehren wollen.

Für MacIntyre besteht das Kernproblem der Moderne im Verlust der traditionellen Tugendethik, die allein Maßstäbe zur Orientierung in der Gegenwart geben könne: Das zentrale Problem der Gegenwart verortet er in der Traditionslosigkeit und Individualisierung der Gesellschaft. Im Zuge seiner grundlegenden Hypothese, dass der Kontext unserer moralischen Schlüsselbegriffe verloren gegangen sei, beruft er sich auf die Aristotelische Ethik und versucht deren Tugendbegriff wiederzubeleben. Sein Tugendbegriff umfasst folgende drei Komponenten: 1. Die Einbindung einer Person in eine traditionelle Gemeinschaft, 2. die Verwurzelung des menschlichen Handelns in gesellschaftlichen Tugenden und 3. eine teleologische Interpretation der menschlichen Biographie. Entscheidend ist für MacIntyre die feste Charakterhaltung/der feste Charakter eines Menschen, seine Tugend, die dessen moralische Identität konstituiert. „Die Tugenden sind genau jene Eigenschaften, deren Besitz den einzelnen in die Lage versetzt, Eudaimonia zu erlangen, während ihr Fehlen seine Bewegung auf dieses Telos vereitelt." (MacIntyre 1995, 200) Tugenden versteht er dabei als erworbene Eigenschaften, durch die Vortrefflichkeiten im Blick auf die Ziele einer Gemeinschaft formuliert werden. Aus diesen sollen sich dann verbindliche moralische Regeln ergeben. Entscheidend ist hier die Umkehrung des Verhältnisses: Nicht die Verbindlichkeit moralischer Regeln führt zur Tugend, sondern aus den Tugenden selbst ergibt sich die Verbindlichkeit moralischen Handelns. Mit dieser Interpretation verfehlt MacIntyre m.E. jedoch die entscheidende Pointe, die mit dem aristotelischen Tugendbegriff verknüpft ist. Das Leben in der Ausübung der ethischen Tugend gilt Aristoteles zwar als eine Möglichkeit der Verwirklichung der Eudämonie; die gute Ausübung allein garantiert jedoch kein Gutsein im Handeln, sondern erst wenn die gute Charakterhaltung sich mit der praktischen Vernünftigkeit, der *phronesis,* verbindet, liegt eine Tugend im eigentlichen Sinne vor.

Auf die Neuro-Enhancement-Debatte bezogen lässt sich in Bezug auf Mac-Intyre aufgrund der genuin neuartigen Problematik – in Rede stehen kognitive und mentale Fähigkeiten – festhalten, dass schon mangels einer Traditionslinie die Verwirklichung von Eudämonie scheitern muss. Darüber hinaus wird gerade die von MacIntyre bemühte Vorstellung einer festen Charakterrolle durch das Neuro-Enhancement-Phänomen in Frage gestellt.

Ich komme nun zu Nussbaum, die ihre Theorie als einen an Aristoteles anknüpfenden Essentialismus bezeichnet. Sie verbindet damit die These, dass das menschliche Leben zentrale und universale Strukturen besitzt. Die Grundstrukturen des menschlichen Lebens seien hauptsächlich durch basale Merkmale wie Sterblichkeit, Leiblichkeit, kognitive Fähigkeiten und praktische Vernunft gekennzeichnet sowie durch den Bezug zu anderen Menschen und zur Natur und Umwelt. Ihr darauf aufbauender Fähigkeiten-Ansatz besagt, dass die Möglichkeit der *Betätigung* gemäß dieser Merkmale gegeben sein muss. Dieser Ansatz ist von vornherein normativ, denn hierdurch wird gleichzeitig der Maßstab des Guten vorgegeben: Sie fasst die Fähigkeiten-Liste als Minimal-Konzeption des Guten, da ein Leben ohne diese Faktoren zu viele Defizite hätte, um ein menschliches Leben, und – a fortiori – ein glückliches menschliches Leben zu sein. Leiblichkeit und Sterblichkeit als Merkmale machen es beispielsweise wünschenswert, dass ein Mensch bei guter Gesundheit und ausreichender Ernährung bis zu seinem natürlichen Ende Leben kann; die praktische Vernunft impliziert die Fähigkeit, Bewertungen vorzunehmen, Entscheidungen zu treffen und eine Auffassung vom Guten zu entwickeln.

Tugenden beziehen sich innerhalb dieser Konzeption auf einen Erfahrungsbereich, der mit den Grunderfahrungen unmittelbar verbunden ist. Partikularismus und Universalismus sollen durch diesen Ansatz miteinander vereinbar sein: Die universalistische Argumentation zielt auf die Feststellung der Grundbedingungen des guten Lebens für *alle* Menschen und überlässt gleichzeitig die Konkretisierung des Angemessenen den *Einzelnen,* deren Entscheidungssouveränität somit gewahrt bleibt. Er enthält damit Kritikpotential gegenüber der kulturrelativistischen Position: „Der Aristoteliker behauptet, dass bei einer Weiterentwicklung dieses Ansatzes einerseits die reale menschliche Erfahrung als Ausgangsbasis erhalten bleibt, was die Stärke der Tugendethik ausmacht, während es andererseits möglich wird, lokale und traditionelle Moralvorstellungen anhand einer umfassenderen Auffassung von den menschlichen Lebensumständen und dem durch die Umstände geforderten menschlichen Handeln zu kritisieren." (Nussbaum 1999, 239)

Abschließend stellt sich die Frage, was die moderne Tugendethik aus dem Aristotelischen Eudämoniebegriff gemacht hat. Mein Fazit dazu lautet: Verglichen mit der Aristotelischen Konzeption tragen die heute viel diskutierten Neu-Interpretationen des Eudämoniebegriffs von MacIntyre und Nussbaum *nicht*. Die Einheit einer Gemeinschaft und ihre Übereinstimmung hinsichtlich bestimmter Tugenden als Quelle ihrer moralischen Kraft und Kompetenz zu betrachten, wie dies bei McIntyre geschieht, birgt die Gefahr in sich, jeden Konflikt als Bedrohung der sozialen Bindung einer Gesellschaft zu betrachten. Die Suche des einzelnen nach seinem Gut erfolgt laut MacIntyre in einem Kontext, der durch die Tradition vorgegeben ist: Bei Aristoteles *ergeben* sich Tugenden jedoch nicht aus Gütern, die den Zielen einer Gemeinschaft zugrunde liegen. Die Frage danach, was das Streben nach der Eudämonie impliziert, setzt vielmehr ein kritisches Potential frei: Durch die Reflexion auf die Eudämonie soll auch geklärt werden, was (ethische) Tugend *ist*.

Bei Nussbaum stehen – im Gegensatz zu Aristoteles – Fähigkeiten und nicht Tätigkeiten im Vordergrund. Für Aristoteles hingegen ist es entscheidend, dass Fähigkeiten nicht nur besessen, sondern ausgeübt werden: Erst aus dieser Perspektive heraus ergibt sich für ihn die Möglichkeit der Beurteilung eines intrinsischen Wertes, der einer Handlung zukommen kann. In der Allgemeinheit des Fähigkeiten-Ansatzes von Nussbaum liegt eine unüberwindbare Schwierigkeit: Die Minimalkonzeption des Guten ist *zu* vage, um als Grundlage für eine normative Theorie der Moral zu fungieren; die Richtlinien für menschliches Zusammenleben und Handeln bleiben unterbestimmt.

Interessant für die Frage nach dem Zusammenhang zwischen Neuro-Enhancement und dieser Minimalkonzeption des Guten ist die Differenzierung zwischen Fähigkeiten und Zuständen: Die Steigerung der von Nussbaum u.a. auch genannten kognitiven Fähigkeiten könnte prima facie einher gehen mit einer Chance, hierdurch gleichzeitig die Qualität von Glückszuständen zu steigern. An dieser Stelle wird die Debatte um die Authentizität relevant: Wir wollen, so Kipke, nicht nur Glücksgefühle haben, wir wollen auch berechtigt sein, sie zu haben: „Neuro-Enhancement birgt die Gefahr, diese Authentizität des Glücks (im Sinne von Glücksgefühlen) zu untergraben. Denn sofern Glücksgefühle allein durch pharmakologische oder technische Mittel hervorgerufen oder verstärkt werden, droht diese Glückskohärenz vernachlässigt zu werden. Man kann sich unabhängig von seiner sozialen Lage, von seinen Leistungen, von seinen sonstigen Erfahrungen diese Gefühle verschaffen. Ein Glückserleben, das die Übereinstimmung mit der personalen und sozialen Realität verliert, wird ein solipsistisches, ein blödsinniges Glück." (Kipke 2011, 265)

Worin die richtige Planung oder Überlegung (orthós lógos) für das glückliche Leben konkret besteht, bleibt also, wie schon bei Aristoteles, gerade in Bezug auf die Neuro-Enhancement-Debatte, eine offene Frage.

Literatur

Ach JS, Pollman A (Hg) (2006) no body is perfect. Baumaßnahmen am menschlichen Körper – bioethische und ästhetische Aufrisse. Bielefeld

Ackrill JL (1985) Aristoteles. Eine Einführung in sein Philosophieren. Berlin

Aristoteles (2006) Nikomachische Ethik. Übersetzt und herausgegeben von Ursula Wolf, Reinbek bei Hamburg

Borchers D (2001) Die neue Tugendethik - Schritt zurück im Zorn? Paderborn

Bremner RH (2011) Theories of Happiness and Our Contemporary Conception. Bonn

Brüllmann P (2011) Die Theorie des Guten in Aristoteles` Nikomachischer Ethik. Berlin

Eckermann IM (2016) Selbstwirksamkeit, Tugend und Reflexion. Antike Glückstheorien und die moderne Forschung. Marburg

Esser AM (2004) Eine Ethik für Endliche. Kants Tugendlehre in der Gegenwart. Stuttgart/Bad Cannstatt

Halbig C (2013) Der Begriff der Tugend und die Grenzen der Tugendethik. Frankfurt a.M.

Heller B (2004) Glück. Ein philosophischer Streifzug. Darmstadt

Höffe O (2007/2009) Lebenskunst und Moral oder macht Tugend glücklich? München

Horn C (2008) Glück und Tugend. In: Wetz FJ (Hg) Grundpositionen und Anwendungsprobleme der Ethik (Kolleg Praktische Philosophie Band 2). Stuttgart, S 23-54

Kant I (1982) Grundlegung der Metaphysik der Sitten. Werkausgabe Bd. VII, hg. von Weischedel W, 6. Auflg., Frankfurt a.M.

Kant I (1982) Die Metaphysik der Sitten, Werkausgabe Bd. VIII, hg. von Weischedel W, 4. Auflg., Frankfurt/M.

Kenny A (2001) The Nicomachean Conception of Happiness. In: Ders.: Essays on the Aristotelian Tradition. Oxford, S 17-31

Kersting W, Langbehn C (Hg) (2007) Kritik der Lebenskunst. Frankfurt a.M.

Kipke R (2011) Besser werden. Eine ethische Untersuchung zu Selbstformung und Neuro-Enhancement. Paderborn

Leiber T (2006) Glück, Moral und Liebe - Perspektiven der Lebenskunst. Würzburg

MacIntyre A (1995) Der Verlust der Tugend. Zur moralischen Krise der Gegenwart. Frankfurt a.M.

Nagel SK, Stephan A (2009) Was bedeutet Neuro-Enhancement? Potentiale, Konsequenzen und ethische Diskussionen. In: Schöne-Seifert B, Talbot D, Opolka U, Ach JS (Hg) Neuro-Enhancement: Ethik vor neuen Herausforderungen. Paderborn, S 19-47

Neiman S, Kroß M (Hg) (2004) Zum Glück. Berlin

Nussbaum MC (1999) Nicht-relative Tugenden, Ein aristotelischer Ansatz. In: Pauer-Studer H (Hg) Gerechtigkeit oder das gute Leben. Frankfurt a.M., S 227-264

Rhonheimer M (2001) Die Perspektive der Moral. Philosophische Grundlagen der Tugendethik. Berlin

Rippe KP, Schaber P (Hg) (1998) Tugendethik. Stuttgart

Sandel MJ (2015) Plädoyer gegen die Perfektion. Ethik im Zeitalter der genetischen Technik. Berlin

Schmidt-Felzmann H (2009) Prozac und das wahre Selbst: Authentizität bei psychopharmakologischem Enhancement. In: Schöne-Seifert B, Talbot D, Opolka U, Ach JS (Hg) Neuro-Enhancement. Ethik vor neuen Herausforderungen. Paderborn, S 143-158

Schöne-Seifert B (2006) Pillen-Glück statt Psycho-Arbeit. Was wäre dagegen einzuwenden? In: Ach JS, Pollmann A (Hg) No body is perfect. Baumaßnahmen am menschlichen Körper. Bioethische und ästhetische Aufrisse. Bielefeld, S 279-291

Schummer J (Hg) (1998) Glück und Ethik. Würzburg

Seel M (1995) Versuch über die Form des Glücks. Studien zur Ethik. Frankfurt a.M.

Spreen D (2015) Upgradekultur. Der Körper in der Enhancement-Gesellschaft. Bielefeld

Stemmer P (1992) Aristoteles' Glücksbegriff in der Nikomachischen Ethik. Phronesis 37: 85-110

Swanton C (2003) Virtue ethics. A pluralistic view. Oxford

Synofzik M (2009) Psychopharmakologisches Enhancement: Ethische Kriterien jenseits der Treatment-Enhancement-Unterscheidung. In: Schöne-Seifert B, Talbot D, Opolka U, Ach JS (Hg) Neuro-Enhancement. Ethik vor neuen Herausforderungen. Paderborn, S 49-68

Talbot D (2009) Ist Neuro-Enhancement keine ärztliche Angelegenheit? In: Schöne-Seifert B, Talbot D, Opolka U, Ach JS (Hg) Neuro-Enhancement. Ethik vor neuen Herausforderungen. Paderborn, S 321-345

Taylor C (1991) The Ethics of Authenticity. Cambridge

Neuro-Enhancement: Für oder wider die Natur?

Eine methodologische Rekonstruktion des Feldes

Mathias Gutmann

1 Einführung

Der Ausgangpunkt dieser methodologischen Rekonstruktion besteht in der Vermutung, dass Beschreibungen menschlicher Regungen, Tätigkeiten und Leistungen die methodischen Anfänge bereitstellen, um (lebens-) wissenschaftliche Modellierung und die daraus resultierende Strukturierung der (relevanten) Eigenschaften des menschlichen *Körpers* vornehmen zu können. Diese Strukturierung ist notwendig, so die zweite Vermutung, damit sich die unter Enhancement zusammengefassten Handlungen überhaupt *ausführen* lassen. Naturalisiert man solche, für funktionale Beschreibungen – hier – des neuronalen Apparates notwendigen Modellierungen, so ergibt sich *nicht nur* das – gut untersuchte aber gleichwohl nach wie vor selbst in der empirischen Forschung wenig berücksichtigte – Problem mereologischer Fehlschlüsse oder Verkürzungen (dazu Bennett, Hacker 2010). Vielmehr kommt es zu einer *Nivellierung* der Differenz von Artefakt (z.B. Bayesian Nets, MacCulloch-Pitts-Zellen etc.; dazu Boden 2006, systematisch Rathgeber 2011) und Naturstück (der menschliche Leib[1] oder dessen Teile). Auf diese Weise werden aus den Leistungen des Beschreibungsgegenstands (etwa Aufmerksamkeit, Intelligenz, Emotion) *Funktionen* des modellierten Systems, *ohne* dass den veränderten Geltungsbedingungen der aus der Modellierung resultierenden Sätze – die sich nun nicht mehr (nur) auf das

---

[1] Die Unterscheidung zum Körper ist hier wichtig, denn mit letzterem verbinden sich abstraktive Strukturierungen vgl. Gutmann (2005).

© Springer Fachmedien Wiesbaden GmbH, ein Teil von Springer Nature 2018
N. Erny et al. (Hrsg.), *Die Leistungssteigerung des menschlichen Gehirns*,
https://doi.org/10.1007/978-3-658-03683-6_11

Naturstück, sondern (vor allem) auf den *modellierten* Gegenstand beziehen – Rechnung getragen würde. Eine naheliegende Folge besteht darin, dass Naturprozesse zum Bezugspunkt für die Beurteilung von Enhancement werden, wie etwa Evolution (s. u.). Die Rekonstruktion der Logik der Nivellierung von Sätzen über Menschen (insofern sie Menschen sind) auf Sätze über Menschen insofern sie Gegenstand lebenswissenschaftlicher Beschreibung, Modellierung oder Erklärung sind, erlaubt die Formulierung einer methodologisch reflektierten Alternative, welche Naturalisierungen der angezeigten Form vermeidet.

2 Vorverständigung

Um die mit dem Neuro-Enhancement verbundenen Probleme verstehen zu können, ist eine kurze Darstellung der *sprachlichen* Mittel notwendig. Erst eine solche erlaubt es, u.a. empirische Fragestellungen (also solche, die sich durch Anwendung naturwissenschaftlicher Methoden bearbeiten lassen) von methodischen oder methodologischen Fragestellungen zu unterscheiden – also solchen, die sich auf die Geltung von Sätzen, die Bedeutung von Ausdrücken oder die Deutung von Methoden innerhalb der Wissenschaften beziehen.[2] Schon der Leitausdruck „Enhancement" zeigt dies exemplarisch, wenn etwa davon die Rede ist, dass „der Mensch", „das Gehirn" oder auch „die Leistung" desselben zum Gegenstand des Enhancements werden; offenkundig ist nämlich „to enhance" mehrstellig – obgleich wir es regelmäßig einstellig verwenden. Dies führt zu einer ersten analytischen Strukturierung des Tatprädikates „to enhance", das wir der Einfachheit halber als „verbessern" übersetzen – damit sind Konnotationen zu „verstärken", „vergrößern" etc. nicht ausgeschlossen, was aber letztlich nur die Explikationsbedürftigkeit des Ausdruckes unterstreicht.[3] Die folgenden (aus-

---

2   Dies schließt ausdrücklich auch „Scheinprobleme" ein, die sich gelegentlich durch einfache terminologische Verschärfungen beseitigen lassen, wie solche, für die dies erst durch eine Bestimmung des methodologischen Status von Ausdrücken gelingt – man denke exemplarisch an Fragen des Typs, ob „Atome existierten" oder ob „Evolution ein Faktum sei". Die Beantwortung von Fragen des letztgenannten Typs hängt wesentlich von der Verwendung der relevanten Ausdrücke ab und ist in der Regel nicht (nur) terminologischer Natur (dazu etwa Bölker et al. 2010).

3   Wir werden schon an dieser Stelle die Abgrenzung zum therapeutischen Handeln vornehmen und dieses nicht weiter berücksichtigen (s. Synofzik 2009). Es liegen dem primär *ärztlichen* Tun ganz und gar andere Zwecke zugrunde, für die sich im *wissenschaftlichen* Zusammenhang schlicht keine Entsprechungen finden. Da die

drücklich nur exemplarischen) Überlegungen sollen einige Aspekte aufzeigen, die für das weitere Argument relevant werden. Ersichtlich würde nämlich zunächst gelten, dass „jemand x verbessert". Mit „verbessern" ist ein Bewertungsprädikat angezeigt, für welches Kriterien angegeben sein müssen, bevor der Vergleich es erlaubt, weniger von stärker „Verbessertem" *faktisch* zu unterscheiden. Die Einführung mag gelingen, wenn wir auf Handeln Bezug nehmen, wobei es wesentlich um die *Veränderung* von etwas zu tun sein wird – das „Verbessern" ist also ein Sonderfall des „Veränderns". Übliche Bestimmungen wären hier Veränderungen, die zu *messbaren* Steigerungen definierter Leistungen führen, etwa hinsichtlich räumlicher, zeitlicher oder stofflicher Kriterien. Tätigkeiten, deren Ausführung wesentlich durch solche Kriterien charakterisierbar ist, wie z.B. Laufen, Springen oder Stemmen, bereiten bezüglich ihrer Verbesserung keine über Messprobleme hinausgehenden Schwierigkeiten.

Es tritt aber schon hier eine Unterbestimmtheit auf, die sich aus der Mehrdeutigkeit von Zweck-Mittel-Verhältnissen ergibt: ein und derselbe Zweck (etwa: Steigerung der Laufgeschwindigkeit) lässt sich auf mehreren Wegen erreichen, wie umgekehrt durch Nutzung ein und desselben Mittels (etwa: Lauftraining) mehrere Zwecke realisierbar sind. Man könnte dies so darstellen, dass nun gilt: „jemand verbessert x nach Maßgabe von Zweck Z, indem B verrichtet wird".[4]

Unsere bisherige Darstellung ist allerdings noch eingeschränkt auf Tätigkeiten, die vorwiegend direkt leiblicher Natur sind – der Leib selber oder dessen Teile erscheinen dort als Mittel, deren Einsatz die jeweiligen Zwecke realisiert. Die Darstellung wird sogleich komplexer, wenn wir uns auf Tätigkeiten beziehen, bei welchen nicht (nur oder wesentlich) leibliche Aspekte der genannten Art eine Rolle spielen, sondern die Verwendung auch oder sogar vorwiegend künstlicher Mittel. Diese Erweiterung unserer Betrachtung erlaubt es uns nämlich nun, Aspekte des Umgangs mit Mitteln in den Blick zu nehmen, die im rein leiblichen Fall analytisch schwer zu identifizieren sind; sie spielen aber für eine begriffliche

---

Funktion der folgenden Ausführungen wesentlich methodologischer Natur ist – bezogen auf bestimmte Naturalisierungsstrategien – erscheint eine solche Abgrenzung gerechtfertigt, ohne damit die Dringlichkeit des Problems zu relativieren.

4   Dies spricht übrigens nicht gegen eine gewisse „Situationsinvarianz" von „Verbessern", bezieht man sich dabei doch wesentlich auf Zweck-Mittel-Verhältnisse, die eine praktische „wenn-dann-Folge" zu konstatieren gestatten; selbst wenn man die Zwecke *nicht* teilt, ist eine Übereinkunft in der Beurteilung der Zweckadäquatheit der Mittel *nicht* ausgeschlossen (wiewohl kaum erzwingbar).

Verortung des Enhancements dann eine zentrale Rolle, wenn gesagt werden soll, was eigentlich der Gegenstand der Verbesserung ist.

In diesem erweiterten Fall kann die Veränderung nämlich sowohl an der *Handhabung* der Mittel wie an den Mitteln selber ansetzen.[5] Während das Einüben an einem bestimmten Hammer das Hämmern verbessern mag (etwa hinsichtlich der Schlagzahl), lässt sich ein solches Resultat möglicherweise ebenso durch Veränderung des Hammerdesigns erreichen (etwa durch Variation von Schaftlänge und Kopfgewicht). Zugleich kann die Designveränderung auch das bisher primitiv gesetzte „Hämmern" als Tätigkeit transformieren, indem nun andere Weisen der Verwendung[6] in den Blick kommen. Der Hammer als ein Gegenstand *in Verwendung* wird der jeweiligen Verwendung *entsprechend* geformt sein. Es „gibt" daher nicht „den" Hammer, sondern eine Vielzahl an Typen, die abstraktiv gewonnen werden und deren repräsentierende Exemplare sich gleichermaßen als „Hammer" adressieren lassen – womit wir allerdings jene Differenzen nivellierten, auf die es hier ankommt. Zugleich ist auch die Rede von „dem Hämmern" zu inklusiv, denn dieses lässt sich auf unterschiedliche Weisen auslegen, wie die Rede vom Geologenhammer, einem zu ärztlichen Zwecken oder dem zu Zwecken des Steinbrechens eingesetzten Vorschlag-Hammer anzeigen mag. Wir können dem Rechnung tragen, indem wir etwa wie folgt erweitern und feststellen: „jemand verbessert x im Rahmen von Tätigkeit T, nach Maßgabe von Zweck Z, indem B verrichtet wird". Für „das" Hämmern, welches als Handeln in so unterschiedlichen Tätigkeiten wie dem Steinebrechen, der Patella-Sehnen-Reflexkontrolle oder dem Freipäparieren von Fossilien auftritt, lassen sich jeweils weitere Kriterien der Veränderung angeben, die als Verbesserung zu explizieren sind. Es ist daher auch nicht überraschend, dass etwas *eodem actu* zugleich verbessert und verschlechtert werden kann.[7]

Schließlich sei noch auf den Aspekt der *Adressierung* der Verbesserungsbeurteilung hingewiesen, denn ein und dieselbe Veränderung muss nicht übereinstimmend „von jedermann" gleichermaßen als *Verbesserung* beurteilt werden. Ein prägnanter Fall solcher Adressierung kann im Zusammenhang der ästhetischen Wirkung identifiziert werden, denn das „So-Wirken" von etwas ist wesentlich adressiert, es ist das „So-Wirken" auf jemanden. So mag es sein, dass die

---

5   Diese Unterscheidung ist aspektuell, wie sich im Weiteren zeigt.

6   Diese pragmatistische Reflexion zeigt zugleich die eingeschränkte Lesart von Zweck-Mittel-Verhältnissen, die bei Heidegger prävaliert.

7   Optimieren sollte also nicht mit Maximieren identifiziert werden; dies ist insbesondere für die Beschreibung evolutionärer Veränderung von Bedeutung (s.u.).

Ausführung einer Handlung auf A elegant wirkt, auf B aber nicht, ohne dass daraus das „bloß Subjektive" der Zuschreibung folgte – es lässt sich nämlich durchaus begründen (vgl. König 1937, 1994). Zugleich folgt aus dem „So-Wirken" nicht das „So-Sein" in dem durch determinierende Prädikate ausgedrückten Sinn: der Innenraum der Kuppel des Pantheon mag größer *wirken* als jener von Santa M. del Fiore ohne es wirklich zu sein. Das systematische Verhältnis von solchen, Wirkungen bestimmenden Redestücken, zur die Wirkung explizierenden Rede und deren sprachlogische Analyse spielt für das hier Verhandelte keine unmittelbare Rolle, ist aber bei der Rekonstruktion gewisser Tätigkeitsverhältnisse bedeutsam (zum systematischen Problem s. König 1937; zur Nutzung im lebenstheoretischen Zusammenhang s. Gutmann 2017).[8]

Den bisher näher betrachteten Beispielen ist immerhin die Sinnfälligkeit des Tuns wie der Tätigkeit in gewissem Umfange eigen; im Falle des Neuro-Enhancements stehen aber auch nicht-sinnfällige[9] Tätigkeiten im Blick, wie dies durch die Rede von der „Verbesserung kognitiver Fähigkeiten" angezeigt sein mag (Nagel, Stephan 2009, 23). Dabei legt es die oberflächliche Ähnlichkeit der Handlungszuschreibung nahe, die zugeschriebenen Handlungen strukturgleich aufzufassen. Danach wären etwa „x läuft" und „x denkt" zwar sprachliche Ausdrücke für *verschiedene* Handlungen; *insofern* beide Handlungen sind, wären sie aber gleichartig.

Die Folgen der Nivellierung *dieses* Unterschiedes der Handlungsformen wird deutlich, wenn wir einen – für das Bio-Enhancement wichtigen – Organbezug herstellen, der etwa den Zusammenhang von Denken und Gehirn strukturgleich abbildete auf jenen von Laufen und Beinen.[10] Denn wenn „Laufen" die Hervorbringung eines Organismus ist, bewirkt durch Nutzung gewisser Strukturen, so scheint dies *a fortiori* – in dann gleicher Weise – auch für das Verhältnis

8   Die Behandlung dieser Form der Rede von „Verbessern" an letzter Stelle impliziert wenig für das systematische Verhältnis der hier bedachten Formen. Es lassen sich – integriert man „praktische" Redeformen – auch für diese Adressierung weitere, komplexe Aufstufungen der Interpretation von „Verbesserung" vornehmen; auch diese kommen hier nicht in den Blick.
9   Wiederum impliziert die Reihenfolge der Behandlung von „sinnfällig" und „nicht-sinnfällig" wenig für deren *methodisches* Verhältnis (s. König 1937; Gutmann 2017).
10 Zur Kritik dieser Strategie s. Gutmann (2012). Es steht dabei nicht in Frage, dass auch kognitive Tätigkeiten (in einem vornehmlich lebenswissenschaftlichen Sinn) modelliert werden können; gleichwohl geht das *Modellandum* auf besondere Weise nicht in das *Modellans* auf.

von „Denken" und „Gehirn"[11] zu gelten. Es lassen sich nun gegen diese Auffassung gewichtige Gründe anführen, die wesentlich auf den *medialen* Charakter gewisser Handlungen abzielen – die exemplarisch angeführten Handlungen wären danach nicht einfach nur verschiedene Handlungen, sondern *als* Handlungen verschiedene Handlungen (s. Gutmann 2017).

Diese Vorüberlegungen können wir nun nutzen, wenn wir die Frage stellen, woran eigentlich das Enhancement (und als dessen Teil das Neuro-Enhancement) ansetzt. Eine naheliegende Vermutung wäre es wohl, dabei zunächst an „den Menschen" zu denken. Wir werden uns daher im folgenden Abschnitt mit der besonderen Form befassen, in welcher „der Mensch" zu einem Zielobjekt von Enhancement wird. Die Explikationsbedürftigkeit der mit Enhancement angesprochenen Tätigkeiten wird sich im Weiteren besonders daran zeigen, dass dieses Objekt regelmäßig unter Nutzung (hier vor allem neuro- und kognitions-) wissenschaftlicher Terme adressiert wird.

3   Verbesserung des Menschen?

Die bisherigen Überlegungen haben uns auf die Mehrstelligkeit des Ausdruckes „Verbessern" geführt und zugleich die Notwendigkeit des Bezuges auf etwas verdeutlicht, das wir zusammenfassend als Tätigkeit bezeichneten. Nun scheint dies alles mit Neuro-Enhancement noch wenig zu tun zu haben, denn dort geht es dem Augenschein nach gerade nicht um die Veränderung von Tätigkeiten, sondern von gewissen – regelmäßig als biologisch bestimmten – Eigenschaften oder Fähigkeiten gewisser Gegenstände.[12] Versteht man Neuro-Enhancement als Fall von Enhancement überhaupt, so lassen sich exemplarisch die – zwar eher populär gehaltenen, gleichwohl systematisch argumentierenden – Überlegungen von Gesang (2007) anführen:

---

11   Dies hier stellvertretend für „neurale Einheiten" (die Fokussierung auf das Gehirn oder Teile desselben ist, sogar unter „nur" biologischen Gesichtspunkten, eine fragwürdige Reduktion) – selbst der Ausdruck „Gehirn" ist mehrdeutig (dazu Gutmann 2012).

12   Dass dabei primär *biologische* Theorie- oder doch wenigstens Beschreibungssprachstücke zum Einsatz kommen, wird auch dann nicht zu bezweifeln sein, wenn sich *gewisse* Bezüge – wie die auf die „Art" – als nachweislich untauglich herausstellen (im Weiteren: Lenk 2009).

> „Unter Enhancement verstehe ich den Versuch einer technischen Verbesserung (...)
> normaler Eigenschaften des gesunden Menschen durch Eingriffe in dessen Körper.
> So etwas beginnt mit Schönheitsoperationen und kann mit Chimären enden. Man
> kann sich vorstellen, Menschen durch Gentechnik, Operationen oder chemische Prä-
> parate zu verändern." (Gesang 2007, 3 f.)

Unabhängig von der wichtigen Einschränkung, dass die Bewertung von etwas
„als Verbesserung" wesentlich an das betroffene Individuum zu binden sei (Gesang 2007, 164, Fußnote 2),[13] sind systematisch entscheidend die Ergänzungen,
es gehe um „den Menschen" ausdrücklich als „gesunder"[14], bzw. dessen „normale" Eigenschaften. Dies kann sich auf *scheinbar* selbstverständlich biologische
Bestimmungen ebenso beziehen, wie auf Gegenstände anderer Art (z.B. „Personalität"; vgl. Gahlert 2009). Regelmäßig ist aber auch dort, wo die normative[15]
Bewertungsrelevanz naturwissenschaftlicher Bestimmungen wesentlich abge-
stritten wird, ein Bezug auf dieselben zumindest für die Abschätzung der möglichen Folgen nicht völlig verzichtbar – wie indirekt er auch immer hergestellt
werden mag (vgl. etwa Synofzik 2009; Lenk 2009). Tatsächlich ist eine biologische Beschreibung „des Menschen" (als Organismus – s.u.) in dieser Darstel-
lungsform durchaus naheliegend und es ließe sich direkt der Bezug auf die folgenden Gehlenschen Unterscheidungen herstellen:

> „Zu den ältesten Zeugen menschlicher Werkarbeit gehören in der Tat die Waffen,
> die als Organe fehlen, und hierher würde auch das Feuer zu rechnen sein, wenn es
> zuerst dem Wärmeschutz diente. Das wäre das Prinzip des *Organersatzes*, neben das
> nun von vornherein die *Organentlastung* und *Organüberbietung* treten. Der Schlag-
> stein in der Hand entlastet und überbietet zugleich im Erfolg die schlagende Faust;

---

13 Es ist dies allerdings eine für die ethische Bewertung nicht neutrale Festsetzung.
14 Diese Ergänzung ist wichtig zur Abgrenzung von Enhancement und Therapie (s.
Synofzik 2009). Zugleich muss dafür aber ein Normalität-Standard bereitgestellt
werden. Wir können dieser Spur hier nicht systematisch nachgehen. Es sei aber zumindest angedeutet, dass sich hinter der biologischen Rede von „Normalität" unterschiedlichste Theoriekontexte verbergen, je nachdem etwa von „normalen" Merkmalen und Merkmalsverteilungen, Funktionen, Entwicklungen oder evolutionären
Verläufen die Rede ist. Gemeinsam dürfte diesen – zunächst nur durch Familienähn-
lichkeit zusammengehaltenen – Bestimmungen aber sein, dass es sich um schwach-
präskriptive Redeformen handelt, deren Zusammenhang mit lebensweltlichen Anfängen sehr indirekt zu werden pflegt (zur Differenz etwa von Merkmals- und Funk-
tionsstandard s. Gudo et al. 2007).
15 Es ist vorschnell, unter „normativ" sogleich „moralisch" oder „ethisch" zu verstehen; gemeint sind hier aber vor allem die letztgenannten Formen normativen Argumentierens.

der Wagen, das Reittier entlasten uns von der Gehbewegung und überbieten weit deren Fähigkeit. Im Tragtier wird das Entlastungsprinzip handgreiflich anschaulich. Das Flugzeug wieder ersetzt uns die nicht gewachsenen Flügel und überbietet weit alle organische Flugleistung." (Gehlen 1993, 94, Hervorhebung MG)

Setzen wir die spezifischen methodologischen Probleme, die sich mit der Rede vom (biologischen) Mängelwesen verbinden, hier zur Seite (dazu Gutmann 2004), so besteht die Funktion von Werkzeugen nach Gehlen explizit in der Veränderung der Relation des biologischen Wesens „Mensch" zu seiner Umgebung. Die Veränderung ist entweder als Stabilisierung zu verstehen, wenn nämlich „biologische" Grundfunktionen durch technische Artefakte übernommen werden oder als Erweiterung der (zunächst Überlebens-) Möglichkeiten dieses Wesens. Die Abgrenzung wird im Einzelfall Schwierigkeiten bereiten, zumal „Ersatz" in einem zweifachen Sinne einschlägig verwandt wird, zum einen nämlich (von Gehlen intendiert) mit Bezug auf Fähigkeiten oder Eigenschaften, die „dem" Menschen *als einem biologischen Wesen* fehlen (Standard ist hier „das Tier", bezüglich dessen „der Mensch" als „Mängelwesen" auftritt) und zum anderen (hier nicht von Gehlen unmittelbar intendiert) mit Bezug auf verlorene Fähigkeiten oder Eigenschaften, was exemplarisch durch Prothesen oder Orthesen angesprochen sei. Aller Unterschiede und Abgrenzungsprobleme von Ersatz, Entlastung und Überbietung zum Trotz, ist aber der Fokalpunkt der Unterscheidung derselbe: die – biologische – „Normalausstattung" „des" Menschen. Dieser Fokalpunkt bildet den Gegenstand der weiteren Untersuchung – denn es liegt nahe, die durch Enhancement erzeugten Leistungsdifferenzen mit Bezug auf eben solche biologischen Normalitätsstandards zu charakterisieren. Wir müssen uns daher, um am Ende die Frage nach biologischen, z.B. evolutiven Standards des „Enhancements" angehen zu können, zunächst des methodologischen Status „biologischer" Aussagen (z.B. über „den Menschen") versichern.

4 Funktion und Verbesserung: Zu organismischen Strukturierungen

Es fällt auf, dass im biologischen Sprachspiel „Funktion" und „Verbesserung" durchaus übliche Aspekte der Betrachtung des Lebendigen sind (man denke exemplarisch an die Rede von der Funktion von Neurotransmittern bei der Reizleitung, der Verbesserung der Überlebensfähigkeit durch Steigerung kognitiver Funktionen, aber auch schlicht der Resilienz und Resistenz von Ökosystemen

oder dem proof-reading im genetischen Zusammenhang[16]) – eine wenig überraschende Feststellung, bedenkt man die systematisch ausgezeichnete Bedeutung
von Funktionsbestimmungen für Lebenswissenschaften überhaupt. Insofern
scheint also die Gehlensche Vermutung, es lasse sich für die Unterscheidung von
Ersatz, Entlastung und Überbietung eine gewisse biologische Plausibilität aufzeigen, nicht gänzlich grundlos. Nun kann aber methodologisch gezeigt werden,
dass die Bestimmung von Funktionen in einem *biologischen* Sinne erst durch die
Modellierung von Lebewesen „als" funktionale Einheiten zustande kommt. Es
werden hierbei Wissensformen unterschiedlicher Art relevant, etwa technisches
Know-how, erworben im Umgang mit Planung, Bau, Betrieb und Erhaltung von
Artefakten, wie z.B. Maschinen, ebenso aber auch physikalisches und chemi-
sches Gesetzeswissen (dazu Gutmann 1996). Lebewesen „sind" also nicht
einfach „Organismen", sie können aber als solche strukturiert und beschrieben
werden. Dabei ist zu beachten, dass die „Strukturierung" nicht ein einfaches Her-
ausgreifen einer präexistenten Struktur bedeutet, die gleichsam beschreibungs-
invariant vorliegt (vgl. Buddensiek 2006). Es handelt sich vielmehr um modellie-
rendes Tun unter Investition von Mitteln, deren Eigenschaften wesentlich das
Resultat der Strukturierung (die „Struktur") mitbestimmen;[17] Neurone etwa –
deren Identifikation ihrerseits einer komplexen präparativen Praxis sich verdankt
– *sind* also keine elektrischen Schalt- und Regel-Elemente, sie können aber *als
solche* beschrieben werden. Dass es sich dabei nicht um eine beliebige Beschreibung handelt, zeigt sich an den Folgerungen, die sich explanatorisch und prog-
nostisch daraus ziehen bzw. ableiten lassen (s. etwa Hodgkin, Huxley 1952).
Jedenfalls verlassen wir mit der Strukturierung von Lebewesen *als Organismen*
den Bereich lebensweltlicher Bestimmungen und gewinnen dadurch Wissen,
welches als wissenschaftliches wesentlich durch die Forderung nach transsubjek-
tiver Geltung charakterisierbar ist. Dieses Verlassen lebensweltlich anfänglicher
Bestimmungen hat Folgen für den Umgang mit wissenschaftlichem Wissen.
Denn wenn wir konzedierten, dass Menschen wesentlich Exemplare von *Homo*

---

16   Auch die Nutzung medizinischer Metaphern ist nicht unvertraut, wenn etwa von
     (z.B. Extremitäten-) Regeneration oder Wundheilung die Rede ist.
17   Es sei an dieser Stelle darauf hingewiesen, dass es nicht um die Behauptung geht,
     Organismen und deren Strukturen würden in einem veritablen Sinne „hergestellt"
     (das werden sie erst in einem sehr späten Schritt der Entwicklung biologischer Pra-
     xis, etwa im Sinne der synthetischen Biologie, die allerdings nicht auf die Herstel-
     lung von *Lebewesen*, sondern von *Organismen* abzielt). Es werden diese Gegenstän-
     de aber (z.B. präparativ) bereitgestellt.

sapiens sind und damit die *biologische* Beschreibung von Eigenschaften, Fähigkeiten und Fertigkeiten dasjenige hinreichend bestimmte, was mit *Mensch*-Sein gemeint ist, so liegt es nahe, die Standards, welche für das organismische Sprachspiel relevant und einschlägig sind zum Ausgangspunkt der Beschreibung des Enhancements zu nehmen. Verfährt man auf diese Weise, dann stellen sich einige Probleme, deren Lösung allerdings *innerhalb* des wissenschaftlichen Sprachspieles *nicht* möglich ist:

1.   Zunächst liegt nicht *eine* biologische Beschreibung „des" Menschen vor, sondern deren mehrere. Dies hängt wesentlich mit den jeweiligen Erkenntnisinteressen, den Erklärungszielen, Modellierungs- und Beschreibungsmitteln, schließlich auch dem Theoriedesign selber zusammen. Die resultierenden Beschreibungen müssen nicht aufeinander reduzierbar sein, ja die Reduzierbarkeit – etwa behavioraler oder physiologischer Beschreibungen organismischer Systeme – ist selber Gegenstand anhaltender Auseinandersetzungen innerhalb der Biologie und der Biotheorie (dazu etwa Mayr 1997; Weber 2005). Es stellt sich damit ein Auswahlproblem hinsichtlich der *Angemessenheit* jener Beschreibung, die für die Beurteilung des Gelingens von Enhancement „des" Menschen relevant und einschlägig sein soll.

2.   Doch kommt ein weiteres Auswahlproblem hinzu, das von dem ersten in gewissem Sinne unabhängig ist. Es finden sich nämlich regelmäßig mehrere, durchaus in Konkurrenz um Geltung zueinander stehende Theorieangebote zu einem und demselben Problem innerhalb der Biowissenschaften selber (ein gutes Beispiel mag die Debatte um das Theoriedesign für die Integration epigenetischer Mechanismen abgeben; etwa Neumann-Held 1999; Neumann-Held, Rehmann-Sutter 1999; Griffith, Neumann-Held 1999; Falk 1986, 2000; Beurton 2000; Beurton et al. 2000; Jablonka, Lamb 2005; Moss 2003). Es müsste nun also entweder jeweils abgewartet werden, welches dieser Angebote sich im wissenschaftlichen Diskurs durchsetzt (womit wieder das unter 1 verhandelte Problem entstünde), oder es müsste eine Entscheidung getroffen werden, die ihrem Wesen nach *außerhalb* des wissenschaftlichen Diskurses angesiedelt wäre.

Zusammenfassend gesagt, wäre es ein Missverständnis der logischen Struktur wissenschaftlichen Argumentierens, eine einfache Subsumtion von Gegenständen unter „ihre" Beschreibung zu vermuten – auch im wissenschaftlichen Sprachspiel bleibt die Relevanz des „etwas als etwas" vielmehr erhalten (wiewohl in genauer Weise hinsichtlich der Geltungsbedingungen der resultierenden

Aussagen eingeschränkt). Wenn also biowissenschaftlich von „dem Menschen" die Rede ist, so handelt es sich dabei um Beschreibungen und Strukturierungen von Menschen (insofern sie Menschen sind) *als* Organismen. Wird diese Verschiebung aus praktischen in theoretische Kontexte nicht berücksichtigt, so entsteht der Anschein, die Geltungskriterien des theoretischen übergriffen einfach auch den praktischen Zusammenhang. Wir wollen diese Differenz nun noch weiter explizieren, um den Bezugspunkt der Rede von Verbesserung im Sinne des Neuro-Enhancements bestimmen zu können.

Es stellt sich nämlich die Frage, was eigentlich genau der Gegenstand jener Eingriffe ist, die als Neuro-Enhancement gelten sollen, und daher mag es nicht überraschen, wenn im Diskurs eine Reihe von Kandidaten anzutreffen sind, beginnend mit gewissen Zielstrukturen (etwa Hirnareale), aber auch dem gesamten Hirn, dem ZNS, peripheren Leistungen oder dem ganzen menschlichen Organismus.[18] Verweilen wir zunächst bei dem Bezug auf eine Struktur – etwa des Gehirns –, so bleibt zu klären, was eigentlich zu tun sei, um eine Verbesserung des *Organes* zu erreichen. Nagel, Stephan (2009) weisen auf verschiedene Formen von Eingriffen hin, wobei die Unterscheidungen (körperliche Leistungsfähigkeit, Grundstimmung, kognitive Fähigkeiten, Korrektur von moralischen Defiziten, transhumane Erweiterungen) nicht primär an den eingesetzten Mitteln, sondern vor allem an organismischen Aspekten menschlicher Individuen und deren Interaktionen orientiert sind. Wir können dies verallgemeinern, indem wir die Rede von der Verbesserung auf die Leistung von Organen innerhalb von Organismen beziehen; entsprechend lassen sich die Leistungen der erstgenannten biologisch (!) sinnvoll nur im Blick auf die jeweiligen Organismen identifizieren.[19] Damit ist aber der Bezugspunkt von Eingriffen letztlich nicht die Verbesserung etwa des „Körperlichen" (im Gegensatz zum „Befindlichen" oder „Kog-

---

18 Es ist eine fortlaufende Debatte in den Lebenswissenschaften selbst, inwieweit die Leistungen einer Struktur tatsächlich (nur) dieser attribuiert werden dürfen, oder ob nicht der Bezug auf das jeweilige Gesamtsystem (etwa den Organismus) hergestellt werden muss. Es wird im Weiteren gezeigt, dass sich im ersten Fall leicht unzulässige Verkürzungen des *biologischen* Gegenstandsbegriffes einstellen.

19 Dies schließt die Möglichkeit der Vereinzelung von Strukturen aus dem organismischen Verband zu Zwecken der isolierten Modellierung keinesfalls aus – es ist dies vielmehr ein übliches Vorgehen, welches allerdings in einem zweiten Schritt der Re-Integration des Erhaltenen in den organismischen Verband bedarf (unter Erhalt des biologischen Sinnes, etwa zu Zwecken der Erklärung oder Prognose etc.). Jedoch sollte diese mereologische Abstraktion nicht zu mereologischen Fehlschlüssen verleiten; dazu im systematischen Zusammenhang: Gutmann (2012).

nitiven"), als vielmehr der „Beitrag" eines *Organes* zur Leistung eines *Organismus*. Dieser Beitrag ist aber ein solcher nicht an-sich, sondern in Bezug auf die Bionomie[20] der Lebensform. Hier ergeben sich verschiedene Beschreibungs- und Strukturierungsmöglichkeiten, etwa solche primär morphologischer, physiologischer, genetischer, ökologischer oder evolutiver Art. Bei diesen steht nicht ein Individuum und seine „Ausstattung" als Parameter für die Leistungsfähigkeit einer Struktur fest, sondern dessen bionom modellierter Lebensvollzug im Ganzen.

Im nächsten Schritt muss daher geklärt werden, ob sich an die Rekonstruktion von Geltungsbedingungen biologischer Aussagen auch so etwas wie „biologische Verbesserung" anschließen lässt und in welcher Semantik dies erfolgte.

5 Biotische oder biologische Verbesserung?

Die Unterscheidung von „biotischer" als auf lebensweltliche Umgänge mit Lebewesen bezogene Rede von „biologischer"[21], die auf funktionale Strukturierungen von Lebewesen im wissenschaftlichen Zusammenhang abzielt, erlaubt es zunächst ohne notwendige *biologische* Implikationen eine nahezu selbstverständliche Vertrautheit mit der „Verbesserung" von Lebewesen anzuführen: solche nämlich, die durch züchterisches oder gärtnerisches Handeln zustande kommen. Weiterführend sei an die Nutzung und den Einsatz von Lebewesen in Arbeitszusammenhängen erinnert, schließlich an deren schlichte Konsumption. Werden etwa diverse Obstsorten versüßt, der Ertrag von Weizen oder die Milchmenge von Kühen vergrößert, der Fettgehalt ihrer Milch verändert oder die Schnelligkeit von Pferden gesteigert, so sind damit nicht nur z.T. alte Kulturtraditionen im Blick. Vielmehr lässt sich eine Asymmetrie identifizieren, die auf das Verhältnis von praktischem und theoretischem Wissen abzielt. Denn die genannten Veränderungen von Lebewesen gelingen in einem gewissen Umfang sicher, ohne dass geltendes biologisches Wissen in Anspruch zu nehmen wäre – zumindest im

---

20   Um dem begrifflichen Unterschied von Lebewesen und Organismus gerecht zu werden, empfiehlt es sich, bei Organismen von „bionomen" Leistungen zu sprechen. Der Ausdruck „Bionomie" bezeichnet dabei die Gesamtheit der wissenschaftlich modellierten Leistungen von Lebewesen (man denke exemplarisch an Reproduktion, Metabolismus, Mobilität, Motilität etc.; hierzu Gutmann, Bonik 1981, Gutmann 2017).

21   Dazu Gutmann, Janich (2002 a, b).

Sinne eines methodischen Anfanges. Das Umgekehrte gilt hingegen nicht; vielmehr wird sich biologische Theoriebildung – selbst anfänglich – auf praktisches Wissen der genannten Form stützen. Bekannte Beispiele für solche Konstitutionszusammenhänge sind etwa das als Züchtungsmodelle rekonstruierbare Vorgehen Darwins für die Einführung evolutionsbiologischer Grundbegriffe oder die Grundlegung der experimentellen Genetik durch Mendel (dazu Jahn et al. 1985; Janich, Weingarten 1999; Gutmann 1996).[22] Auf der Grundlage dieser methodisch-konstruktiven Überlegungen lässt sich auch die Rede von „Verbesserung" und „Optimierung" rekonstruieren, die in der Tat in der Biologie häufig anzutreffen ist; dies gilt vor allem – aber keinesfalls nur – für den evolutionsbiologischen Argumentationszusammenhang. So verweist etwa Nachtigall darauf zur Explikation dessen, was als technische Biologie in großer Nähe zur Bionik steht:

> „Man kann Organismen ja auch parallel setzten zu technischen Gebilden, sozusagen als real existierende Systeme betrachten, die – wie immer sie sich entwickelt haben – erkennbare Struktur-Funktions-Beziehungen ausgebildet haben [...]." (Nachtigall 1995, 140)

Als Vergleichsstandard treten Gesetzmäßigkeiten auf, die es erlauben, das Lebewesen *sub specie* technischer Konstrukte zu beschreiben, wie hier am Beispiel von aufrechten pflanzlichen Trage- und Trägerkonstruktionen:

> „Der Hauptträger eines pflanzlichen Hochbausystems (Halm eines Grases, Schaft eines Bambusgewächses, Stamm eines Baumes) sollte aus Materialgründen und aus energetischen Gründen – Materialanhäufung kostet Bauenergie – nirgendwo einen größeren Radius r erreichen, als zum Abfangen einer zulässigen Spannung σ_{zul} gerade nötig ist. Er wäre dann, analog zu vielen baustatischen Konstruktionen der Technik, ein ,Körper gleicher Festigkeit'." (Nachtigall 1995, 140 f.)

Es lässt sich ähnliches auch für die Strukturierung tierlicher Teile vornehmen – wie etwa das Beispiel von Röhrenknochen zeigen mag (s. Glaser 1986). Der für unsere methodische Betrachtung entscheidende Aspekt besteht darin, dass die (biologische) Rede von Optimierung wesentlich an einer solchen technischen Beschreibung der funktionalen Strukturierung von Lebewesen oder ihren Teilen

---

22 Damit ist keinesfalls ausgeschlossen, wissenschaftliches Wissen (etwa um genetische oder selbst um evolutive Zusammenhänge) zu Zwecken der Optimierung solcher lebensweltlicher Praxen zu nutzen. Allerdings gelten für solche – nicht-wissenschaftlichen – Nutzungen wissenschaftlichen Wissens andere Gelingens- und Erfolgskriterien (nämlich solche wesentlich „praktischer" Art; dazu Gutmann 2012).

orientiert wird. Die dabei investierten Kriterien sind eben wieder solche technischen, die als Parameter in die organismische Beschreibung eingingen:

> „Die Beispiele zeigen, daß der Begriff „Optimierung" im biologischen Bereich nur dann einen Erklärungswert besitzt, wenn die Optimierungsparameter bekannt, die Zielstrategien erkennbar und die Zielfunktionen formulierbar sind [...]." (Nachtigall 1995, 151)

Die entscheidende Einsicht liegt darin, dass das *Unterstellen* einer Zielfunktion nur dann nicht zu „Intelligent-Design-Concepts" führt, wenn wir diese Beschreibungen im Modus des „als-ob" verstehen (dazu Gutmann 1996). Nivellieren wir beide Beschreibungsebenen und ziehen die Beschreibungssprachmittel auf die Seite der Beschreibungsgegenstände,[23] so wird der notwendige Schein von Optimierung als eine Natureigenschaft von Lebewesen, nicht aber als Eigenschaft einer bestimmten Form *ihrer Beschreibung* erzeugt. Der Organismus ist dann nicht mehr beschrieben, *als ob er ein* Artefakt, etwa eine Maschine, wäre – er *wird* vielmehr veritabel *zu einer solchen.*

In besonderer Weise ist die Rede von Optimierung nun für evolutionsbiologische Zusammenhänge relevant, werden diese doch regelmäßig als Optimierung angesprochen (exemplarisch Braitenberg 1986; Rechenberg 1973; systematisch zum Problem: Gutmann et al. 2011). Auch im (phylo-) genetischen[24] Zusammenhang ist die Rede von Optimierung wohlvertraut; hier liegt es allerdings näher, den Bewertungsausdruck „optimiert" auf die *Beschreibung* des Vorganges zu beziehen, was sich im Umgang mit jeweils zugrundeliegenden parsimony-Prinzipen zeigt.[25]

. Für Nachtigall aber spielt Optimierung *sensu verbis* eine zentrale Rolle, denn nur so „ergibt" sich gleichermaßen das gesuchte Kriterium für die sozusagen natürliche Optimierung einfach aus der Beschreibung:

> „Heißt das Optimierungskriterium ‚Annäherung an einen Körper gleicher Festigkeit', so kann man aus dem Vergleich Theorie/Messung schließen, daß der Baum in bezug auf dieses Kriterium tatsächlich optimiert ist." (Nachtigall 1995, 142)

---

23   Nachtigall selbst geht genau diesen Weg, was zu einigen irritierenden Fragen bezüglich des „Tatsächlich-optimiert-Seins" biotischer Einheiten oder deren Teile führt; dazu Gutmann (1996).

24   Es ist dies ein Sonderfall evolutionärer Rekonstruktion; dazu Gudo et al. (2007), Gutmann/Janich (2002 a, b).

25   Dies schließt übrigens „ontologische" Deutungen solcher Prozeduren der Datenoptimierung keinesfalls aus; zur methodologischen Rekonstruktion s. Sober (1988); Gutmann, Janich (2002a).

Doch selbst im Rahmen eines solchen Naturalisierungsvorganges der Beschreibungsmittel lassen sich Zweifel bezüglich des direkten Schlusses von der „gelungenen" Beschreibung zur evolutionären Optimierung der in Rede stehenden Strukturen anmelden:

> „Außerdem ist mit dieser Globalformulierung nichts darüber ausgesagt, auf welche Weise sich der Baum nun als Körper gleicher Festigkeit ausgeformt hat. Es werden viele zusammenspielende Parameter sein, mit denen die Feinabstimmung (‚Optimierung') zur Idealform letztendlich erreicht worden ist." (Nachtigall 1995, 142)

In der Tat würde der direkte Übergang von „A ist hinsichtlich x *als optimiert beschreibbar*" zu „A *ist* hinsichtlich x *optimiert*" schließlich zu „A ist *wegen* der Optimierung bezüglich x evolutionär *erfolgreich*" eine dem modernen biologischen Sprachspiel verdächtig teleologische Formulierung bedeuten, sozusagen ein Rückfall in das *panglossian paradigm* (dazu Gutmann et al. 2011). Verzichtet man auf die angezeigte Einziehung des Unterschiedes von „ist optimiert" und „ist beschrieben als ob optimiert", dann ist damit über Evolution noch nicht viel gesagt (wir hätten es lediglich mit einem rekonstruktionstheoretischen Teilargument zu tun, das seinerseits noch evolutionär – in einem umfassenden Sinne – *gedeutet* werden müsste; s. Gutmann 2017). Zusammenfassend wäre also „Optimierung" weder ein Resultat evolutionärer Transformation, noch gar eine Eigenschaft von Evolution selber.

6 Ist Evolution „Enhancement"?

Wir können nun in einem letzten Schritt auf die Vermutung zurückkommen, es ließe sich einfachhin auf „natürliche" Vorgänge referieren, um Standards für das Ermöglichen oder Unterbinden von „Enhancement" zu finden. Der Vorgang, welcher sich anbietet, ist jener mit „Evolution" bezeichnete und für diesen könnten wir folgende Charakterisierung anführen:

> „Die Natur ist ein über lange Zeiträume „eingespieltes" System. Die Dinge in der Natur passen zueinander, was uns immer wieder in Erstaunen versetzt. Läuft die komplizierte Photosynthese der Pflanzen nicht so ab, als ob ein perfekter Baumeister sie geplant hätte? Diese perfekten ‚Kunstwerke' der Natur sind durch einen sehr langen Prozess von Versuch und Irrtum in der Evolution entstanden. Durch diese große zeitliche Dimension gewinnen die Naturprozesse eine eigene Qualität, d.h., sie funktionieren. Das macht sie für uns wertvoll, wo wir davon profitieren." (Gesang 2007, 134)

Diese Skizze des Naturstandards „Evolution" zeigt zwei wesentliche Charakteristika:

1. Es handelt sich um eine Darstellung in der logischen Grammatik des *panglossian paradigm*, wobei die poietischen[26] Metaphern des „Passens" und „eingespielt-Seins" zudem jederzeit eine für ID-Vertreter (intelligent design) annehmbare Form haben (dazu Gutmann, Warnecke 2006).

2. Das zugrundegelegte Naturverhältnis erscheint vor-modern, denn es ist wesentlich der – aus der gewählten Beschreibung stammende – „von der Natur" selber gleichsam vorgegebene Standard der Nutzung von Naturstücken, welcher die Kriterien menschlichen Handelns abgibt.

Setzen wir den zweiten Aspekt zur Seite, so lässt sich der erste direkt an das oben dargestellte anschließen.[27] Die Wahl des Beschreibungsstandards ist nämlich nicht ohne Konsequenz für das Verständnis des Vorganges, der verstanden werden soll. Dieser wird (modelltheoretisch nachvollziehbar) in der – am Basteln orientierten – Form des „trial and error" beschrieben, wobei die Zwecksetzung schon zu investieren ist, da ja nicht einfach ausprobiert wird, sondern wesentlich *etwas* in einer bestimmten *Hinsicht* bezüglich gewisser *Absichten* etc. Diese Rede ergänzt nun das „Eingespielt-Sein" und das „Passen", denn damit gerät die „nicht-natürliche" Veränderung von vornherein in die Nähe einer Störung:

> „Allerdings hat die Natur eben nur ‚Tests' durchgeführt, die für den *Erfolg bei der Fortpflanzung* wichtig sind, denn das „Interesse" der Evolution ist darauf gerichtet, den Erfolg bei der Reproduktion zu maximieren. Uns Menschen interessieren aber eben auch andere Eigenschaften als die Anzahl der Nachkommen, so daß wir gar nicht umhin können, die natürlichen Tests zu ergänzen. Allerdings sollten wir besonders vorsichtig sein, in das filigrane Uhrwerk der Evolution einzugreifen." (Gesang 2007, 135, Hervorhebung Gesang)

Wir wollen die weiteren Folgen für das Verständnis biologischer Theoriebildung[28] hier vernachlässigen und nur auf den Grund für eine solche Auffassung

---

26 Damit seien ganz allgemein auf der Herstellen abzielende Handlungsformen bezeichnet.

27 Selbstverständlich kann der Bezug auf Artefakte wie etwa Uhren von *heuristischem* Wert sein (dies gilt gleichermaßen für die Überlegungen Paleys wie für die von Kant oder Dawkins – mit allerdings stark divergierenden Schlussfolgerungen); die modelltheoretische Explikation ist aber dann erst noch zu leisten.

28 Auch wenn die direkte Übernahme solch starker teletischer Terme in der Forschungsliteratur in der Regel vermieden wird, bleibt das Problem bestehen, dass eine

von Veränderung (hier etwa Evolution) sehen: Dieser liegt in der Nivellierung von Beschreibungsmittel und -gegenstand, sodass der „Normalfall" an dem auf die Realisierung menschlicher Zwecke abzielenden Herstellen orientiert wird. Menschliches Handeln aber, das als „Eingriff"[29] in ein Uhrwerk verstanden werden soll, hat zur raison d'être seines Erfolges die Gewissheit, *dass* es sich eben um ein Uhrwerk – ein in höchstem Maße zweckmäßiges Gebilde – handelt. Die Veränderung eines solchen Gebildes kann daher nur erfolgversprechend sein, wenn wir seine Struktur kennen; und in der Tat lässt sich ein solcher Schluss ziehen:

> „Wir sollten sehr genau planen, was wir tun, sollten Wechselwirkungen mit entfernten Systemen bedenken und uns mehr Zeit für Tests und Beobachtungen lassen, als es wirtschaftliche Zwänge oft erlauben." (Gesang 2007, 135)

Diese Empfehlung setzt nicht nur voraus, dass wir das System, „in" das wir eingreifen, gut kennen (oder die Kenntnis durch gezielte Testung erweitern). Vielmehr ist diese Kenntnis ihrerseits dadurch *bedingt*, dass Evolution als Prozess in poietischer Metaphorik beschrieben wurde.[30] Wenn sich also Neuro-Enhancement an der „natürlichen Ausstattung" von *Homo sapiens* orientierte, dann ergäbe sich entweder gar kein Standard für menschliches Handeln (s.o.) oder erst, *nachdem* die Beschreibungsmittel auf die Naturseite geschlagen wurden.

Aus methodologischem Gesichtspunkt ist es zudem interessant, dass sich dem – hier vorgeführten – Bezug auf *bestimmte* Modellierungen auch in den Konsequenzen entgegengesetzte zur Seite stellen lassen. Voraussetzung dafür ist allerdings eine kritische Rekonstruktion der Konzepte von Selektion und der zur Einführung dieser Begriffe eingesetzten beschreibungssprachlichen Mittel. Werden die relevanten Begriffe der Beschreibung von Evolution nämlich weniger

---

„Lesrichtung" evolutiver Merkmale benötigt wird, um evolutiv rekonstruieren zu können. Unabhängig davon, wie dies im einzelnen beschaffen ist, wird hier regelmäßig ein Optimierungsgesichtspunkt ins Spiel kommen (zur kritischen Darstellung s. Gutmann, Janich 2002a, b).

29 Ein ähnliches, letztlich auf Gleichgewichtsanschauungen beruhendes Naturkonzept liegt auch den Überlegungen von Habermas (2001) zugrunde. Die Gemeinsamkeit kommt über den bei Habermas prävalierenden Ansatz Plessners zustande, der sich am Anti-Darwinistischen Denken Üexkülls orientiert (dazu Gutmann 2004).

30 Interessanterweise sind die Handlungsempfehlungen selber so allgemein, dass sie jederzeit als Klugheitsregeln menschlichen Handelns gelten können. Das „Bedenke das Ende!" wäre auch dann relevant, wenn wir Evolution *nicht* als Bezugspunkt der Beurteilung wählten.

unmittelbar am Zweckdienlichen von Artefakten gewonnen, so kann der „zerstörerische" Aspekt von Evolution in anderer Weise hervortreten – wie dies übrigens auch für darwinistische Evolutionsansätze gilt (zur Struktur darwinistischer Evolutionstheorien s. Weingarten 1993). Schließlich sind grundsätzliche evoluti-ons*biologische* Argumente gegen die Bewertung von „Verbesserung" in der Logik des „Passens" (etwa im Sinne von „Anpassung") formulierbar (s. etwa Gutmann 1997).[31]

7 Zum Schluss: Was ist Gegenstand des Neuro-Enhancements?

Wir können nun auf die eingangs gestellte Frage zurückkommen, was der Referent von „Neuro-Enhancement" ist. Die Vieldeutigkeit des Ausdruckes, auf die Nagel, Stephan (2009) hinweisen, dürfte *einen* wesentlichen Grund in der Nivellierung des Unterschiedes lebenswissenschaftlicher und praktischer Argumentationszusammenhänge haben. Dieser Vermutung wurde mit Blick auf die lebenswissenschaftliche Strukturierung von Lebewesen als organismischen Konstruktionen nachgegangen, wobei sich zeigte, dass zwar „der" Organismus der Referent solcher Beschreibungen und der Gegenstand auch der weiteren Handhabung war – inklusive der durch invasive Verfahren erarbeiteten Einsichten. Doch kamen Organismen in die Existenz als Darstellungen von Lebewesen nur mit Bezug auf deren Lebensvollzug oder wenigstens Aspekte desselben, die wir auf der Ebene der lebenswissenschaftlichen Beschreibung als „Bionomie" zusammenfassend kennzeichneten. Nun kann aus der vorgelegten Rekonstruktion des Verhältnisses von lebensweltlichem und lebenswissenschaftlichem Tun ein Argument gewonnen werden, welches die These, dass Neuro-Enhancement überhaupt wesentlich auf Teile von Lebewesen oder deren Leistungen bezogen ist, in einem anderen Lichte erscheinen lässt. Denn wenn wir – im Modus der *organismischen Beschreibung* – ein Organ etwa oder eine andere Struktur verändern „zum Zwecke der Verbesserung", so wird dies dadurch geschehen, dass wir

---

31   Dies führt – etwa im Falle der ethischen Bewertung – letztlich in eine argumentative Patt-Situation, ohne dass damit für die Zwecke des Neuro-Enhancements oder deren Rechtfertigung etwas ausgemacht worden wäre; das *naturam sequi* Argument ließe sich vielmehr spiegeln und damit sowohl für die Ablehnung wie für die Beförderung von Neuro-Enhancement streiten – bei Nutzung gleichermaßen *biologischen* Wissens (am Beispiel genetischer Fragestellungen s. Janich, Weingarten 2002).

explizit auf die jeweilige Leistung des jeweiligen Organismus verweisen. Diese ist jedoch ihrerseits in den Zusammenhang der Leistungen im Ganzen eingebunden, die gleichsam die Kohärenz der organismischen Konstruktion bildet (dazu im Detail Gutmann, Bonik 1981). *Was* also als Verbesserung überhaupt nur gelten kann, ergibt sich erst aus der Betrachtung ebendieser Bionomie – noch unabhängig übrigens, von der evolutiven Dimension, die sicher zutreffend von Gesang (2007) mit Blick auf den reproduktiven Erfolg als (einem) Kriterium angeführt wurde.[32] Nun impliziert diese Darstellung, die sich ja auf der Ebene der *biologischen* Betrachtung bewegt, keine Normativität im ethischen Sinne, sondern lediglich hypothetische Zusammenhänge. Es wird also um Fragen des folgenden Typs gehen: „wenn die Leistung des Organismus mit Blick auf x gesteigert werden soll, dann müsste die Veränderung bei Struktur S (oder Regelkreis R etc.) einsetzen indem B verrichtet wird."[33] Liegt ein entsprechendes Verlaufswissen vor, dann kann der daraus gewonnene Zusammenhang sowohl für wissenschaftliche Zwecke (etwa der evolutiven Rekonstruktion) als auch für außerwissenschaftliche (etwa der Planung entsprechender Handlungen – *sensu* Eingriff) dienen; die hypothetische Form bleibt gleichwohl erhalten.

Gehen wir nun aber zurück auf die Rede vom *Lebewesen* – und dies betrifft nicht nur Menschen, sondern auch allerlei andere Lebensformen, die „der Mensch", wie ausgeführt, sich nicht nur zunutze macht, sondern gezielt verändert, und dieses in der Regel als Verbesserung oder im Wortsinne als Optimierung anspricht. Im lebensweltlichen Zusammenhang kann nämlich – wie etwa im Falle der medizinischen Kunst[34] – wissenschaftliches Wissen durchaus praktisch fungieren. Damit gerät die Frage nach dem Sein- oder Nicht-Sein-Sollen von Neuro-Enhancement in den Zusammenhang der Lebensführung eines Wesens – als eines *menschlichen*. Das Menschlich-*Sein* dieses Wesens richtete sich nun aber nicht mehr nach dessen Beschreibung als Exemplar von *Homo sapiens*;

---

32 Evolutiver Erfolg muss nicht einfach mit der Vergrößerung der „Zahl" der Nachkommen identisch sein; zum Konzept etwa der inclusive fitness s. Wilson (2002).

33 Fragen solchen Typs sind – wie oben angedeutet – für den rekonstruktiontheoretischen Aspekt evolutiver Darstellungen nicht unerheblich; es muss aber deren modellierender Charakter ernst genommen werden.

34 Hippokrates (etwa *peri technes*) bezeichnet aus guten Gründen die Tätigkeit des Arztes als *techne*. Sie ist in genauem Sinne eben keine Wissenschaft, wiewohl zu deren Ausübung wissenschaftliches Wissen (übrigens nicht nur biologischer Art) gelegentlich nützlich ist (etwa Hippokrates, auf dem Stand der Zeit, *peri diaites* oder *peri agmon*).

vielmehr steht menschliches Leben im Blick – *insofern* es *menschliches* Leben ist. Der *auf diese Weise* in Anspruch genommene Bewertungsrahmen ist nicht auf die „biologische Normalform" zu bringen (wiewohl er ihr – im Sinne des methodischen Anfanges – zugrundeliegt). Es ist also nicht vor allem die Verbesserung der Leistung eines Organes oder einer Struktur oder des Organismus im Ganzen, sondern es ist die *Tätigkeit* selber, deren Veränderung die Zwecke des Enhancements abgäbe – und mithin auch die Erfolgskriterien. Die Frage jedoch, *ob* Tätigkeiten – wie etwa „denken", „wahrnehmen" oder „erfahren", aber auch weitere Interaktionsformen, sei es der Kommunikation oder des Arbeitens – verändert werden *sollen,* in welcher Hinsicht dies zu geschehen habe und *ob* dies als *Verbesserung* zu werten sei, ist, mit Blick auf dessen spezifische Verfaßtheit, durch Nutzung lebenswissenschaftlichen Wissens alleine nicht zu beantworten. Erst wenn der Prozess der Veränderung menschlicher Tätigkeiten und ihrer Form selber zum Gegenstand der Aushandlung würde, wäre daher eine *vernünftige* Debatte über Neuro-Enhancement möglich;[35] diese hätte allerdings ihren Ort weniger im Raum ethischen Diskutierens und Abwägens, als vielmehr dort, wo es um die Aushandlung der Struktur und Form von Gemeinwesen und ihren Reproduktionsbedingungen[36] zu tun ist.

Literatur

Bennett MR, Hacker PMS (2010) Die philosophischen Grundlagen der Neurowissenschaften. Darmstadt

Beurton P (2000) A Unified View of the Gene, or How to Overcome Reductionism. In: Beurton P, Falk R, Rheinberger HJ (2000): 286-316

Beurton P, Falk R, Rheinberger HJ (Hg) (2000) The Concept of the Gene in Development and Evolution. Cambridge

Boden MA (2006) Mind as Machine. Vol. I & II. Oxford

---

35   Dies gälte insbesondere für den hier aus der Betrachtung ausgeschlossenen Aspekt des ärztlichen Handelns, wenn dieses nicht mehr im Sinne der Behebung von Störungen verstanden würde. Hinweise auf dieses Verständnis ärztlichen Tuns als einer an der Lebensführung und deren Veränderung orientierten Tuns finden sich schon bei Hippokrates (*peri diaites*).

36   Dieser Ausdruck ist nicht biologisch gemeint; es werden etwa auch Werkzeuge nicht einfach nur repariert, sondern reproduziert; dazu Gutmann, Weingarten (2004).

Bölker M, Gutmann M, Hesse W (Hg) (2010) Menschenbilder und Metaphern im Informationszeitalter. Berlin/Münster

Braitenberg V (1986) Künstliche Wesen. Braunschweig/Wiesbaden

Buchheim T, Gerhardt V, Lutz-Bachmann M, Stekeler-Weithofer P, Vossenkuhl W (Görres-Gesellschaft) (Hg) (2012) Philosophisches Jahrbuch. Freiburg

Buddensiek F (2006) Die Einheit des Individuums. Berlin

Dahms G (Hg) (1994) König. Kleine Schriften. Freiburg/München

Falk R (1986) What is a Gene? Stud. Hist. and Phil. Sci. 17: 133-173

Falk R (2000) The Gene - A Concept in Tension. In: Beurton P, Falk R, Rheinberger HJ (2000): 317-334

Gahlert T (2009) Wie mag Neuro-Enhancement Personen verändern? In: Schöne-Seifert B, Talbot D, Opolka U, Ach JS (2009): 159–188

Gehlen A (Hg) (1993) Anthropologische und sozialpsychologische Untersuchungen. Hamburg

Gehlen A (1993) Die Technik in der Sichtweise der Anthropologie. In: Gehlen A (1953): 93-103

Gesang B (2007) Perfektionierung des Menschen. Berlin

Gifford F (2000) Gene Concepts and Genetic Concepts. In: Beurton P, Falk R, Rheinberger HJ (2000): 40-66

Glaser R (1986) Biophysik. Stuttgart

Griffiths P, Neumann-Held EM (1999) The Many Faces of the Gene. BioScience 49: 656-662

Gudo M, Gutmann M, Syed T (2007) Ana- und Kladogenese, Mikro- und Makroevolution – Einige Ausführungen zum Problem der Benennung. Denisia 20: 23-36

Gutmann M (1996) Die Evolutionstheorie und ihr Gegenstand - Beitrag der Methodischen Philosophie zu einer konstruktiven Theorie der Evolution. Berlin

Gutmann M (2004) Erfahren von Erfahrungen. Dialektische Studien zur Grundlegung einer philosophischen Anthropologie. 2 Bd. Bielefeld

Gutmann M (2005) Medienphilosophie des Körpers. In: Systematische Medienphilosophie, DZPhil., SB 7: 99-112

Gutmann M (2012) Warum die Beine nicht laufen und das Gehirn nicht denkt – Einige systematische Bemerkungen zum „Denken" und seinem Verständnis. In: Joerden JC, Hilgendorf E, Petrillo N, Thiele F (2012): 191-210

Gutmann M (2017) Leben und Form. Berlin

Gutmann M, Janich P (2002a): Methodologische Grundlagen der Biodiversität. In: Janich P, Gutmann M, Prieß K (2002): 281-353

Gutmann M, Janich P (2002b): Überblick zu den methodischen Grundproblemen der Biodiversität. In: Janich P, Gutmann M, Prieß K (2002): 3,-27

Gutmann M, Rathgeber B, Syed T (2011) Organic Computing: Metaphoror Model? In: Müller-Schloer C, Schmeck H, Ungerer T (2011): 111-125

Gutmann M, Warnecke W (2006): Liefert „Intelligent Design" wissenschaftliche Erklärungen? Religion, Staat, Gesellschaft 7(2): 271-348

Gutmann M, Weingarten M (2004) Preludes to a Reconstructive „Environmental Science". In: Poiesis & Praxis 3(1-2): 37-61

Gutmann WF (1997) Autonomie und Autodestruktion der Organismen. In: Jahrbuch für Geschichte und Theorie der Biologie IV: 149-178

Gutmann W, Bonik K (1981) Kritische Evolutionstheorie. Hildesheim

Hippokrates (2006) Ausgewählte Schriften. Hrsg. und Übers. Schubert C, Leschhorn W. Zürich

Hodgkin AL, Huxley AF (1952) A quantitative description of membrane current and its application to conduction and excitation in nerve. J. Physiol. 117: 500-544

Jablonka E, Lamb MJ (2005) Evolution in four Dimensions. Cambridge

Jahn I, Löther R, Senglaub K (Hg) (1985) Geschichte der Biologie. Jena:

Janich P, Weingarten M (1999) Wissenschaftstheorie der Biologie. München

Janich P, Weingarten M (2002) Verantwortung ohne Verständnis? Wie die Ethikdebatte zur Gentechnik von deren Wissenschaftstheorie abhängt. J. Gen. Philos. Sci. 33: 85-120

Janich P, Gutmann M, Prieß K (Hg) (2002) Biodiversität. Wissenschaftliche Grundlagen und gesellschaftliche Relevanz. Berlin/Heidelberg/New York

Joerden JC, Hilgendorf E, Petrillo N, Thiele F (Hg) (2012) Menschenwürde in der Medizin: Quo vadis? Baden-Baden

Koslowski P (Hg) (1999) Sociobiology and Bioeconomics: The Theory of Evolution in Economic and Biological Thinking. Berlin

König J (1937) Sein und Denken. Halle

König J (1994) Bemerkungen zur Metapher. In: Dahms G (1994): 156-176

Kull U, Ramm E, Reiner R (Hg) (1995) Evolution und Optimierung. Stuttgart

Lenk C (2009) Kognitives Enhancement und das „Argument des offenen Lebensweges". In: Schöne-Seifert B, Talbot D, Opolka U, Ach JS (2009): 93-106

Mayr E (1997) This Is Biology. Cambridge/London

Moss L (2003) What genes can't do. Cambridge/London

Müller-Schloer C, Schmeck H, Ungerer T (Hg) (2011) Organic Computing – A Paradigm Shift for Complex Systems. Basel

Nachtigall W (1995) Zum Optimierungsbegriff in der Biologie. Ableitung, Ansatzmöglichkeiten, Aussagegrenzen. In: Kull U, Ramm E, Reiner R (1995): 137-154

Nagel SK, Stephan A (2009) Was bedeutet Neuro-Enhancement? Potentiale, Konsequenzen, ethischen Dimensionen. In: Schöne-Seifert B, Talbot D, Opolka U, Ach JS (2009): 19-48

Neumann-Held EM (1999) The Gene Is Dead – Long Live The Gene! Conceptualizing Genes The Constructivist Way. In: Koslowski P (1999): 105-137

Neumann-Held EM, Rehmann-Sutter C (1999) Individuation and the reality of genes. In: Theory in Biosciences 118: 85-95

Rathgeber B (2011) Modellbildung in den Kognitionswissenschaften. Zürich

Rechenberg I (1973) Evolutionsstrategie. Stuttgart

Schöne-Seifert B, Talbot D, Opolka U, Ach JS (Hg) (2009) Neuro-Enhancement. Paderborn

Sober E (1988) Reconstructing the past. Cambridge/London

Synofzik M (2009) Pychopharmakologisches Enhancement: Ehtische Kriterien jenseits der Treatment-Enhancement-Unterscheidung. In: Schöne-Seifert B, Talbot D, Opolka U, Ach JS (2009): 49-68

Weber M (2005) Philosophy of Experimental Biology. Cambridge

Weingarten M (1993) Organismen – Objekte oder Subjekte der Evolution? Darmstadt

Wilson EO (2002): Sociobiology. Cambridge

Der moderne Mensch in der Optimierungsfalle

Über die Schattenseiten des Enhancements

Giovanni Maio

1 Einleitung

Es wird nur wenige Menschen geben, denen nicht an einer Verbesserung ihrer Gedächtnisleistungen gelegen ist. Wer problemlos mehr Informationen speichern und abrufen kann, hat Vorteile in der Organisation des Alltags. Was wäre dagegen einzuwenden, wenn man diese wertvollen Fähigkeiten noch steigern würde, zum Beispiel durch diesbezüglich effektive Medikamente? Ein neuer Begriff ist aufgetaucht in den ethischen Debatten, der Begriff des „Enhancements", der Verbesserung des Menschen. Zu diesem Ansatz gehören einerseits die schon lange existierenden Bestrebungen, die Körperform des Menschen nach seinem Belieben zu modellieren („Schönheitschirurgie"), aber auch die Ansätze, menschliche Leistungen zu steigern, so die Merkfähigkeitssteigerung, die Konzentrationssteigerung oder auch die Gemütaufhellung durch entsprechende Medikamente. Darüber hinaus gibt es auch Ansätze, zum Beispiel bei Kindern durch Wachstumshormongabe das Längenwachstum zu steigern. Was ist davon zu halten? Gerade diese Ansätze verweisen ganz zentral auf Grundfragen des Menschseins. Und die Grundfrage hier lautet: In welcher Gesellschaft wollen wir leben? Wieviel wollen wir den Menschen zumuten? Wie können wir ein gutes Leben führen?

Wer den Menschen losgelöst von der Gesellschaft sieht, ihn individualisiert und den größeren Kontext nicht mitreflektiert, der wird Enhancementmaßnahmen entschieden zustimmen und ihre Legitimität alleine davon abhängig machen, ob solche Entschlüsse wohlinformiert gefällt werden und ob damit alle Kriterien der autonomen Willensbildung erfüllt sind. Für diese Position spricht die Unmöglichkeit, ein bestimmtes Lebenskonzept als allein gültiges zu apostrophieren. Diese Position verlangt, jedem die Freiheit zu lassen, sein eigenes Lebenskonzept – und sei es nur mit Enhancement-Maßnahmen erreichbar – zu verwirklichen. Wenn man hingegen Enhancement-Maßnahmen ablehnt, so besteht immer die Gefahr der Bevormundung, weil man dadurch anderen ein bestimmtes Konzept des guten Lebens aufdrängen könnte. Wenn ich hier kritisch mit den Methoden des Enhancements umgehe, so geht es mir bei dieser Kritik allerdings nicht um den Gestus, dass ich selbst besser weiß, was für den anderen gut ist, sondern es geht mir um die Frage, wie man – zum Beispiel als Therapeut, zum Beispiel als Arzt – einem Menschen helfen kann, der da sagt, ich möchte unbedingt Enhancement-Mittel haben.

Wir sind heute gewohnt, alle ethischen Fragen mit dem Prinzip der Autonomie zu lösen; wenn wir nicht wissen, ob etwas gut oder nicht gut ist, dann sagen wir, das soll doch dann einfach dem Einzelnen überlassen bleiben, das zu entscheiden. Wir überlassen es dem Einzelnen und meinen damit, ethisch hochwertig entschieden zu haben. Dieser Weg kann aber etwas zu einfach sein. Wenn jemand etwas will, dann muss man doch näher hinschauen, sich interessieren für diesen anderen Menschen und genauer nachfragen, warum will der andere genau dies und nicht etwas anderes? So muss in Bezug auf die Selbstbestimmung nochmals nachgedacht werden, ob und wie weit überhaupt von selbstbestimmten Entscheidungen gesprochen werden kann, wenn sich viele Menschen in ihren Entscheidungen doch eher einem gewissen Konformitätsdruck beugen. So muss kritisch nachgefragt werden, wie selbstbestimmt jemand noch ist, der sich dem äußeren Druck nach mehr Leistung beugt und deswegen beispielsweise aus Angst vor sozialer Benachteiligung den Weg zum Pharmakon einschlägt. Die Verbesserungen der Gehirnleistungen („Neuroenhancement" oder „Gehirndoping") sind hier ähnlich zu beurteilen wie das körperliche „Enhancement" in der ästhetischen Chirurge. Studien belegen, dass viele Menschen einen ästhetischen Chirurgen aufsuchen, nicht nur aus freiem Willen, sondern weil sie sich damit vielmehr dem Diktat internalisierter Schönheitsstandards unterwerfen, diesem sich eben nicht hinreichend zur Wehr setzen können.

Es ist daher für die Einordnung des Gehirndopings lohnend, sich den Klassiker des Enhancements, die ästhetische Chirurgie kurz anzuschauen, weil es da viele Parallelen gibt, von denen wir viel lernen können. Viele Menschen wünschen sich ästhetische Eingriffe nicht aus eigener Vorliebe für ihr neues Aussehen, sondern weil sie einem gewissen soziokulturellen Normierungsdruck nicht standhalten können. Solche Patienten sind also gerade nicht die starken autonomen Menschen, auf die sich viele ästhetische Chirurgen in der Begründung ihres Tuns gerne berufen, sondern sie sind oft eher schwache Menschen, die sich in ihrem Wunsch nach ästhetischen Eingriffen dem gesellschaftlichen Konformitätsdruck beugen. Sie ergeben sich dem Anpassungsdruck von außen, weil sie nicht die innere Stärke haben, sich ihm zu widersetzen und ihr eigenes Ideal durchzusetzen. Ob also in diesem Zusammenhang in ethischer Hinsicht tatsächlich von Autonomie gesprochen werden kann, erscheint doch sehr fraglich. In jedem Fall müsste allen Heilberufen, wenn sie sich als helfende Berufe verstehen, eher daran gelegen sein, die Autonomie und damit das Selbstbewusstsein zu stärken. Indem der chirurgische Eingriff allzu schnell umgesetzt wird, werden viele Menschen in ihrem Konformitätsbestreben unterstützt. Ob man aber tatsächlich ein fehlendes Selbstbewusstsein mit dem Skalpell adäquat behandelt, erscheint eher fraglich. Nur so ist es zu erklären, dass auf eine ästhetische Operation bald die nächste folgt, meist wegen äußeren Formabweichungen, die dem unbekümmerten Betrachter gar nicht mehr auffallen.

Das mag nochmals verdeutlichen, dass man es sich zu einfach macht, wenn man einfach von Autonomie spricht und als Medizin einfach das tut, was die Patienten oder Klienten wollen. Eine Medizin als Heilkunst müsste mehr tun als einfach Wünsche zu erfüllen. Sie müsste tiefer denken und darüber nachdenken, wie sie den Menschen wirklich helfen kann, ihnen helfen kann, ein gutes Leben zu führen. Um zu diesen Kernzielen vorzustoßen, müssen wir die Optimierungswelle, die wir gerade erleben, in einen größeren Kontext stellen.

2 Der Optimierungswahn im größeren Kontext

„Der Mensch ist nichts anderes als das, wozu er sich macht", hat Jean Paul Sartre einmal gesagt. Damit hat Sartre ein Lebensgefühl und einen Trend beschrieben, der sich gerade in den letzten Jahren noch deutlich verstärkt. Wir können die gegenwärtigen Tendenzen zur Perfektionierung nur verstehen, wenn wir sie in einen größeren Horizont der modernen gesellschaftlichen Entwicklung stellen, wenn wir sie als Ausdruck eines Verdikts des Gelingens begreifen, unter dem das moderne Leben steht.

Der moderne Mensch ist in seine Freiheit entlassen. Er braucht sich nicht (mehr) bestimmten Konventionen zu unterwerfen, kann sich seine private Wert-

und Zielorientierung scheinbar frei aussuchen. Ein alle Menschen verbindendes Band in Form einer gemeinsamen Orientierung scheint unmöglich geworden zu sein, sodass als einzig Verbindendes scheinbar nur noch die Freiheit bleibt, ganz nach eigenem Belieben zu entscheiden. In Ermangelung eines gemeinsamen Bandes ist der Mensch auf sich selbst zurückgeworfen. Es liegt nun alles an ihm, was er – der Einzelne – aus seinem Leben macht. Mit dieser neu gewonnenen Freiheit, dass der Einzelne frei darüber entscheiden könne, „was" aus dem Leben zu „machen" sei, nimmt nicht nur die persönliche Verantwortung für das Ergebnis dieser Entscheidung zu, sondern allein die Annahme einer solchen Freiheit lässt überhaupt erst die Scheiterbarkeit des Lebens aufkommen. Allein die Vorstellung, dass das Leben – als Ganzes – scheitern könne, scheint demnach ein Resultat der modernen Freiheit zu sein, da es in dieser Perspektive auf den Einzelnen zurückfällt, wenn sich dieses Leben – nach welchen willkürlichen Maßstäben auch immer – als gescheitertes Leben herausstellt. Was zunächst als Entlastung wahrgenommen wurde, als Entlastung von traditionellen Verpflichtungen, als Entlastung von konventionellen Vorgaben, als Entlastung von Verbindlichkeiten erweist sich bei genauer Betrachtung gerade als eine zentrale Belastung des modernen Menschen. Die scheinbar gewonnene Freiheit, die Ziele des eigenen Lebens selbst aussuchen zu können, wird gekoppelt an den Imperativ, das Leben zum Gelingen zu bringen, es in einer Weise zu führen, die dieses Leben als gelingendes Leben darstellbar erscheinen lassen kann. Neu entstanden ist ein Imperativ, selbst bei der Führung des eigenen Lebens erfolgreich zu sein.

Der moderne Mensch ist damit indirekt einem kollektiven Gelingenspostulat unterworfen. Er setzt sich selbst unter Druck, sein Leben als ein dem Gelingen zugeführtes Leben präsentieren zu können. Er ist gezwungen, das Leben nicht nur zu leben, sondern es gerade aktiv in Richtung auf allgemein akzeptierte Parameter zu führen, weil nur in der Führung des Lebens auf die gesellschaftlich anerkannten Ziele hin er als „vollwertiger Mensch" in der vermeintlich freien neuen Gesellschaft wahr- und aufgenommen werden wird. Dass dies so ist, liegt freilich nicht allein an der dem Menschen zugewiesenen neuen „Freiheit", sondern auch und vor allem daran, dass im Zuge des Gelingensimperativs das Leben reduziert wird auf ein bewertbares und scheiterbares „Produkt" menschlicher Entscheidungen. Die modernen Imperative und Zwänge, die größtenteils von der Konsum- und Leistungsgesellschaft vorgegeben werden, suggerieren dem Einzelnen, dass er nur so lange einen Wert hat, wie er etwas aus sich macht. Sein Wert besteht demnach nicht in seinem Sein, sondern wird lediglich danach bemessen, welches „Lebensprodukt" er durch sein Tun hervorzubringen in der Lage war.

Solange der Wert des eigenen Selbst vor allem davon abhängt, ob man es schafft, ein „gelingendes" Leben vorzulegen und solange das Gelingen sich vornehmlich an den Parametern der Leistungsgesellschaft orientiert, erlangt die Leistungsfähigkeit einen besonderen Stellenwert, denn ohne die körperliche und seelische Verfassung, diesem Gelingensimperativ zu folgen, erhält der Einzelne das Gefühl, gerade nicht dazugehören zu können. Die Leistungsfähigkeit gilt in dieser Perspektive als unabdingbares Ermöglichungsgut für eine auf Machbarkeit und Gestaltungsimperativ ausgerichtete Gesellschaft. Da die Leistungsfähigkeit als einzige Möglichkeit betrachtet wird, ein gutes Leben zu führen, erliegt sie einer gesellschaftlichen Verabsolutierung, an deren Ende ein irrationaler Wettbewerbskult steht. Dementsprechend senden die Medien und die Werbeindustrie einen ständigen Appell aus, sich ständig um Leistungsfähigkeit, Schönheit, Jugendlichkeit zu bemühen und sich jeden Tag sozusagen neu zu erschaffen.

Der größere Kontext, in dem wir diese Tendenzen reflektieren müssen, ist nichts anderes als der Spätkapitalismus mit seinem impliziten Versprechen, die Erlösung hier auf Erden finden zu können. Diese versprochene Erlösung gibt es aber nur, gemäß dem kapitalistischen Denken, wenn man den Wettbewerb gewinnt, und um diesen zu gewinnen, ist der einzelne Mensch gefordert, ständig aktiv zu sein, jede Chance zu ergreifen, sich ständig zu optimieren. Dem modernen Menschen wird in einem solchen Wettbewerbsdenken nicht weniger zugemutet als total flexibel zu sein, sich selbst den Erfordernissen des Wettbewerbs tagtäglich neu unterzuordnen. Diese Unterordnung nennt man zwar „Positionierung", aber sie bedeutet einen Imperativ des Sich-Beugens. Dieses tägliche Beugen aber ist immer mit der Gefahr verbunden, den Wettbewerb zu verlieren. Je mehr allein das Gewinnen des Wettbewerbs zum eigentlich Erstrebenswerten wird, desto mehr opfert der Mensch nichts weniger als seine eigene Identität, er entfremdet sich von sich selbst. Hinzu kommt, dass der moderne Mensch ständig in der Angst lebt, falsch zu entscheiden, ständig in der Angst lebt, etwas zu verpassen. Schon Kierkegaard hatte treffend das beschrieben, was die heutige Gesellschaft in ganz besonderer Weise betrifft: „Läuft nun die Möglichkeit die Notwendigkeit über den Haufen, so dass das Selbst in der Möglichkeit von sich selbst wegläuft, ohne eine Notwendigkeit zu der er zurück soll: so ist das die Verzweiflung der Möglichkeit." In dieser Verzweiflung der Möglichkeit lebt der moderne Mensch. Er hat so viele Möglichkeiten wie nie zuvor und doch verzweifelt er daran, weil er spürt, dass er sie eben nicht alle wahrnehmen kann. Er

muss sich für eine Möglichkeit entscheiden und ist gezwungen, viele andere
eben nicht zu ergreifen, und so lebt er in der ständigen Angst, die falsche Möglichkeit gewählt zu haben. Diese Angst beschert ihm das Gefühl, stets nur un-
vollkommen zu sein, weil er sich zu beschränken hat. Das hat damit zu tun, dass
die Möglichkeiten, die sich heute dem Menschen bieten, eben nicht nur ein Angebot sind, sondern dass sie durch ihre Existenz einen Aufforderungscharakter
annehmen. Die Möglichkeiten sind nicht unverbindlich, sondern sie fordern den
Menschen auf, sie auch tatsächlich zu ergreifen. Und dadurch gerät der Mensch
in eine stete Rastlosigkeit, getrieben, so viele Möglichkeiten wie möglich wahr-
zumachen, in der Annahme, dadurch ein volles, ein erfülltes Leben zu führen.
Aber das Gegenteil ist der Fall. Je mehr er den vielen Möglichkeiten hinterher-
hechelt, desto größer ist die Gefahr der inneren Entfremdung, der Leere. Diese
Leere tritt auf, weil der Mensch heute unter dem Druck steht, ständig erfolgreich
zu sein; wenn Erfolg nun bedeutet, alle Möglichkeiten auszuschöpfen, dann lebt
der Mensch ständig in dem Gefühl der Defizienz, dem Gefühl, irgendwo zu
scheitern. Nur vor diesem Hintergrund können wir die Bestrebungen des Gehirndopings verstehen. Vor dem Hintergrund, dass das gesamte Leben in unserer
Wettbewerbsgesellschaft als eine Aufforderung zur Maximierung begriffen wird,
als eine Aufforderung zur Anhäufung von Möglichkeiten und zur optimalen
Verwertung der Möglichkeiten. Das Problem ist nur: wenn das Leben in den
Dienst der Maximierung des Möglichen gestellt wird, stellt sich die Frage, wo
das eigene Selbst denn dann bleibt. Wo bleibt die eigentliche Essenz der eigenen
Persönlichkeit? Maximierung ist nur ein Ansatz zur Vermehrung, aber ohne
Ansehen der Qualität, die es zu vermehren gilt. Die einzige Qualität ist das Gewinnen des Wettbewerbs, aber es stellt sich die Frage, wozu man gewinnen soll
und woraufhin man gewinnen soll. Zuweilen entsteht der Eindruck, als ginge es
darum, heute dafür zu gewinnen, um morgen umso schneller zu gewinnen, aber
wozu das Ganze? Und vor allem: wo bleibt das eigentliche Ich? Wo bleibt dabei
die Fokussierung auf das eigene Wesen, die Reflexion darauf, was mein Wesen
ausmacht. Die Unterordnung unter das Diktat des Gewinnens ist letzten Endes
eine Ignorierung dieses Ich. Nur so können wir verstehen, dass die Maximie-
rungsdoktrin unserer Zeit am Ende die Gefahr des schalen Leerseins des Über-
vollen in sich birgt.

Nur vor diesem größeren Hintergrund können wir eine Ethik des Enhancements, der Optimierung, formulieren. Denn schon der Begriff der Optimierung
postuliert ja, dass es Mittel gibt, die den Menschen verbessern können. Aber ich
muss doch fragen: Was ist überhaupt eine Verbesserung für den Menschen? Die

zentrale Frage ist also die Frage nach dem Menschen. Es ist die Frage danach, was gut für den Menschen ist. Hierin liegt sicherlich der größte Schwachpunkt der gesamten Optimierungsdebatte. Die Befürworter des Enhancements betrachten zum Beispiel jegliche Steigerung der Leistungsgrößen des Menschen per se als Verbesserung, als Enhancement. Sicherlich ist beispielsweise die Steigerung der Effektivität menschlichen Denkens und die Steigerung kognitiver Merkfähigkeiten bezogen auf bestimmte Ziele eine Verbesserung. Sieht man nur das reibungslose Funktionieren in einer Leistungsgesellschaft als Ziel an, mag die durch Enhancement erreichte Leistungssteigerung eine Verbesserung darstellen. Aber es wäre zu kurz gegriffen, aus diesen singulären Fällen zu schließen, dass die Verbesserung der Leistungsfähigkeit per se schon eine Verbesserung für den Menschen an sich sei.

Wenn man also sagt, das Ziel des Menschen als Mensch sei es, einfach schneller zu sein, dann ist die Optimierung der Gehirnleistungen gut. Aber ist das wirklich das Ziel des Menschen? Was ist überhaupt ein gutes Leben? Oder anders: Führt die Verbreitung von Optimierungs-Mitteln zu einem besseren Leben? Zu einem guten Leben? Da gibt es doch einige Einwände.

3 Warum Enhancement-Methoden nicht automatisch zum guten Leben führen

3.1 Das Medikament als Erwartung

Je weiter verbreitet die Einnahme von hirnleistungssteigernden Medikamenten wird, desto mehr sinkt die Akzeptanz der Menschen, die sich nicht so gut einfügen in einer auf Funktionieren ausgerichteten Gesellschaft. Je mehr möglich ist, desto mehr gilt als unerträglich. Das zeigt sich gerade im Umgang mit Kindern. Denn in einem Zeitalter, in dem Ritalin sozusagen als selbstverständliches Mittel gilt, werden Kinder mit einem Aufmerksamkeitsdefizit dann zunehmend als Menschen empfunden, die eigentlich in ihrem Sosein auch gar nicht „ertragen" werden bräuchten, weil es ja das Medikament gibt. Sie gelten daher immer mehr als unerträglich und die Bereitschaft, sich mit Geduld auf sie einzulassen sinkt. Die Bereitschaft, sie in ihrem Sosein anzunehmen, wäre geradezu irrational, weil man ja etwas „machen" kann. Auf diese Weise sorgt die Existenz solcher Medikamente für eine Atmosphäre der Intoleranz. Das Medikament ist eben auch nicht nur ein Angebot, es weckt zugleich eine Erwartung, eine soziale Erwartung, dass Menschen dann auch entsprechend angepasst werden, wenn es schon Medikamente dafür gibt.

Und es ist nicht nur die mangelnde Akzeptanz, die sich einstellt. Zugleich entsteht eine Erwartung, dass ein solcher Zustand wie die Unangepasstheit schnell behoben werde, weil es ja Medikamente gibt. Andere Formen der Therapien wie das Gespräch, die Investition in Beziehungen, all diese Formen werden weniger akzeptiert, gerade weil ihr Erfolg sich nur langsam einstellen würde. Man zieht also den schnellen Effekt dem langsamen Effekt vor, obwohl der langsame Effekt nachhaltiger ist. Das ist ein Resultat der breiten Anwendung von Medikamenten für psycho-soziale Probleme. Menschen können also in Zugzwang kommen und sich dem Trend kaum mehr entziehen.

Hinzu kommt: Wenn jemand wirklich ernsthafte Aufmerksamkeits- oder Gedächtnisdefizite hätte, so müssen wir ja bedenken, dass diese Schwächen doch ihre Ursache oft in familiären oder sozialen Problemen haben, die durch die Pilleneinnahme einfach maskiert und zugedeckt werden würden. Im Sinne einer Nachhaltigkeit erschiene es daher zielführender, soziale Probleme auch sozial zu lösen und nicht etwa gesellschaftliche Missstände durch Medikamente einfach zu kaschieren. Ein Therapeut, der ein Interesse am Anderen hat, wird sich doch unweigerlich für eine nachhaltige Therapie einsetzen, die mehr Zeit und Aufwand erfordert, aber dafür dem ganzen Menschen hilft und ihn nicht entfremdet.

3.2   Die Vorteile des Gehirndopings heben sich auf, wenn alle Doping betreiben

Es ist eben wie im Sport. Man hat nur dann einen Vorteil vom Dopen, wenn eine beträchtliche Zahl der anderen Menschen diese Möglichkeit nicht hat. Wenn jedoch jeder dopt, dann ist man sozusagen wieder mehr oder weniger gleichgestellt, nur eben eine Stufe höher. Was also als individueller Vorteil erscheint, erweist sich bei genauerer Betrachtung als sozialer Verlust, weil man nicht mehr unbefangen ungedopt sein kann, ohne Nachteile zu befürchten. Das Dopen ist also nicht unbedingt nur ein Zugewinn, sondern es ist eben auch ein Verlust, und dieser Verlust betrifft diejenigen, die eigentlich nicht dopen wollten. Sie verlieren ihre Freiheit, ohne Medikamente zu leben, wenn sie nicht benachteiligt werden wollen. Das ist das Paradoxe an diesem Bestreben. Das Dopen wurde eingeführt in dem Bestreben, sich einen Vorteil dadurch zu erwerben; es wurde eingeführt, um sich besser zu stellen. Durch die Verbreitung aber wurde diese positive Ausrichtung nun überführt in eine negative, nämlich der Angst vor Benachteiligung, wenn man nicht dopt. Das heißt also, was zunächst als Möglichkeit zur eigenen Förderung in Erscheinung trat, ist nun zum Mittel geworden, sich vor Benachteiligung zu schützen. Aus der Möglichkeit wurde Zwang, aus dem Gewinnenkönnen wurde Benachteiligungsvermeidung.

3.3   Was ist wichtiger: Merken oder Vergessen?

Wir sprechen immer davon, dass das Mehr-Merken ein gutes Ziel des Menschen sei. Aber ist denn tatsächlich das Nicht-Vergessen für den Menschen erstrebenswert? Die Frage ist also: Wieviel mehr Gedächtnisleistung ist wirklich gut für den Menschen? Der Mensch kann sich letztlich nur dann orientieren, wenn er nicht nur das Merken lernt, sondern wenn er auch und vor allem lernt, zu vergessen. Der Mensch muss befähigt werden, das Unwesentliche zu vergessen, um das Wesentliche zu erkennen. Der Mensch trifft ständig unbewusste Entscheidungen, die ihn das Unwichtige vergessen lassen, damit er sich auf das Wesentliche konzentrieren kann. Das ist ein sehr komplexer und kreativer Vorgang. Wenn ich also sage, Merkfähigkeit steigern ist ein gutes Ziel für den Menschen, müsste ich doch gleich fragen: welche Merkfähigkeit bezogen auf welche Inhalte soll denn gestärkt werden? Wenn wir sagen, wir werden befähigt, uns einfach alles zu merken, dann würden wir uns durch das viele Unnötige Wissen, das wir uns merkten, eher behindert fühlen als optimiert. Das heißt: sich mehr merken im Sinne des Gutseins für den Menschen kann nur heißen, dass man mit dem Merken auch das Vergessen optimieren müsste. Ganz zu schweigen davon, dass es für viele Menschen eher ein Segen ist, dass sie gerade vergessen können. Daher wird klar, dass die gesteigerte Merkfähigkeit nicht per se allein von Vorteil sein kann.

3.4   Schneller und direkter ist nicht immer besser

In einer Zeit, die von Effizienzdenken geprägt ist, kommt man leicht zu dem Schluss, dass nicht nur im Beruf, sondern auch im Privatleben das Schnellere und Effizientere stets besser sei als das weniger Schnelle und das nur auf Umwegen Erreichte. Hier muss man jedoch fragen, ob der Mensch nicht sogar angewiesen ist auf Hürden, auf Umwege, auf Widerstände, um reifen zu können. Enhancement in diesem Effizienzdenken zielt darauf ab, das Ziel ohne Anstrengung zu erreichen. Dies wäre für den Menschen allerdings nur dann gut, wenn die Anstrengung selbst nur als Negativumstand für die Zielerreichung gesehen werden müsste. Würde man aber die Anstrengung nicht bloß als unnötig, sondern als wichtigen Bestandteil der eigenen Erfahrungsmöglichkeiten sehen, dann erscheint ein solcher auf reine Effizienz ausgerichteter Enhancementansatz fragwürdiger. So wäre eben zu überlegen, inwiefern eine Anstrengung für den Menschen von Nutzen sein könnte, weil er durch diese Anstrengung etwas hinzulernt, weil er dadurch erst das Gefühl bekommt, selbst Produzent einer Leistung gewesen zu sein, ja sich durch diese Anstrengung erst selbst erkennt.

3.5 Optimierung ist nicht immer ein Mittel zum Glück

Häufig wird behauptet, mit Enhancement-Mitteln, insbesondere mit jenen, die der Stimmungsaufhellung dienen, könne menschliches Glück schneller erreicht werden. Auch hier bedarf es allerdings eines genaueren Blicks. In der Philosophie hat die Beschäftigung mit dem Glücksbegriff eine lange Tradition. Eine wichtige Traditionslinie dieser Glücksbegriffsbestimmung beginnt schon mit Aristoteles. Für ihn ist die Glückseligkeit nicht einfach ein Zustand des Wohlbefindens, sondern vielmehr eine Tätigkeit, in der sich unser rationales Tun optimal verwirklicht. Menschliches Glück stellt sich nach Aristoteles dann ein, wenn ein Lebensvollzug durch die Verwirklichung menschlicher Tugenden am besten gelingt. Glück ist für Aristoteles demnach gelungenes Leben; das heißt also, dass es darum geht, dass das Leben als Ganzes gelingt, und dazu gehört eine Beziehung des eigenen Handelns zur Außenwelt. Das Wesen des Glücks besteht also weniger in einer bestimmten Seelenstimmung als vielmehr in der Realisierung eines bestimmten Lebensdesigns. Die Freude, sie ist nicht etwas, was man anstreben kann, sondern sie stellt sich einfach ein, wenn der Mensch das Gefühl hat, dass er seine Fähigkeiten einbringen kann und ihm sein Tun gelingt. Das Glück ist also nicht einfach eine bloße Seelenlage im Sinne eines Wohlbefindens. Das Glück ist ein Vollzug des Lebens, Glück ist Leben im Vollzug und nicht ein isoliertes Gefühlsmoment. So lässt sich sagen, dass das etwaige Ziel der Optimierungsansätze, Glück durch die pharmakologische Herbeiführung eines Glücksgefühls zu verwirklichen, nicht angemessen wäre. Denn mit der künstlichen Herstellung eines virtuellen Glücksgefühls ohne Realitätsbezug kann kein Glück im eigentlich Sinn hervorgebracht werden. Im Gegenteil kann das eher zu einer Entfremdung des Menschen von seiner Welt führen, was seinem Glück am Ende eher im Wege steht, als dass es dadurch gefördert werden würde. Zur Erreichung des Glücks bedarf es eben mehr als einer effizienten Herstellung eines Glücksgefühls.

Ein Mensch zum Beispiel, der sich durch die Pille zwar glücklich fühlt, aber de facto sich in einer desolaten Situation befindet, einen solchen Menschen würden wir ja nicht als einen glücklichen Menschen bezeichnen, weil eben zur Definition des Glücks doch eine Konkordanz von Gefühl und Realität bestehen muss.

Nach diesen fünf Einwänden gegen eine unreflektierte Übernahme der Optimierungsversprechen stoße ich nun zur zentralen Frage vor, die der ganzen Optimierungsdebatte zugrunde liegt; und die zentrale Frage lautet doch: Was können wir unter einem guten Leben verstehen? Oder spezifischer: ist die Effizienzsteigerung wirklich ein Weg zum guten Leben; ist die Steigerung der menschlichen Fähigkeit tatsächlich ein gutes Ziel für den Menschen?

4 Bedingungen eines guten Lebens

4.1 Offenheit des Lebensvollzugs als Grundvoraussetzung für ein gutes Leben

Die Methoden des Enhancements wollen die Mittel optimieren, um ein für evident gehaltenes Ziel schneller oder besser zu erreichen. Durch diese Fokussierung auf die Optimierung der Mittel gerät jedoch allzu leicht aus dem Blick, worauf es wirklich ankommt. Die Konzentrierung auf die Beschleunigung ist nicht nur eine Erweiterung, als welche sie oft dargestellt wird, oder eine Vergrößerung des Spielraumes. Im Gegenteil: Allzu oft wird mit der exzessiven Orientierung an der Effizienz das Leben selbst eingeengt auf eine ökonomistische Perspektive. Dabei erscheint doch das Ziel so klar und unumstößlich zu sein: schneller soll es gehen. Aber kommt es denn darauf wirklich an? Mit der ausschließlichen Fokussierung auf ein einziges bestimmtes Ziel führt man doch ein Leben, das darin besteht, dass man sich für Alternativen von vornherein verschließt. Wenn man im Leben nur noch auf Effizienz und auf Noch-Mehr, Noch-Weiter und noch-Schneller setzt, dann verschließt man sich komplett für all die Wendungen und Überraschungen, die das Leben bereithält, für das Unerwartete, womit das Leben aufwartet. Ein Grundproblem des Enhancements ist daher nicht die Beschleunigung per se, sondern die der Beschleunigung inhärente Ausblendung der Weite des Lebens, die Verkennung des Werts eines Umweges, die Ignorierung des Sinns eines grundsätzlich offenen Lebensvollzuges.

Es geht mir nicht um eine etwaige Glorifizierung des Scheiterns, aber die Hindernisse, das punktuelle Scheitern, sind oft nicht die Katastrophen, für die wir sie zunächst halten. Vielmehr sind es diese Notwendigkeiten, die den Menschen häufig erst dazu befähigen, Großes zu leisten und zu sich zu finden. Die Befürwortung des Enhancements lässt diesen Aspekt vollkommen außen vor und suggeriert, dass allein das Ziel das gute Leben ausmacht und man vergisst, dass oft es der Weg ist, der den Sinn ausmacht und nicht das Ziel allein.

4.2 Authentizität: Bewahrung des eigenen Selbst

Dies hat niemand besser ausgedrückt als der Begründer der Existenzphilosophie Sören Kierkegaard, als er in seinem Entweder-Oder schrieb: „Das Große ist nicht, dies oder das zu sein, sondern man selbst zu sein." So Kierkegaard. Wir stoßen also immer wieder auf dieses ,man Selbst', auf dieses Gelingenspostulat. Wir haben am Anfang schon beleuchtet, dass die Befürworter des Enhancements auf Prinzipien wie die Autonomie rekurrieren. Die Freiheit des Einzelnen sei es, die hier zum Tragen kommen solle, so wird argumentiert. Bedenken wir, dass die kulturelle Basis für die Enhancement-Bestrebungen letzten Endes das Wettbewerbsdenken ist, so müssen wir realisieren, dass eine wettbewerbsgetriebene Entscheidung zum Enhancement gerade nicht aus innerer Freiheit erfolgt, sondern aus der durch den Wettbewerb verhängten Notwendigkeit. Denn eines schafft der Wettbewerb unweigerlich: den Zwang, sich den Regeln des Wettbewerbs zu beugen. Es wird hier gerne von Autonomie gesprochen, aber im Grunde geht es um Konformität, um Anpassung, ja letzten Endes um die Internalisierung der Ansicht, dass das Enhancement alternativlos sei. Dies ist doppelt paradox, wenn man bedenkt, dass viele Menschen deswegen zu Mitteln greifen, weil sie dem Anforderungsdruck unserer Gesellschaft nicht standhalten können, und indem Sie Enhancement-Mittel nehmen, verwenden Sie aber genau die Methoden zur Kurierung ihres Problems, die ihr Problem überhaupt erst zum Entstehen gebracht haben. Das Medikament folgt den gleichen Prinzipien wie das Problem, das eigentlich bekämpft werden soll. Hier sehen wir schon, dass die Anwendung von Medikamenten als Mittel gegen den Leistungsdruck etwas Paradoxes an sich hat. Dass das so kommen konnte, hängt eben damit zusammen, dass der Wettbewerb am Ende einen sozialen Zwang ausübt und damit alles andere überstrahlt. Die Enhancement-Mittel versprechen zwar Autonomie, aber de facto verstärken sie die Fremdbestimmung und zementieren die Ungleichheit und vor allem die Selbstausbeutung.

Und noch etwas kommt hinzu, wenn wir von Autonomie sprechen. Vergessen wird nämlich, dass zur Autonomie nicht nur Freiheit gehört, sondern ebenso die Authentizität. Der Mensch, er möchte seine Freiheit so ausüben, dass er sich als eigentlicher Autor seiner Handlungen empfindet. Er möchte selbst den Entwurf seines Lebens schreiben und sich als eigentlicher Verfasser betrachten. Wie aber ist es möglich, sich als Autor einer Handlung, eines Entwurfes, zu verstehen, wenn diese Handlung als Resultat einer Medikamenteneinnahme verstanden werden muss? Wie könnte es möglich sein, Autor sein zu wollen und sich gleichzeitig durch die Einnahme von Pillen selbst zu instrumentalisieren, sich zum Objekt eines pharmazeutischen Vorgangs zu machen? Was stammt letztlich noch von mir, wenn ich etwas leiste, was ein Produkt einer Medikamentenwirkung ist? Hiergegen wird oft eingewandt, dass Kaffeetrinken ja auch nicht als Selbstinstrumentalisierung begriffen wird. Dabei wird allerdings verkannt, dass Kaffeetrinken nicht singulär auf die Funktion der Leistungssteigerung ausgerichtet ist, sondern dass das Kaffeetrinken vielmehr Teil einer gemeinsamen Kultur ist, bei der der leistungssteigernde Effekt ein mehr oder weniger erwünschter Nebeneffekt unter anderen ist. Die Reduzierung des Kaffeetrinkens auf das Ziel der Leistungssteigerung wird seiner kulturellen Bedeutung nicht gerecht. Das mag man sich auch dadurch klarmachen, dass es jeder für abwegig halten würde, wenn man in einem Betrieb die Kaffeemaschine durch einen Pillenautomaten ersetzen würde. Deswegen würde ich sagen, dass die Pilleneinnahme eine bestimmte Form der Selbstinstrumentalisierung darstellt, bei der nicht mehr fraglos gesagt werden kann, dass der gedopte Mensch tatsächlich noch in vollem Umfang der eigentliche Autor seiner Leistungen ist.

4.3 Bewahrung des Sinns für das Gegebene

Das Sich-Verlassen auf das Enhancement geht von der grundsätzlichen Annahme aus, das Leben sei vor allen Dingen ein Projekt, eine Aufbauleistung, bei der das Produkt als Resultat der Veränderung zu betrachten ist. Aus einer solchen Perspektive heraus steht alles Leben und jede mögliche Situation vorrangig unter dem Aspekt des Noch-Nicht-Seienden. Das Leben wird betrachtet als das noch nicht Volle, als ein Mangel, der behoben werden muss. Zwar ist es völlig richtig, dass das Leben nur gelingen kann, wenn der Mensch es gestaltet und somit – nach Martin Heidegger – eigentlich lebt. Zwar ist es weiterhin richtig, dass ohne die Formulierung eigener Ziele das Leben sich nicht erfüllt. Dennoch ist es wiederum eine bedenkliche Einengung, wenn das Leben nur noch als das betrachtet wird, das es zu gestalten gilt. Die Freiheit des Menschen und das Gelingen seines Lebens hängen nicht nur davon ab, was er macht, sondern vor allen Dingen davon, ob es ihm gelingt, eine gesunde Balance zwischen Machenkönnen und Seinlassen zu finden. Das Erreichen dieser Balance setzt voraus, dass der Mensch lernt, dem Leben nicht nur aus der Perspektive des Noch-Nicht-Seienden und Noch-Zu-Machenden zu betrachten, sondern den Blick für den Sinn und Wert des bereits Gegebenen immer wieder neu zu schärfen. Die Verkennung des Guten im Gegebensein ist das Grunddefizit einer an Enhancement-Maßnahmen orientierten Lebensweise. Enhancement-Begehren schließen geradezu die Einsicht in das Wertvolle des Gegebenen aus und sie machen etwas unmöglich, was aber ganz wesentlich ist für ein gelingendes Leben, nämlich die Grundhaltung der Dankbarkeit. Dankbarkeit für das, was ist. Dankbarkeit für das Leben schlechthin. Dankbarkeit für die kleinsten Begebenheiten, die durch das Grundgefühl der Dankbarkeit zu etwas Besonderem werden können. Ohne diese Grundhaltung der Dankbarkeit wird es dem Menschen schwer fallen, so etwas wie Erfüllung zu finden, weil die Optimierung ja geradezu inhärent das Unabschließbare enthält. Je mehr optimiert wird und damit das Gefühl der Dankbarkeit für das Gegebene ausgeklammert wird, desto mehr wird der Mensch in eine Tretmühle gezwungen, bei der es nie ein Genug an Optimierung geben kann. Dies hat schon Epikur treffend zum Ausdruck gebracht, indem er gesagt hat: „Wem genug zu wenig ist, dem ist nichts genug."

4.4   Annahme seiner Selbst

Wir denken in unserer Zeit, dass nur das gut ist, was wir uns selbst ausgesucht haben, weil es nichts gibt, was man heute einfach hinzunehmen hat. Und doch wird bei dieser Grundeinstellung vollkommen übersehen, dass unser ganzes Leben durchdrungen ist von Vorgaben, die wir uns nicht ausgesucht haben und nicht aussuchen können. Diese Vorgaben zu negieren wäre töricht und würde einem gelingenden Leben komplett im Wege stehen. Für ein gutes Leben ist es doch unbedingt notwendig anzuerkennen, dass jeder Mensch mehr Resultat seiner Vorgaben ist als Resultat seines eigenen Machens. Jeder Mensch ist in eine Welt hineingeworfen, die er sich nicht selbst ausgesucht hat, die vor ihm schon Bestand hatte und die erst ermöglicht hat, dass er überhaupt ist. Ohne diese ihm vorgegebene Welt wäre er selbst gar nicht. Und jeder Mensch ist in eine bestimmte Zeitepoche hineingestellt, die er sich nicht selbst ausgesucht hat. Sie ist ihm einfach vorgegeben. Und so sind alle zentralen Bedingungen der eigenen Existenz Vorgaben und keine ausgewählten Einheiten. Und diese Vorgaben können wir auch als Schicksal bezeichnen.

Der moderne Mensch lebt in der Annahme, Selbstgestalter seines Schicksals und Schöpfer seiner selbst sein zu können. Der moderne Mensch ist fest davon überzeugt, dass es nichts gibt, womit man sich heute abzufinden hat. Diese Perspektive der Offenheit aller Möglichkeiten verstellt den Blick auf das Sein des Menschen, weil sie im Menschen nur noch das Noch-Nicht-Seiende erblickt und keinen Raum bietet für die Anerkennung des So-Seienden. Hans Blumenberg hat dies treffend auf den Punkt gebracht, als er betonte, dass in der modernen Welt „nichts sein muss, was ist" (Blumenberg 1987: 57). Dieses „was ist" aber hat einen Wert, und darüber müssen wir neu nachdenken, wenn wir die Optimierung des Menschen als kollektiven Wunsch unserer Zeit in seiner Tiefendimension verstanden haben möchten.

Der moderne Mensch möchte nichts für gegeben annehmen, sondern alles selbst aussuchen. Dies hat zur Folge, dass die Energie des Menschen zuweilen zu einseitig auf dieses – illusorische – Ziel der Abschaffung des Gegebenen ausgerichtet wird. Damit droht aber das Potential zu verkümmern, das darin liegt, das Gegebene und damit nicht zuletzt das eigene Sein anzunehmen und einen guten Umgang damit zu erlernen.

Was möchte ich damit sagen? Mir geht es nicht um ein Plädoyer für eine neue Schicksalsergebenheit. Das wäre töricht. Blinde Ergebenheit in das Schicksal wird dem Menschen als vernunftbegabtes Wesen nicht gerecht. Der problematische Umgang des modernen Menschen mit dem Schicksal beginnt daher nicht dort, wo gegen das Schicksal gekämpft wird, sondern wo suggeriert wird, dass der moderne Mensch gar kein Schicksal mehr anzunehmen brauche, weil die Medizin ihm, dem modernen Menschen, die absolute Freiheit geben könne – die Freiheit, seinen Körper selbst auszuformen, die Freiheit, seine Nachkommen selbst auszusuchen (siehe vorangegangenes Kapitel), die Freiheit, sich nach seinem Belieben zu „optimieren". Das implizite Versprechen dieser absoluten Freiheiten ist das eigentliche Problem vieler Bereiche der modernen Hochglanzmedizin.

Und dieses Versprechen ist hoch problematisch, weil es trügerisch ist. Es ist eben nicht nur Freiheit, die gewährt wird, wenn zum Beispiel die ästhetische Medizin dem Menschen suggeriert, er könne sich seine Körperform selbst aussuchen, denn mit dem selbst Aussuchenkönnen ist eine neue Unfreiheit für ihn selbst erkauft, die Unfreiheit, schon morgen diese selbst gewählte Körperform nochmals auf die Tauglichkeit für die damit verbundenen Ziele überprüfen zu müssen. Wenn die Körperform nicht mehr Schicksal, sondern nur noch Resultat der eigenen Wahl sein soll, wie es viele Bereiche der ästhetischen Medizin versprechen, so ist aus diesem Wählenkönnen der eigenen Körperform doch nicht neue Freiheit erwachsen, sondern neue Unfreiheit, weil man dann für dieses Gewählte auch verantwortlich gemacht werden wird und man das Gewählte jeden Tag neu hinterfragen muss, ob es noch zeitgemäß ist. Denn ab dem Moment, da man das Soseiende ersetzt durch die eigene Wahl, gerät man in eine Spirale des immer wieder neu Wählenmüssens, in eine Spirale des stetigen Abgleichs. Verlorengegangen ist dann die Unbekümmertheit des eignen Umgangs mit sich selbst. Freiheitsgewinn ist das nicht unbedingt.

Vor diesem Hintergrund plädiere ich für eine Einsicht in die Notwendigkeit der Grenzen des Machbaren; es geht letzten Endes um das Annehmenkönnen, auch das Annehmenkönnen der Grenzen, vor allem aber um das Annehmenkönnen seiner selbst. Der Mensch in unserer modernen Gesellschaft ist ein Mensch, der auf seine Welt zuweilen zu sehr mit der Haltung des Begehrens reagiert und das Innehalten, die Bescheidung, das Maß tendenziell aus den Augen verliert. Wir wissen aus der antiken Philosophie, dass ohne die Kardinaltugend des Maßes kein Mensch glücklich werden kann, und was dem modernen Menschen am meisten fehlt, ist gerade das Maß im Umgang mit dem Begehren. Der moderne Mensch begehrt, der allererste Anfang zu sein, er begehrt, ein mangelloses Leben führen zu wollen, er begehrt, sich mit nichts abfinden zu müssen. Dieses Begehren ist es, was den modernen Menschen in seiner Anspruchshaltung am Ende unglücklich, angstvoll und gar verzweifelt macht. Er ist Opfer seiner Ansprüche an die Machbarkeit der Welt und übersieht, dass sein Glück tatsächlich bei ihm liegt, aber eben nicht in seiner Hand, sondern in seiner inneren Einstellung.

Eine innere Einstellung, die dem modernen Menschen sagt, dass das Gefühl der Zufriedenheit mit der Welt nicht mit einer Pille hergestellt werden kann. Eine Einstellung, die ihm sagt, dass das eigentlich gute Leben nicht darin bestehen kann, einfach nur besser zu funktionieren, sondern als gesamte Person ein Gefühl des Reichtums zu empfinden. Und zu diesem Reichtum gehört das Vermeiden eines vorschnellen Zumachens und einer Fixierung des gesamten Lebens auf bestimmte Qualitäten. Zu diesem Reichtum gehört doch das Offenbleiben für die Weite des Lebens und das Sichversagen gegen alle Vereinnahmungen. Ja, ich würde sogar sagen, das Offenbleiben für das Unerbetene, für das, was wir eben nicht selbst wählen. Denn das Wertvolle im Leben ist doch oft das, was wir nicht geplant haben, das, was sich einfach ereignet, solange wir offen bleiben für das neue Ereignis. So würde ich doch sagen, dass das glückliche Leben nicht in der Erreichung eines perfekten und vollkommenen Lebens besteht, sondern doch darin, sich jederzeit gegen das Erstarren zu engagieren.

In unserer Hand liegt die innere Einstellung also, die innere Einstellung, die uns da sagt, dass das vermeintlich Imperfekte im Menschen, seine Grenzen des Könnens, seine Vulnerabilität einen Sinn haben. Vielleicht kann diese innere Einstellung zu einer Wertschätzung des Imperfekten führen und nicht zur Hochschätzung des vermeintlich Perfekten. Die Hochschätzung des Imperfekten, nicht im Sinne einer Leugnung der Schattenseiten des Imperfekten, sondern eine innere Einstellung der Bescheidenheit in der Annahme dessen, was perfekt sein könnte. Wir wissen es einfach nicht, was der perfekte Mensch sein soll, und daher meine ich, brauchen wir doch gute soziale Verhältnisse für den imperfekten Menschen und sollten nicht den Menschen bedrängen, vermeintlich perfekt zu werden, damit er in unvollkommene soziale Verhältnisse der modernen Leistungsgesellschaft passt.

5 Schlussfolgerungen

5.1   Hilfe als Stärkung des Rückgrats statt Förderung der Anpassung

Mit meiner Kritik sage ich nicht, dass jegliches Enhancement immer und für jeden Menschen zu verurteilen wäre. Darum geht es mir nicht. Mir geht es um das Aufzeigen einer allgemeinen Tendenz, nicht um eine kategorische Abqualifizierung. So gilt es zu bedenken, dass auch wenn sich die Optimierungstendenzen nahtlos in in unsere propagierten positiven Vorstellungen von Effizienz und Kontrolle einfügen, sie am Ende eben doch fragwürdig werden können, wenn diese Tendenzen unreflektiert affirmiert werden. Dies schließt jedoch nicht aus, dass die Anwendung dieser Ansätze im einzelnen Fall sinnvoll oder zumindest tolerabel erscheinen kann. So wird es eben Situationen geben, in denen der Wunsch nach Enhancement einer bedrängten Lage entspringt und in der andere Hilfe nicht möglich ist. Dennoch, und dies ist ein entscheidender Punkt, eröffnet diese kritische Reflexion eine Perspektive, die es ebenso ermöglicht, im einzelnen Fall auch aufmerksam zu werden auf die mit dem Enhancement verbundenen Ziele, die auch im Sinne des Nachfragenden von zweifelhaftem Wert sein können. Eine Kritik der Werte des Enhancements muss nicht münden in eine paternalistische Behandlungsentscheidung, sondern die Kritik kann auch dazu befähigen, dem Enhancementwilligen alle Facetten seines Wunsches deutlich zu machen.

Wenn Therapeuten bereit sind, diesen Wünschen ohne Bedenken zu folgen, dann leisten sie den von mir herausgearbeiteten Grundvorstellungen auch Vorschub; sie werden damit in gewisser Weise Komplizen dieser Vorstellungen, Komplizen einer allein auf Leistung und Effizienz orientierten ökonomistischen Gesellschaft. Durch die Übernahme und Akzeptanz der Ziele von Effizienz, Schnelligkeit und Kontrolle werden diese Werte durch die Heilberufe stabilisiert und bekräftigt. Sich dessen bewusst zu sein, kann im Sinne dessen sein, der den Wunsch zum Neuroenhancement äußert; wir haben ja gesehen, wie gesellschaftliche Trends Druck auf den Einzelnen erzeugen können und wie sich der Einzelne oft diesem Druck nur schwer entziehen kann und bei denen es aber dennoch richtig und wichtig sein kann, dass sich der Einzelne dem Druck entzieht, um zu sich selbst zu finden. Daher stellt sich eben die Frage, ob nicht gerade bei den Menschen, die aus einem fehlenden Selbstvertrauen heraus nach Dopingmitteln greifen, es von Seiten der Heilberufe nicht eine adäquatere Hilfe wäre, statt des Symptoms das fehlende Selbstvertrauen als Grundproblem zu behandeln.

Darüber hinaus muss immer bedacht werden, dass die Medizin auch ihren Kredit als eine Instanz, die sich dem hilfesuchenden Menschen widmet, verspielen kann, wenn sie Doping-Mittel nur noch auf Wunsch verordnet und je unreflektierter sie das tut, umso näher rückt sie in die Sphäre der bloßen Dienstleistung, die mit Heilkunst nichts mehr zu tun hat. Zwar kann im spezifischen Einzelfall die Gabe von Neuroenhancern durchaus auch eine konkrete individuelle Hilfe sein; bei einer generellen und unreflektierten Anwendung kann die individuelle Hilfe zu einem kollektiven Uniformitätsdruck umschlagen. Daher kommt gerade der Verantwortung des Therapeuten, der sich allein am individuellen Wohl und nicht an Marktgesichtspunkten orientiert, eine besondere Bedeutung zu.

Eine Therapie, die auf die Ängste vieler Menschen, aus der Leistungsgesellschaft herauszufallen, nur die Pille als Antwort parat hat, wird dem Patienten nicht wirklich gerecht. Daher bedeutet hier Ethik der Therapie, dass der Therapeut nicht unreflektiert Wünsche erfüllt, sondern stets versucht, dem einzelnen Menschen mit einer Grundhaltung des Helfenwollens gerecht zu werden. Das kann manchmal auch das Medikament sein, immer ist es aber das sich Einlassen auf eine Beziehung, die nicht von Verschreibungen, sondern von Verstehen getragen ist.

Bei der Debatte um die Optimierung des Menschen neigen wir dazu, zu sehr auf ein einziges Merkmal zu fokussieren und wir blenden dabei das Gesamte aus. Mir geht es um einen ganzheitlichen Blick auf diese Problematik. Mir geht es um die gesamte Person und nicht nur um eine Fähigkeit. Ich denke, dass der Mensch nicht allein dadurch glücklich werden kann, wenn er besser funktioniert, sondern er ist darauf angewiesen, mit dem Gefühl zu leben, dass sein innerer Wert nicht allein in seiner Leistungsfähigkeit liegt, sondern einfach in seinem Sein, in seinem So-Sein begründet ist. Je mehr der moderne Mensch dieses Gefühl verliert, dass sein Wert all in seinem Sein begründet ist, desto mehr unterliegt er einer Entfremdung von sich selbst. Er neigt dann dazu, sich selbst, seinen eigenen Körper nur noch als ein Instrument zu betrachten, das bloß benutzt wird, um die gesellschaftlich anerkannten Ziele zu erreichen. Der moderne Mensch benutzt seinen Körper wie ein Werkzeug und vergisst, dass er sich auf diese Weise vereinnahmen lässt von den kollektiven Erwartungen.

Wenn wir von einer therapeutischen Hilfe für Menschen sprechen, die vom Arzt, vom Therapeuten entsprechende Pillenverschreibungen verlangen, dann muss man doch anerkennen, dass hier Hilfe bedeuten kann, dem modernen Menschen dieses Bewusstsein wieder zurückzugeben, dass er keine künstliche Leistungssteigerung, keine Dopingpillen braucht, um sich als wertvoll zu empfinden. Vielleicht müssten hier die Therapien eher darauf ausgerichtet sein, den Menschen ihr Rückgrat zu stärken und sie immun zu machen gegen die Versuchung, sich mittels Dopingmittel komplett anzupassen. Vielleicht ist eine gute Medizin im Sinne einer Heilkunst nur die Medizin, die selbst Rückgrat hat und sich nicht für jedwedes Ziel einer ökonomisierten Leistungsgesellschaft hergibt.

5.2 Jeder Mensch ist vollkommen

Zusammengenommen lässt sich sagen, dass wir in einer Gesellschaft leben, die dem Menschen aufgibt, perfekt sein zu müssen. Je perfekter der Mensch werden will, desto unvollkommener wird er. Das Streben nach Perfektion im Sinne absoluter Intoleranz gegenüber Fehlern lässt Menschen obsessiv werden. Der Blick für das Wesentliche kommt abhanden. Die Vermutung liegt nahe, dass der Drang zur Perfektion nur ein verzweifelter Versuch des modernen Menschen ist, den durch Säkularisierung und Technisierung verloren gegangenen Sinn durch ein krampfhaftes Festhalten am Ideal der Perfektion zu ersetzen.

Die moderne Gesellschaft setzt ganz auf die Machbarkeit und nutzt Technik und Wissenschaft zur Bestimmung von Vollkommenheit auf Basis der Perfektion. Dieser Versuch ist aber zum Scheitern verurteilt. Wir haben gesehen, dass der technologische Fortschrittsgedanke nicht alleiniger Maßstab des guten Lebens sein kann. Diese Engführung auf Funktionalität und Tauglichkeit führt zu einer Sichtweise, in der es nur noch standardisierte Vorstellungen von Perfektion gibt: Menschen, die alle die gleichen Höchstleistungen zu vollbringen haben und alle möglichst immer funktionieren müssen. Doch die eigentliche Vollkommenheit des Menschen liegt nicht in seiner Leistungsfähigkeit, sondern in seiner Einzigartigkeit. Jeder Mensch ist vollkommen, weil er unverwechselbar ist. Auch der Schwache bewahrt seine Faszination. In diesem Sinne ist unser technischer Drang nach Perfektion ein Blindwerden für eine Vollkommenheit, die es bereits gibt und die nicht herstellbar ist. Es ist die unverwechselbare Brillanz des Lebens selbst.

Daher ist es wichtig, dass die Medizin neue Zugänge zum Menschen findet. Dies sind Zugänge, die bei allem Drang zum Beherrschen das Staunen nicht verlernt haben und zu einem Hochgefühl angesichts der Vielfalt menschlichen und nicht-menschlichen Lebens auf der Erde führen. Der Drang der Medizin, Grenzen zu überschreiten und sich des Da-Seienden zu bemächtigen, es zu unterwerfen und zu kontrollieren, war für die Menschheit auch segensreich, aber eine Medizin, die *nur* auf das Bemächtigen setzt, ohne diesen Drang zur Bemächtigung zu paaren mit einer Grundhaltung der Demut und Ehrfurcht vor dem, was ist, mag zwar nach Perfektion streben, wird aber eine Grundeinstellung auf den Plan rufen, die sich am Ende gegen das Leben selbst richtet. Der Wert und der Reichtum des Lebens liegt nicht in dem, was ich messen und steigern kann, sondern im Leben selbst, und je mehr wir uns freimachen können von den einseitigen Leistungskategorien unserer Zeit, je mehr wir eine neue Gelassenheit erlernen, desto mehr werden wir das eigentlich Wichtige im Leben erkennen und erst dadurch glücklich werden können.

Über kognitive Optimierung des Menschen

Anthropologische Vorfragen zur ethischen Beurteilung der kognitiven Leistungssteigerung des Menschen

Jan C. Schmidt

1 Neue Formen von Anthropotechniken und Techniken des Selbst

Seit den frühen 2000er Jahren und einem mittlerweile berühmt gewordenen Workshop der US-amerikanischen National Science Foundation wird über die technische Steigerung, Optimierung und Perfektionierung des Menschen debattiert.[1] Über dieses „Human Enhancement" ist seither weltweit eine mitunter heftig geführte Kontroverse entbrannt. Das ist nicht verwunderlich, schließlich bezieht sich die technische Optimierung auch auf kognitive Leistungsmerkmale des Menschen.[2] Von Neuro-, Brain-, Cognitive- und Memory-Enhancement ist die Rede,[3] von kosmetischer Psychopharmakologie und Doping für das Gehirn.[4]

---

1 Der US-Report trägt den Titel „Converging Technologies for Improving Human Performance" (Roco, Bainbridge 2002). Dort ist insbesondere auch von „Cognitive Enhancement" und „Enhancement of the Human Mind" die Rede (vgl. Wolbring 2008). Diese Diskussionslinien werden mitunter als grundlegend für den so genannten „Transhumanismus" angesehen (vgl. als moderne Klassiker: affirmativ: Savulescu, Bostrom 2009, sowie allgemein kritisch: Fukuyama 2002, und President's Council on Bioethics 2003).

2 Dieser Punkt ist zentral für die neuere Debatte – im Unterschied zu älteren, wie etwa jene um die Gentechnologie.

3 Zum Überblick Farah et al. (2004).

4 Siehe bspw. Kramer (1994).

© Springer Fachmedien Wiesbaden GmbH, ein Teil von Springer Nature 2018
N. Erny et al. (Hrsg.), *Die Leistungssteigerung des menschlichen Gehirns*,
https://doi.org/10.1007/978-3-658-03683-6_13

Damit wird die Dekade des Gehirns, wie die 1990er Jahre in den USA forschungspolitisch genannt wurden, in technischer Hinsicht fortentwickelt. Das aktuelle Human Brain Project der Europäischen Union ist bestes Beispiel für diese technische Weiterentwicklung, die großvolumig im interdisziplinären Verbund der Hirn- und Kognitionsforschung – zwischen Informatik, Elektrotechnik, Medizin, Pharmakologie, Biologie, Psychologie, Mathematik und Physik – vorangetrieben wird.

Mit der Vision bzw. Utopie der technischen Verbesserung des Menschen[5] scheint, nach einigen Dekaden der Zurückhaltung und der Wahrnehmung von Ambivalenzen, der Baconsche Technikoptimismus zurück zu sein:[6] Wissenschaftlich-technischer Fortschritt wird wieder linear mit gesellschaftlich-humanem Fortschritt identifiziert. Das Macht- und Machbarkeitsideal, das Francis Bacon im frühen 17. Jahrhundert programmatisch für die wissenschaftlich-technische Moderne grundlegte, erreicht offenbar einen neuen, entgrenzenden Höhepunkt. Der anvisierte Typ von Anthropotechnik würde über klassische Formen, die Peter Sloterdijk (1999, 42) einst allgemein im Blick hatte, hinausgehen.[7] Verfügbar und optimierbar werden würden nicht nur technische Produkte und Prozesse, natürliche, biologische und technische Umwelten, nukleare und genetische Kerne. Darüber hinaus, so legen die Visionäre des Neuroenhancements nahe, werde auch das Innerste und Eigenste des Menschen, seine Identität, Personalität, Authentizität oder gar Autonomie technisch zugänglich: sein Denken und Fühlen, Entscheiden und Handeln, seine Stimmungen und Haltungen. Jeder

---

5   Die teils spekulativen Utopien des Enhancements hat Dickel (2011) sozialwissenschaftlich-wissenssoziologisch rekonstruiert, analysiert und bewertet.

6   So kann von einem „Ende des Baconschen Zeitalters", von dem Böhme (1993) einst treffend (für die 1990er Jahre) sprach, heute keine Rede mehr sein. Die Rückkehr des Baconschen Programms und insbesondere seine Realisierung im Rahmen konvergenter NBIC-Technologien (Roco, Bainbridge 2002) kann vielmehr als Zeichen einer Beendigung der (kurzen) „reflexiven Moderne" (Beck 1986) angesehen werden. Die Rückkehr Bacons gilt insbesondere auch für Neurotechnologie und Neuroenhancement, auch wenn man zugestehen muss, dass Bacon in *Nova Atlantis* zurückhaltend gegenüber einer technischen Manipulation der menschlichen Wahrnehmungssinne und Fähigkeiten war (vgl. De Carolis 2011, 284f.).

7   Die ursprüngliche Debatte, die Sloterdijk im Schloss Elmau in Rekurs auf eine spezifische, umstrittene Lesart von Heidegger und Nietzsche vorgetragen hat, bezog sich auf gen- und biotechnologische Optimierung und stand u.a. im Horizont der Eugenik (Sloterdijk 1999). Einen umfassenden Blick auf Anthropotechniken findet sich in Sloterdijk (2009). Zur Durchdringung von Anthropotechniken und Enhancement siehe Hübner (2014).

Einzelne könnte zum *homo faber* oder *creator* seines Selbst werden – zur Verfolgung vermeintlich ureigener Ziele, die nicht selten gesellschaftlich, ja ökonomisch produzierte Bedürfnisse oder Zwänge darstellen. Nicht nur ein psychopharmakologisches „Better than Well" und ein „Pursuit of Happiness" scheint in Sicht zu sein (Elliott 2003; President's Council 2003), sondern auch ein „Engineering of Mind to enhance Human Productivity" (Albus, Meystel 2001; Roco, Bainbridge 2002), was als neuro(sub)politischer Beitrag eines primär „unternehmerischen Selbst" (Bröckling 2007) zur neoliberal-kompetitiven „Optimierungsgesellschaft" bzw. „Leistungssteigerungsgesellschaft" zu verstehen wäre (Makropolous 2000; Coenen 2008).[8] Es ist nicht von der Hand zu weisen, dass ein gesellschaftlich-ökonomischer Sachzwang entstehen könnte, der Entscheidungsnotwendigkeiten erzeugt und damit eine „Explosion der [Selbst-] Verantwortung" induziert (Sandel 2015, 108f.). Die „Last des Möglichen" könnte, so die Befürchtung, individualisiert werden und alsbald zur allgemeinen Erschöpfung, zum „erschöpften Selbst", führen (Ehrenberg 2004, 275f).

So könnte die neuropharmakologische Selbstoptimierung des *Selbst*[9] herkömmliche Optimierungs- und Selbstkontrollformen, wie etwa die Selbstoptimierung des eigenen Körpers oder die Fremdoptimierung der genetischen Ausstattung der Kinder und zukünftiger Generationen, epochal erweitern[10] – als qualitativ neuer Typ der „Technologien des Selbst", der „Selbstführung" und des „Selbstmanagements", wie Foucault (1993) einst schon andere (individual-, so-

---

8   So identifizieren Maasen und Sutter einen Gleichgang von (globalkapitalistischer) „neoliberaler Politik und avancierten Neurotechnologien/Neurotechnowissenschaften", wodurch Menschen zu so genannten „Willing Selves" permutieren, welche die neurotechnowissenschaftliche Selbstoptimierung als eigenes Bedürfnis (selbst) wollen (Maasen, Sutter 2007).

9   Der hier und im Folgenden verwendete Begriff des *Selbst* soll den Bezug zum Eigenen des jeweiligen Menschen, zu seiner Identität, Subjektivität und Personalität darstellen; er wird nicht mit den großen Konnotationen der Begriffs- und Ideengeschichte verwendet. Zum Begriff des „Selbst" siehe Sturma (1997) sowie kritisch Metzinger (2009); das Zusammenspiel von Hirnkonzepten und „Selbst" wird von Brenninkmeijer (2010) untersucht; neuere „Subjektivierungsformen" des Selbst werden bei Bröckling (2007) vorgestellt. Allgemein ist bemerkenswert, dass offensichtlich – im Unterschied des Diskurses der so genannten Postmoderne – wieder von einem identitätsdefinierenden, einheitlichen Selbst gesprochen wird.

10   Zur Darstellung einiger Perfektionierungsmöglichkeiten, verbunden mit ethischer Beurteilung, siehe Lieb (2010) und Gesang (2007) sowie Harris (2007), letzterer allgemein unter dem Titel „Enhancing Evolution".

zial- und artefakt-) technologische Transformationen der Alltagspraxen nannte.[11] Der von Foucault angestoßene, allgemeine Diskurs um Biomacht wäre um einen der technikbasierten „Neuromacht" zu ergänzen:[12] Würde Neuroenhancement in Breite möglich und anwendbar werden, würde sich – über Foucault hinausgehend – die technische Eingriffs- und (möglicherweise) die Kontrolltiefe des (einzelnen) Menschen *in sich selbst* und *in sein Selbst,* d.h. in seine Subjektivierungsformen und seine personale Identität, vergrößern, bei gleichzeitigem Verlust an Spuren und Signaturen des Technischen.[13] Wie weit eine solche Realisierung zukünftig möglich ist, ist derzeit offen. Entscheidend ist indes schon heute, wie zu zeigen sein wird, dass die öffentliche Debatte um Neuroenhancement bereits jetzt gesellschaftliche wie individuelle Erwartungen an eine zielgenaue, wirksame, nebenwirkungsarme technische Optimierung zeitigt, die eine Verschiebung der Selbstbeschreibungen und Selbstverhältnisse des Menschen, seiner anthropologischen Selbstverständnisse und Selbstbilder andeutet.

2 Erweiterungsbedarf von Angewandter Ethik und Technikfolgenabschätzung

Derartige Visionen haben Technikfolgenabschätzer und Angewandte Ethiker auf den Plan gerufen, zu Recht. Doch was kann und soll die Grundlage für ihre Abschätzung und für ihre ethische Urteilsbildung sein? Insgesamt, so muss man sagen, ist es noch recht früh: Ein wirksames, zielgenaues und nebenwirkungsarmes Neuroenhancement steht noch aus. Wenige Präparate sind erfolgreich getestet, direkte Wirkungen sind vielfach nicht erwiesen, zielgenaue Anwendungen liegen zumeist in der Ferne.[14] Konkrete Folgen, die mit neuen neuropharmakologischen Präparaten, Produkten oder Prozessen in Verbindung stehen, sind

---

11 Vgl. dazu Osborne (2001) sowie Bröckling (2007, 31f).

12 Gehring (2006) gibt hierzu einige Beispiele, allerdings ohne explizit auf „Neuromacht" oder „Neuropolitik" einzugehen. De Carolis (2011, 282) hat den hier involvierten Techniktyp untersucht und spricht von „kognitiver Technik". Mit diesem eher unscheinbaren Begriff legt er eine epochale Verschiebung im Technikverständnis offen.

13 Dies könnte gar so weit gehen, dem „erschöpften Selbst", von dem Ehrenberg (2004) spricht, (durchaus ambivalente) Auswege aus seiner Erschöpftheit zu weisen.

14 Und auch eine homogene Scientific Community von Neuroenhancementforschern ist nicht in Sicht, vgl. Quednow (2010) und Wehling (2013).

kaum in Sicht und somit sind ihre Konsequenzen nicht antizipierbar. Das heißt freilich nicht, dass nicht eine Reihe von Präparaten auf dem Markt sind, die eine Leistungssteigerung des gesunden Menschen ermöglichen könnten. Diskutiert werden Modafinil („Vigil"),[15] Methylphenidat („Ritalin", u.a.),[16] Fluctin/Fluoxetin („Prozac"),[17] Ginko- und Ginsengextrakte sowie Piracetam, Donepenzil,[18] Metoprolol/Propranolol (Betablocker), aber auch allgemein eine Palette weiterer Psychopharmaka, Schmerz- und Beruhigungsmittel.[19]

Doch angesichts der visionären Versprechungen sind die mit diesen Präparaten verbundenen Wirkungen, die kaum über kurzzeitige leistungssteigende Effekte hinausgehen, doch dürftig. Vielmehr dominieren unspezifische Wirkungen, die freilich durchaus mentale bzw. psychische Zustände verändern können.[20] So sind die derzeitigen Präparate, die als Neuroenhancer diskutiert werden, kaum als technische *Mittel* oder *Instrumente* anzusehen, die einen spezifischen *Zweck* oder ein gewünschtes *Ziel* zu verfolgen ermöglichen. Freilich ist das zukünftig nicht auszuschließen. Nun steht in dieser Frühzeitigkeitsproblematik Neuroenhancement nicht alleine. Allgemeiner sind die *New and Emerging Sciences and Technologies* (NEST), zu denen Nanotechnologien, Biotechnologien,[21] Informationstechnologien[22] sowie Kognitions- und Neurowissenschaften („NBIC-technologies") gezählt werden, unspezifisch, gar unbestimmt, was Konsequenzen angeht. Wie umgehen mit derart offenkundig unbestimm*baren* Technikfolgen von Technologien, die wegen ihres Ermöglichungscharakters[23] zu Recht als *emergent* bezeichnet werden?

Ein rein konsequentialistischer Zugang, der heutiges Handeln durch Antizipation von konkreten Zukunftsfolgen zu beurteilen sucht und auf real möglichen Szenarien basiert, kann nicht greifen, wenn kein substanzielles Folgenwissen gewonnen werden kann. Dass freilich stets versucht werden sollte, ein wissen-

---

15 Indikation dieser Substanzklasse ist zumeist Narkolepsie und „sleeping disorder".
16 Im Rahmen der Medizin werden diese Substanzen gegen ADHS verwendet.
17 Diese Medikamente werden üblicherweise gegen Depressionen verabreicht.
18 Indikation für diese Medikamente sind i.A. Krankheitsbilder wie Demenz.
19 Vgl. zum Überblick Lieb (2010), Farah et al. (2004) und Hoyer, Slaby (2014).
20 Das ist nicht spezifisch für Neuroenhancement, sondern findet sich bspw. auch beim Drogenkonsum.
21 Wie etwa die System- und Synthetische Biologie sowie neuerdings Gene Editing/Drive.
22 Inklusive Pervasive Computing, autonome Agenten Systeme und Robotik.
23 Den Ermöglichungscharakter von Technik sowie ihre Unbestimmtheit untersuchen Hubig (2006) und Gamm (2004) (Technik als Medium, Technik als Dispositiv).

schaftsfundiertes Folgenwissen zu erlangen, steht außer Zweifel. Doch nicht selten unterstellen Angewandte Ethiker und Technikfolgenabschätzer, dass ein Folgenwissen möglich oder gar vorhanden ist – und präsentieren eine *Wenn-Dann*-Argumentation. In diese geht das Konditional („wenn") ein, das sodann nicht mehr als hypothetisch reflektiert und als unsicher gekennzeichnet wird, sondern im Glanz des Faktischen erscheint; es wird nicht mehr als spekulative Unterstellung wahrgenommen und kaum kritisch hinsichtlich der Entstehungs- und Realisierungsbedingungen reflektiert.[24] So sind Debatten wie die über Neuroenhancement geprägt von einer „unheimlichen Wirklichkeit des Möglichen" (Nordmann 2011).[25]

Nicht nur, dass zwischen Euphorie und Erschaudern kaum Zwischentöne auftreten, die konstitutiv sind für eine balancierte, an konkreten Entwicklungslinien ausgerichtete Technikgestaltung. Vielmehr geraten grundlegende Fragen aus dem Blick, die die gesellschaftlichen, ökonomischen, kulturellen und anthropologischen Bedingungen betreffen, die Neuroenhancement in Forschung und Entwicklung erst möglich machen könnten. Diese technizistische Engführung verhindert einen gesellschaftlichen Diskurs über an Problemlagen orientierte Ziele und vernünftige Zwecke von Forschungs- und Entwicklungsprogrammen. Die so genannte Neuroethik, die derzeit eine beachtliche Konjunktur feiert, ist bestes Beispiel für eine spekulativ ausgerichtete Verengung des Diskurses. Sie lässt sich einseitig vermeintliche Herausforderungen präsentieren, operiert kasualistisch im Modus einer kosmetischen Begleitforschung oder, komplementär, düster-dystopischer Szenarien. Zumeist blendet sie wirtschaftsethische, sozial-philosophische oder gesellschaftstheoretische Aspekte aus. So dringt sie nicht zum Kern des Technikhandelns vor, lässt Erkenntnisse der neueren Wissenschafts- und Technikforschung, der *Science and Technology Studies* (STS), außen vor.[26] Die soziale, ökonomische und technische Verfasstheit der Gegenwartsgesellschaft, insbesondere den Optimierungs-, Wachstums- und Leistungsdrang globalkapitalistischer Reproduktion, lässt sie unberücksichtigt. So kann sie die gesellschaftlichen und soziokulturellen Entstehungsbedingungen eines neuen Forschungs- und Entwicklungsfeldes kaum gestalten, sondern nur die Verwen-

---

24 Anders ist das etwa in so genannten Gedankenexperimenten, in denen die Hypothetizität offengelegt wird.

25 Vgl. auch Nordmann (2007). Nordmann bezieht sich nicht auf Neuroenhancement, sondern auf Nanotechnologie und allgemein die NBIC-Konvergenz.

26 Hoyer, Slaby (2014) kritisieren ebenfalls die verengte Perspektive der Angewandten Ethik.

dungsbedingungen moderieren; sie wirkt *ex post*, nicht *ex ante*. Zusammengenommen ist sie zu schwach, wie eine „Fahrradbremse am Interkontinentalflugzeug", so Ulrich Beck (2007, 73f) in anderem Zusammenhang.[27]

Um einen umfassenderen Reflexionshorizont zu gewinnen, wären also zunächst einmal die geringe Wissensbasis sowie die damit einhergehenden methodologischen und epistemologischen Probleme wahrzunehmen. Erforderlich wäre eine kritische Wissen(schaft)stheorie des Zukunftswissens, als Kern einer *New Science of the Future* und einer *Ethics of the Future*, so Jean-Pierre Dupuy (2004). Offengelegt würde dann, dass angesichts des Nichtwissens über zukünftige Folgen des Neuroenhancements rein konsequentialistisch ausgerichtete Konzepte der Technikfolgenabschätzung und der Angewandten Ethik ins Leere gehen.[28] Für die philosophische Ethik bedeutet eine solche Lage, dass über konsequentialistische und damit über utilitaristische Ethiken hinaus andere Ethikkonzepte ins Spiel kommen sollten, etwa Tugend- und deontologische Ethiken, freilich auch Diskursethiken. Grundlegender – und wohl treffender noch – wäre ein Konzept- und Theoriedefizit philosophischer Ethik anzuerkennen. Dass bei visionären, emergenten, ermöglichenden Zukunftstechnologien ein konzeptioneller Erweiterungsbedarf der Angewandten Ethik und Technikfolgenabschätzung entsteht, wurde indes mitunter gesehen. Beispielhaft für ein ganzes Bündel derartiger Ansätze, die eine Suchbewegung signalisieren, stehen Vision Assessment, Visioneering Assessment, explorative Philosophie, hermeneutische Technikfolgenabschätzung, prospektive Technikfolgenabschätzung und Scenario Mapping.[29] Diese zielen darauf ab, gegenwärtige Technikzukünfte und Technikvisionen zu adressieren und deren Entstehung, Funktion und Wirkung zu analy-

---

27 Ob diese These Becks noch gilt, ist in bestimmter Hinsicht fragwürdig: Wehling (2013) hat in kritischer Absicht auf die neue, aktive Rolle von Ethikern – und auch von Technikfolgenabschätzern – als Mitspieler hingewiesen. Ein Beispiel ist das „politische Akteursverhalten" der Europäischen Akademie Bad Neuenahr-Ahrweiler im Rahmen ihrer Studie zum Neuroenhancement (Galert et al. 2009). Derartige Aktivitäten von Ethikern, vorgetragen als vermeintlich neutrale Expertenexpertise, sind im Kern wie in der Wirkung politisch, nämlich im Sinne von Bio-, Medizin- oder Neuroenhancementpolitiken, so Wehling (2013).

28 Vgl. auch Nordmann (2007) bzgl. der Nanotechnologie. Dass konsequenzialistische Zugänge kaum greifen können, heißt freilich nicht, dass Neuroenhancement nicht im Horizont von Folgen zu reflektieren ist.

29 Siehe bspw. Grin, Grunwald (1999), Nordmann (2013), Grunwald (2012; 2015), Karafyllis (2009), Liebert, Schmidt (2010), Beecroft, Schmidt (2014) und Hoyer, Slaby (2014).

sieren, um so „etwas über uns" heute zu lernen und damit Grundlagenarbeit zur Technikgestaltung (Forschung, Entwicklung, Nutzung/Konsum) zu leisten, wobei Begriffe, Sprache, Narrationen, Illustrationen und andere Medien und Mittel eine Rolle spielen (vgl. Grunwald 2015, 68). Einige der Ansätze sind gar verbunden mit dem Ziel, zu einer „Repolitisierung der entsprechenden Debatten" beizutragen und somit die Reflexivität spätmoderner Wissenschaftsgesellschaften (wieder-) zu gewinnen (Hoyer, Slaby 2014, 825).

Die Ansätze zur Erweiterung von Angewandter Ethik und Technikfolgenabschätzung sollen hier, veranlasst durch die Problematik des Neuroenhancements, durch einige Vorfragen gestärkt und ergänzt werden.[30] Damit verbunden ist das Ziel, die Bedingung der Möglichkeit von Angewandter Ethik und Technikfolgenabschätzung aufrechtzuerhalten, obwohl keine konkret entwickelte Technik als Betrachtungs*gegenstand* und auch keine zukünftige Technik*folge* als heute antizipierbarer Reflexionshorizont in Sicht ist. Aus dieser doppelten Unbestimmtheit ergibt sich die Notwendigkeit einer zweifachen Erweiterung. – Es ist zunächst der Betrachtungsgegenstand zu ergänzen: um Technikvisionen, -narrationen, -intentionen, -debatten, -programme und -politiken sowie deren Entstehungs-, Entwicklungs- und Konstitutionsbedingungen, unter Einschluss von Motiven und Interessen.[31] – Doch diese Erweiterung des zu betrachtenden Gegenstandbereichs alleine ist nicht hinreichend. Notwendig ist ferner eine Erweiterung des Reflexionshorizonts, d.h. des Folgenbegriffs.[32] – *Einmal* ist der Folgenbegriff extensional von der Zukunft auf die Gegenwart zu „erweitern", also die Gegenwart ist wiederzugewinnen. Nicht nur zukünftige Folgen, sondern instantane Folgen, d.h. Folgen im Hier und Jetzt, sind zu berücksichtigen.[33] – *Zudem* ist eine intensionale Erweiterung des Folgenbegriffs angezeigt, um auch ideelle, kognitive, symbolische Technikfolgen zu erfassen: Folgen für Wahrnehmung(sweis)en, Denk(form)en, Rationalität(styp)en, aber auch Folgen für die Selbstbeschreibung des Menschen (Selbstverständnis, Selbstbild) sowie für das Verständnis von Natur, Technik, Gesellschaft und Kultur. So „zeigen sich" im

---

30 Damit soll auch ein Beitrag zum Theoriediskurs der Technikfolgenabschätzung und Angewandten Ethik geleistet werden.

31 D.h. insbesondere sind auch die leitenden (teils ökonomischen) Interessen und (mehr oder weniger expliziten) Ziele der jeweiligen Advokaten und ihrer Institutionen in den Blick zu nehmen (vgl. Karafyllis 2009).

32 Zum Folgenbegriff in seinen Varianten, siehe Gloede (2007).

33 Diese terminologische Setzung unterscheidet diesen Ansatz von ähnlichen Konzepten wie der „hermeneutischen Technikfolgenabschätzung" (Grunwald 2012; 2015).

Neuroenhancement „möglicherweise", wie Armin Grunwald (2009, 301) vermutet, „Wissenschafts- und Technikfolgen darin, wie wir uns selbst verstehen." Mit diesen instantanen, ideell-kognitiven Wissenschafts- und Technikfolgen sind zweifelsohne Verschiebungen normativer Dimensionen des gesellschaftlichen Orientierungsrahmens verbunden, in dem individuelles und kollektives Handeln gemeinhin seinen Grund findet und jeweils unter Verweis auf Gründe zu rechtfertigen ist.

Eine solche Sichtweise geht selbstredend über konsequentialistische Konzepte der Ethik hinaus, obwohl es sich um Konsequenzen handelt.

3 Anthropologie und Ethik

Mit dieser doppelten Erweiterung können nun Hintergründe der Visionen der technischen (Selbst-) Optimierung des Menschen freigelegt werden und Vorfragen zur Analyse und späteren Beurteilung des Neuroenhancements formuliert werden.[34] Diese Vorfragen sind im Kern anthropologischer Natur: Wenn von „kognitiver Optimierung" des Menschen die Rede ist, von „Neuroenhancement", „Cognitive Enhancement", „Brain-Enhancement" und „Improving Human Performance" (Roco, Bainbridge 2002), sind Grundfragen der Anthropologie angesprochen. Es geht um Selbstbeschreibungen des Menschen, um jene zentrale Selbstreflexivität, in dessen Rahmen sich der Mensch als Mensch entwirft: Nicht nur, wer oder was *ist* der Mensch?, sondern stets auch, wer oder was *soll* der Mensch sein? – und wer oder was *soll* ich als Mensch sein?[35] So ist es naheliegend und durchaus weiterführend, eine „Anthropologiefolgenabschätzung" zu fordern.[36]

---

34 Eine wesentliche Vorarbeit in diese explorativ-klärende Richtung hat Grunwald (2008, 249ff.) geleistet, in dem er die Semantik des Begriffsfeldes, wie „Verbesserung", „Optimierung", u.a. untersucht hat.

35 Diese Fragen stehen sowohl mit Metaphysik als auch mit Gesellschaftstheorien in Beziehung.

36 Metzinger (2000, 64), dessen Zugang hier einen problematischen Naturalismus befördert, fordert – anders als dieser Beitrag –, dass wir eine „kulturelle Umsetzung der neuen, von den empirischen Bewusstseinswissenschaften gelieferten Erkenntnissen [benötigen ...]. Es ist deutlich abzusehen, dass die neue naturalistische Anthropologie fast allen traditionellen Bildern vom Menschen und seinem inneren Leben dramatisch widersprechen wird." Metzinger diskutiert dabei die „neuen Bewusst-

Was hier angesprochen ist, betrifft also die Verhältnisse von Anthropologie und Ethik. Man kann sagen, dass jede Unilinearität eine Verkürzung wäre. Vielmehr ist ein bipolares Bedingungs- und Ermöglichungsverhältnis zu konstatieren. Selbstbeschreibungen des Menschen haben, so könnte man in aller Vorsicht – auch jenseits des Vorwurfs eines naturalistischen oder deskriptivistischen Fehlschlusses – andeuten, *einerseits* eine orientierende, hintergründige Funktion für die Ethik: Anthropologie geht jeder Ethik in gewisser Hinsicht voraus und bildet einen allgemeinen normativen Rahmen; menschliche Selbst- und Weltbilder sind konstitutiv für das konkrete Handeln sowie für die ethische Urteilsbildung.[37] Es macht einen Unterschied für Handeln und Urteilsbilden, ob sich der Mensch als Kreatur und Geschöpf Gottes versteht (jüdisch-christliche Tradition), als Mängelwesen (Protagoras, Herder, Gehlen), als Maschine (Le Mettrie), als biologisch-evolutionäres Produkt (Darwin), als Selbstzwecksetzer, als vernunftbegabtes Projekt und Subjekt (Kant), als nicht festgestelltes Tier (Nietzsche), als Weltoffenheit qua Kraft des Geistes und als Neinsagenkönner (Scheler), als physiologische Frühgeburt (Gehlen), als ungedachtes Wesen (Heidegger), als offene Frage und exzentrisches Wesen (Plessner), als Zigeuner am Rande des Universums (Monod), als Funktionsträger des egoistischen Gens (Dawkins), als *homo faber* (Scheler u.a.), als *animal symbolicum* (Cassirer), als *homo pictor* (Jonas), als *homo sacer* (Agamben) oder als *homo oeconomicus* (klassische/neoklassische Wirtschaftswissenschaften), – um einige gängige Beispiele zu nennen. *Wen* wir als Menschen und *wie* wir den Menschen beschreiben und ansehen, so handeln wir – am anderen Menschen, an uns als Mensch, mit anderen Menschen in der Gesellschaft. Die jeweilige Selbstbeschreibung ist immer auch Stand- und Handlungsort des Menschen, sie liefert (Des-) Orientierung für gelingendes oder misslingendes Handeln. „Die Reflexivität der Selbstbeschreibung bringt es bei Menschen mit sich", so Michael Hampe (2006, 41) in anderem Zusammenhang, „dass sie [= Menschen] andere werden, dadurch, dass sie sich anders beschreiben."

Andererseits gibt es auch eine inverse Richtung, die zu thematisieren ist – Übergänge von der Ethik zur Anthropologie. Allgemein können normative Vorverständnisse und Normreflexionen, auch im Sinne der Ethik, als grundlegend

---

seinswissenschaften" in einer Art, die eine Anpassung kultureller Errungenschaften an vermeintlich neutrale Entwicklungen der Neurowissenschaften nahelegen.

37   Diese Einsicht hat keiner so klar formuliert wie Jonas (1984; 1997) – sowohl im Rahmen seiner Biophilosophie wie seiner Ethik.

für jede Anthropologie angesehen werden, wie sich in Anlehnung an kulturalistische Positionen zeigen ließe und wie man es in der Praktischen Philosophie Kants findet. Kants *Anthropologie in pragmatischer Hinsicht* weist, in Gegenüberstellung zu dem, was er physiologische Anthropologie nennt, die Relevanz der Frage nach dem, was der Mensch sei, gewissermaßen selbst als ethische Frage aus: der Mensch ist sich selbst als Projekt, nämlich als vernunftbegabtes, noch nicht vernünftiges Wesen, aufgegeben.[38] Er hat sich, wie Kant auch in seiner *Pädagogik* sagt, im offenen Horizont im Hinblick auf eine bessere Zukunft zu entwickeln, wozu Erziehung zur Subjekthaftigkeit, insbesondere zur Mündigkeit, notwendig werde.[39] Ethische Aspekte besitzen, so kann man Kant verstehen, eine vorausgehende, konstitutive Funktion für die Anthropologie. Zugespitzt, Anthropologie, auch wenn sie sich als deskriptiv oder physiologisch, also im engeren Sinne naturwissenschaftlich verstehen mag, basiert stets auf normativen Vorentscheidungen bzw. ethischen Erwägungen im weiteren Sinnen.

Dieses gegenseitige elementare Bedingungs- und Ermöglichungsverhältnis ist bei der Beurteilung des Neuroenhancements zu berücksichtigen. Anthropologische Selbstbeschreibungen sind selbst ethikrelevant, sie spannen also den Raum auf, in dem Ethik sodann argumentativ einsetzen kann[40] – auch wenn Selbstbeschreibungen des Menschen selbstredend keine normative Begründungsfunktion im Rahmen der Ethik übernehmen können und ihrerseits einen situativen und revidierbaren, „provisorischen Status" (Wils 1997, 33) aufweisen (sollten).[41] Vor diesem Hintergrund wird man nicht zu weit gehen, wenn man eine irreführende Illusion darin sieht, Ethik ohne Anthropologie haben zu wollen,

---

38 Kants „Anthropologie in pragmatischer Hinsicht" von 1798 gehört zu seinen späten Schriften.

39 Siehe auch Kants Pädagogik von 1803 (Kant 2011).

40 Zu den Funktionen von Menschenbildern in der Ethik sowie zum Verhältnis von (Philosophischer) Anthropologie und Ethik siehe Düwell (2011) und Peterson (2001) sowie die Beiträge in Wils (1997). Böhme (2008) bezieht sich auf Menschenbilder und auf Ethik, wenn er „Technikphilosophie und Technikkritik" zusammenführt. Eine analytische Klärung über den Zusammenhang von Subjektivität und Moralität vor dem Hintergrund philosophisch-anthropologischer Bestimmung der Person findet sich bei Sturma (1997), der zudem eine „Reduktionismuskritik" anthropologischer Bestimmungsversuche vorlegt (vgl. ebd., 58f.).

41 Dabei kann es sich insgesamt weniger um allgemeine und spekulative Bestimmungen des Menschen handeln, „sondern vielmehr [um] konkrete Hermeneutiken seiner Situation" in den jeweiligen lebensweltlichen wie wissenschaftlichen Deutungskontexten, wie Wils (1997, 27) folgend betont werden kann.

analog wie Anthropologie ohne Ethik. Vielmehr findet sich eine „Verschränkung von philosophischer Anthropologie und Ethik", wie Reiner Wimmer (1995, 19) so klar zeigt. Diese Verschränkung hat fast noch grundlegender Hans Jonas (1984; 1997) ab den 1960er Jahren herausgearbeitet, nämlich dass Ethik sowohl auf einer anthropologischen Basis aufsitzt als auch in ihrem Horizont stets auf Anthropologisches zielt. Und Jonas (1984, 93) hat offengelegt, dass „stillschweigend" Ethiken allgemein, „auch [...] der utilitaristischsten, [...] diesseitigsten" anthropologische sowie metaphysische Prämissen zugrunde liegen.[42]

Ziel kann nur sein, in aufklärerischer Absicht diese anthropologischen Hintergründe hinsichtlich ihres ethikrelevanten Gehalts und Gewichts offenzulegen – und als pragmatisch zu verhandelnde, zentrale Vorfragen im Sinne normativer Bedingungen ethischer Urteilsbildung diskursiv zugänglich und kritisierbar zu machen.[43] Selbstbeschreibungen der (und des) Menschen können so als zentraler Reflexionshorizont und Referenzpunkt der Technikdiskurse, hier des Neuroenhancements, disponibel werden.

4 Vom Naturalismus zum Technonaturalismus

Die erweiterte Sichtweise von Angewandter Ethik und Technikfolgenabschätzung, für die hier argumentiert wird, fokussiert dabei nicht primär auf den (über-) morgigen Menschen, wie er in den Visionen um das Neuroenhancement spekulativ aufscheint. Recht besehen geht es um das Heutige, das sich in der Zukunftsdebatte spiegelt: Im Spiegel der Zukunft zeigen wir Heutige uns selbst. So zeitigt Neuroenhancement bereits ohne breite pharmatechnologische Anwendung instantane Technikfolgen, kurzum: Anthropologie- und Gesellschaftsfolgen im Hier und Jetzt. Das heißt, schon die Debatte ist wesentlicher Kristallisationspunkt, sie trägt zur Veränderung der Selbstbeschreibung des Menschen bei. Das ist von kaum zu überschätzender Relevanz, insofern Menschen andere werden, wenn sie sich anderes begreifen.[44]

---

42   Vgl. auch Hampe (2006).
43   So kann auch in Anschluss an Jonas (1997) unterstrichen werden.
44   Zum Verhältnis von Metaphysik, Anthropologie und Handlung siehe Hampe (2006, 41) in pragmatistischer Tradition.

Die Zeitdimension schrumpft noch in einer anderen Hinsicht zusammen, was uns auffordert, die Immanenz der Gegenwart[45] anzuerkennen. Man kann nämlich auch, umgekehrt, nicht nur die erweiterten Technikfolgen von Neuroenhancement betrachten, sondern Neuroenhancement selbst als instantane Technikfolge, gar als Symptom und Symbol (technikbezogener) anthropologischer, gesellschaftlicher, ökonomischer und kultureller Transformationsprozesse ansehen. Neuroenhancement ist sodann verstehbar als Ausdruck eines allgemeinen Medikalisierungsprozesses der Gegenwartsgesellschaften oder, umfassender, als Zeichen und Signatur spät- (und weniger reflexiv-)[46] moderner Steigerungs-, Optimierungs- und Leistungsgesellschaften.[47] Der Mensch löst sich demnach mess- und optimierbar, mithin positivistisch, in kompetitiv vergleichbare Kompetenzen auf, die sich einer neoliberalen Grundhaltung fügen und in ihrer Selbst-Verständlichkeit kaum wahrnehmbar in den Hintergrund treten.[48]

Zusammengenommen erscheint Neuroenhancement gleichermaßen als Ursache *wie* als Wirkung, als Bedingung *wie* als Folge veränderter (individueller wie gesellschaftlicher) Selbstbeschreibungen des Menschen. Diese beiden Pole zusammenzuführen und gar von einer untrennbaren Mitte eines instantanen Bedingungsverhältnisses auszugehen – das ist Aufgabe von Angewandter Ethik und Technikfolgenabschätzung. In aufklärerischer Absicht ist also zu fragen: Wel-

---

45 Grunwald (2007; 2008) hat diese spezifische Temporalität von Zukunftsdiskursen offengelegt.

46 Offenbar ist die Epoche der reflexiven Moderne, von der Beck (1986) und andere in den 1980er und 1990er Jahren sprachen, wieder vorüber.

47 Derartige Bedingungen von Technik haben die sozialwissenschaftliche Technikforschung, die Technikgeneseforschung sowie die Science and Technology Studies (STS) untersucht, während die Angewandte Ethik zumeist gesellschaftliche Dimensionen außen vor lässt, wie auch Teile der Sozialethik. Im Bereich der Technikfolgenabschätzung wurden diese Untersuchungen aufgegriffen, im Bereich des Neuroenhancements beispielhaft von Sauter und Gerlinger (2011). Coenen (2008) hat in kritischer Absicht den Begriff der „Leistungssteigerungsgesellschaft" ins Feld geführt, vor dessen Hintergrund Neuroenhancement zu verstehen, zu diskutieren und beurteilen sei. Und Sandel (2015) adressiert in seinem brillanten Essay „Plädoyer gegen Perfektion" das gesellschaftliche und soziale Umfeld, wobei er aus kommunitaristischer, modifiziert tugendethischer Perspektive zur Zurückhaltung gegenüber avancierten biobasierten Technologietypen auffordert; Neuroenhancement wird allerdings nicht spezifisch berücksichtigt. Ebenso kritisch wie grundlegend ist in diesem Zusammenhang auch Passmore (2000).

48 Die neoliberale Grundhaltung findet sich auch in der so genannten Kompetenzdiskussion an Schulen und Hochschulen.

ches Bild des Menschen artikuliert sich im Diskurs um Neuroenhancement? – Es
ist ein technonaturalistisches Verständnis des Menschen. Von einer *Technonatu-*
ralisierung des menschlichen Selbstbildes, genauer: des menschlichen Bildes des
Selbst, kann gesprochen werden – das ist der hier, durchaus in kritischer Absicht,
darzulegende diagnostische Vorschlag.[49]

Einiges von dem, was mit *Technonaturalisierung* gemeint ist, ist in naturalistischen Anthropologien und naturalistischen Technikphilosophien, etwa der
Arnold Gehlens oder auch Ernst Kapps, angelegt.[50] Nicht der individuelle Sub-
jektzugang zu sich selbst bzw. zu seinem Selbst oder der lebensweltliche Zugang
zum menschlichen Gegenüber ist leitend, sondern zunehmend der, der sich
(vermeintlich) an den Naturwissenschaften orientiert oder von diesen vermittelt
wird: Objektivieren, messen, experimentieren, berechnen, testen. So historisch
ungenau Sigmund Freuds (1947) Diagnose der „drei Kränkungen des Menschen"
durch Natur- und Humanwissenschaften (Astronomie, Evolutionstheorie, Psychoanalyse) auch ist und so schematisch sie als zu überwindenden Widerpart
eine übersteigerte dualistisch-metaphysische Sicht aufbaut, so bringt die Diagnose doch eine geschichtlich fortschreitende Tendenz zum Ausdruck, die auch für
die Philosophische Anthropologie, wie sie sich im 20. Jahrhundert formiert,
konstitutiver Kontrastpunkt war: nämlich die Tendenz der Ausbreitung und Vertiefung naturalistischer Selbstbeschreibungen des Menschen.[51] Diese allgemeine

---

49   Das ist zunächst begrifflich zu verstehen, es bezieht sich auf Zu- und Selbstbe-
      schreibungen. Ähnlich spricht Grunwald (2008, 298f) von einer „Technisierung des
      Menschenbildes". „Diese Form der Technisierung des Menschen findet begrifflich
      statt und stellt die andere Seite der Medaille der von vielen Naturwissenschaftlern
      und einigen Philosophen versuchten Naturalisierung des Menschen dar." (vgl.
      Grunwald 2007) Allgemein wird der hier verwendete Suchbegriff des „Technonatu-
      ralismus" bzw. der „Technonaturalisierung des Menschen" in bewusster Abgren-
      zung vom so genannten Diskurs um den „Transhumanismus" eingeführt, um (1) die
      Nähe zum prägenden Ideal des Naturalismus, (2) zur Technik und zum Diskurs um
      Technik sowie (3) zu den Technowissenschaften, inklusive der Biowissenschaften,
      Medizin und Pharmazie, herauszustellen. Diese Hinter- und Untergrundarbeit, die
      im Horizont einer an der Selbstaufklärung von Wissenschaft und Technik orientier-
      ten *Prospektiven Wissenschafts- und Technikfolgenabschätzung* (Liebert, Schmidt
      2010) steht, leistet weder der Begriff noch der Diskurs um den „Transhumanismus".

50   Berühmt sind bspw. Hinweise, dass die menschlichen Nerven als Kabelleitungen zu
      verstehen seien, wie der Technikphilosoph Kapp im 19. Jahrhundert mit Virchow
      sagt.

51   Naturalistische Anthropologien wenden sich gegen dualistische sowie idealistisch-
      monistische Beschreibungen des Menschen – und das auf je unterschiedlichen Ebe-

Tendenz fortschreibend wird seit einigen Jahrzehnten, offenkundig im Kielwasser der Fortschritte der Neurowissenschaften, verstärkt eine so genannte *Naturalisierung des Geistes* proklamiert.[52] Grundlegend für eine solch naturalistische Sicht ist ein vermeintlich an den Naturwissenschaften orientierter reduktionistischer Zugang.[53] Eine kritische Beurteilung des Neuroenhancement erfordert mithin eine spezifische Reduktionismuskritik.[54]

Der *Techno*naturalismus, von dem hier die Rede ist, geht indes über den Naturalismus, auf den er aufbaut, hinaus. Nicht die Naturwissenschaften, unter Einschluss empirisch verfahrender Sozial- und Humanwissenschaften, sondern die Technowissenschaften werden als grundlegend für den Zugang zum Menschen angesehen. Das sind also Wissenschaften, welche ein technisches Verändern, Manipulieren, Eingreifen, Erzeugen und Hervorbringen als konstitutiv ansehen, verbunden mit allgemeinen Zielen der Steigerung, Optimierung, Per-

---

nen, nämlich ontologisch-metaphysisch, epistemologisch und methodologisch (zur Naturalismus-Diskussion siehe allgemein: Keil, Schnädelbach 2000). Für Keil und Schnädelbach (2000) stellt der Naturalismus eine Position dar, die „über allgemeine Respektbekundungen für die Naturwissenschaften" hinausgeht: „Zum einen werden die Naturwissenschaften durch ihre Methoden ausgezeichnet, zum anderen wird eine Totalisierung vorgenommen: Die naturwissenschaftlichen Methoden verschaffen Wissen über alles, worüber man etwas wissen kann, und sie sind der einzige verlässliche Wege. Der universale Anspruch ist keine optionale Zutat zum Naturalismus, sondern liegt in der Logik des Programms." (ebd.: 20) Für Vollmer (1995, 24) meint Naturalismus: „Überall in der Welt geht es mit rechten [= naturwissenschaftlich im Prinzip erfassbaren] Dingen zu." Allgemeines Kennzeichen des Naturalismus ist, so Vollmer weiter, der universelle wissenschaftliche Anspruch, die methodische Mittelbeschränkung und die theorienorientierte, deduktive Erklärungsrationalität. Die naturwissenschaftliche Methode sei allen anderen Methoden überlegen. Für Natur- und Menschenbilder wäre exklusiv die empirische Naturwissenschaft zuständig. Dass dieser Naturalismus-Typ auf einer „Überschätzung der Naturwissenschaften" sowie einem „unzureichenden Verständnis von Natur beruht", wurde in kritischer Absicht eingewandt (Meyer-Abich 1997, 225).

52   Zur Kritik: Keil, Schnädelbach (2000) sowie Schmidt, Schuster (2003).
53   So bietet es sich hier an, den Naturalismus auch für eine kritische Analyse des Neuroenhancements als diagnostisch basal anzusehen.
54   Fragen der Theoretischen Philosophie sind auch für die Praktische Philosophie und Ethik grundlegend, ja unabdingbar. Beispielhaft hat Sturma (1997, 58f.) in seiner „Philosophie der Person", die insbesondere auf Ethik zielt, ein zentrales Kapitel mit „Reduktionismuskritik" übertitelt.

fektionierung.[55] Dass sich mit den „Technowissenschaften des Menschen" deutliche „Anzeichen eines neuen technologischen Paradigmas bemerkbar" machen, hat Massimo De Carolis (2011) herausgearbeitet. Zu den Technowissenschaften werden heute all diejenigen Forschungsfelder gezählt, die unter der Abkürzung NBIC als konvergente Wissenschaftstypen prominent geworden sind: Nano-, Bio-, Informations- und Kognitionsforschung (Roco, Bainbridge 2002).[56] Neuroenhancement gehört zweifelsohne zur Kognitionsforschung hinzu und fällt unter das Label der Technowissenschaften, zumal schon im Titel des NBIC-Reports von „Improving Human Performance" die Rede ist.

5 Technonaturalisierung des Menschenbildes

Kennzeichnen wir nun genauer, was mit Technonaturalisierung des Menschenbildes, spezieller: mit Technonaturalisierung des Selbst, des Kognitiven oder Mentalen, im Horizont der Debatte um Neuroenhancement gemeint sein kann, freilich verbunden mit dem Ziel, eine Offenlegung des Impliziten zu ermöglichen, und auch um immanente Widersprüche aufzuspüren.[57]

Der Mensch erscheint aus technonaturalistischer Perspektive als kausal geschlossen, so eine *erste* Charakterisierung des Technonaturalismus. Diese naturalistische Wurzel des Technonaturalismus stellt zweifellos eine metaphysische Annahme dar, nach der alles, was Wirklichkeit beansprucht, im nomologischen Kausalnexus zu stehen habe. Kausale Gesetzmäßigkeiten bestimmen nun den Menschen nicht nur physisch, sondern auch, was alltagspsycho-

---

55 Allgemein wird von „Technosciences" (dt. „Technowissenschaften") gesprochen. Zu Klärung des Begriffs siehe Latour (1987), Nordmann (2004), De Carolis (2011) und Schmidt (2011). Ferner zielen sie auf Technik, während Naturwissenschaften primär auf Theorien zielen. Damit verschieben sich die Kriterien für wissenschaftliche Evidenz gegenüber den Naturwissenschaften.

56 Wenn hier von Technonaturalismus gesprochen wird, so soll damit eine problematische Konvergenz oder gar ein fragwürdiger Kollaps von Dichotomien angedeutet werden: Naturalisierung der Technik und Technisierung der Natur fallen im Kern zusammen, gleiches gilt für Naturalisierung des Menschen und Technisierung des Menschen, usw.

57 Damit soll insbesondere auch die spekulative Diskussion um den so genannten Transhumanismus, die im Rahmen des allgemeinen Human- (und spezieller des Neuro-) Enhancements geführt wird (vgl. Savulescu, Bostrom 2009, kritisch: Fukuyama 2002), „geerdet" werden.

logisch als „psychisch" oder „mental" bezeichnet wird: sein Denken, Wahrnehmen, Entscheiden, Handeln und Fühlen. Eine solche metaphysische Sicht hat methodologische und epistemologische Folgerungen: Kausalerklärungen werden als einzig akzeptabler Typ von Erklärungen angesehen (Roco, Bainbridge 2002, 13).[58] Human-, Sozial- und Geisteswissenschaften haben diese anzustreben, insofern sie beanspruchen, wissenschaftlich und nicht nur literarisch zu arbeiten. Die „Physik des Sozialen", von der Auguste Comte einst sprach, scheint erweitert zu werden in Richtung einer Physik des Geistigen, Mentalen, Kognitiven oder Selbst.

Nach der These der kausalen Geschlossenheit ist also der Mensch, d.h. wer oder was er ist, durch sein Gehirn. Neuronale Hirnprozesse sind grundlegend, sie determinieren kognitive Funktionen, geistige Fähigkeiten und mentale Eigenschaften. Der Technonaturalist vertritt damit eine reduktive Variante der Identitätstheorie oder (zumindest) einen Epiphänomenalismus, wonach dem Kognitiven, Mentalen, Geistigen keine grundlegende, sondern nur abgeleitete Bedeutung zukommt.[59] Eine reduktionistische Sicht ist leitend: Mentales, ja der Mensch überhaupt, wird auf biochemische, neuronale, freilich äußerst komplexe Prozesse reduziert.[60] Daraus folgt für technische Interventionen aller Art: Will man Mentales, Kognitives oder Psychisches verändern, muss man das zugrundeliegende Materielle, Neuronale oder Physische verändern.

---

58 Explizit heißt es im Roco-Bainbridge-Report (2002, 13) der National Science Foundation: „A trend towards unifying knowledge by combining natural sciences, social sciences, and humanities using cause-and-effect explanation has already begun."

59 Man könnte vermuten, dass Technonaturalisten gelegentlich eine stärkere These vertreten, nämlich die des Eliminativen Materialismus, nach welchem die Rede von Kognitivem, Mentalem, Psychischem nicht adäquat sei und zu eliminieren sei. Doch möglicherweise ist diese These bzgl. des Neuroenhancements zu stark, insofern es ja den meisten Technonaturalisten gerade auf die Erzeugung kognitiver und mentaler Eigenschaften u.a. ankommt. – Was angesichts der beschränkten Anwendbarkeit der Konzepte der (theoretischen) Neurophilosophie deutlich wird, ist, dass eine „Neurophilosophie des Technischen" oder eine „Technikphilosophie der Neurotechnowissenschaften" noch aussteht.

60 Hier könnten freilich unterschiedliche Typen der Reduktion unterschieden werden: als Reduktion des Kognitiven/Mentalen auf das Neuronale, als Reduktion des Phänomenologischen auf das Nomologische, als Reduktion der Lebenswelt auf die Wissenschaft sowie, umfassender, als Reduktion des Menschen bzw. höherer Lebensformen auf das Gehirn (Schmidt 2003a).

Die These der kausalen Geschlossenheit, verbunden mit reduktiven Varianten der Identitätstheorie oder Spielarten der Epiphänomenalismusthese, ist aus der neurophilosophischen Diskussion um die Hirnforschung bekannt.[61] Das macht diese Diskussion, die um Relevanz und Reichweite naturalistischer Konzepte kreist, grundlegend, auch für eine Beurteilung des Neuroenhancements.[62] Doch der Technonaturalismus geht darüber hinaus, man könnte sagen, er spitzt unter dem Signum der Technowissenschaften dasjenige zu, was im Naturalismus angelegt ist.[63] Aufmerksame Zeitgenossen haben diese Entwicklung zu einer technikbezogenen Naturalisierung des Menschen- und Naturbildes frühzeitig gesehen. Erinnert werden könnte an Husserl und Heidegger, die bereits den Kern der Naturwissenschaften, ihren Naturzugang und ihre Denkweisen als technisch angesehen haben: „Die neuzeitliche physikalische Theorie der Natur ist die Wegbereiterin nicht erst der Technik, sondern des Wesens der modernen Technik." (Heidegger 2007, 21) Mag nun jeder Naturalismus, recht besehen, schon immer technonaturalistisch sein, wie mit Heidegger behauptet werden könnte, so blieb das Technische doch eher implizit. Es wurde gemeinhin als nachgeordnet, sekundär, äußerlich oder als reine Anwendung angesehen. Der Technonaturalismus hingegen versteckt das Technische nicht mehr, er versteht sich explizit im Horizont des Technischen, also des Eingreifens und der (Re-) Produktion, stets mit dem Ziel der Optimierung verbunden.[64]

Was die Wahrheits-, Evidenz- und Geltungskriterien angeht, die der Technonaturalismus an seine Wissensgrundlage stellt, ist er indes weniger anspruchsvoll als der traditionelle Naturalismus. Ihm genügt, wenn Dinge funktionieren, wenn man also auf Basis seines Wissens Ziele verfolgen und Zwecke realisieren kann. Der Technonaturalismus zielt also nicht auf ein kohärentes und konsistentes Theoriewissen, sondern auf ein funktional-pragmatisches Tech-

---

61 Zum Überblick siehe: Schmidt, Schuster (2003).

62 Eine „kritische Wissenschaftsphilosophie der Neurowissenschaften" wäre da hilfreich, sie liegt allerdings nur in ersten Zügen vor (Schmidt 2015, 197f.).

63 Die Naturalisierung des Menschenbildes wurde im Laufe der letzten vier Jahrhunderte versucht durchzusetzen, was für einen technischen Weltzugang nicht unerheblich ist. Grunwald (2008, 299f) hat darauf hingewiesen, dass die „Technisierung [des Menschenbildes] als technisch gewendete Seite fortschreitender Versuche einer Naturalisierung des Menschen" zu sehen ist.

64 Für jene, die die Position des Methodologischen Kulturalismus / Konstruktivismus teilen, nach dem Wissenschaft als Hochstilisierung von (immer schon technischen) Lebenspraktiken zu verstehen ist, kann es keinen prinzipiellen Unterschied zwischen Naturalismus und Technonaturalismus geben.

nikwissen – auch wenn die metaphysische Unterstellung kausaler Geschlossenheit bestehen bleibt.[65] Dem Physiker Richard Feynman wird ein prägnanter Satz zugeschrieben, der diese Haltung zum Ausdruck bringt; er kann als Anschluss an Vico oder Bacon angesehen werden: „What I cannot create, I do not understand". Die Fähigkeit, etwas machen, erzeugen oder herstellen zu können, ist für Feynman ein Beleg dafür, dass hier Wissen herrscht. Eine solche technische Sicht kann man auch für die Steigerung oder Herstellung von kognitiven Fähigkeiten heranziehen. Das setzt freilich, ganz im Sinne Heideggers, einen Zugang zum Menschen voraus, der bereits in seinen Denkformen technisch ist.[66]

Im Rahmen des Neuroenhancements wird der Mensch technomorph modelliert, also im weitesten Sinne aus Ingenieursperspektive über einzelne technische Komponenten und Funktionalitäten entworfen. Das ist, *zweitens*, die *Technomorphie*-These des Technonaturalismus. Das Kognitive, Mentale oder Psychische wird also als mehr oder weniger gut konstruiertes und sodann konstruierbares technisches Produkt angesehen.[67] Es wird positivistisch als Summe einzelner objektivier- und (re-) produzierbarer Funktionen gefasst. Diese werden über funktionale Leistungskenndaten als kategorisier-, mess- und evaluierbar angesehen. Das Gehirn wird sodann als verkörperter Parallelrechner mit spezifischen Leistungskenndaten verstanden. Damit zeigt sich, dass die Technonaturalisierung schon in den Konzepten der modernen Hirnforschung angelegt ist. Schließlich ist der Funktionalismus, wie er in unterschiedlichen Spielarten in der Neurophilosophie auftritt, entgegen seiner eigenen Selbststilisierung, durchaus als metaphysische Position anzusehen.

Angesichts der zentralen Bedeutung der funktionsbezogenen Objektivierung und Quantifizierung des menschlichen Selbst wird gelegentlich von einem „Quantified Self"[68] gesprochen. Der „eindimensionale Mensch", von

---

65 Siehe die soeben diskutierte erste Charakterisierung des Technonaturalismus. Man könnte hier gewiss einen Widerspruch offenlegen.

66 Siehe hierzu auch Grunwald (2008, 259/260).

67 Eine solche Sicht findet sich schon im Rahmen der Künstlichen Intelligenz, der Robotik und Autonomer Systeme.

68 Vgl. auch Maasen, Duttweiler (2012) und Rosa (2016, 47f). Unter dem Stichwort „Quantified Self" ist in den USA und sodann weltweit eine soziale Bewegung entstanden, deren Anhänger ihren jeweiligen Körperzustand kontinuierlich messen, auswerten und monitoren lassen (eine Option, die erst durch preisgünstige Sensoren und insbesondere durch „Big Data" möglich geworden ist). Diese so genannten Self-Tracking-Methoden bestimmen vom Blutzuckerspiegel über den Schlafrhythmus

dem Marcuse (2008) einst warnte, scheint auf den Plan zu treten. Offenbar entwirft der Mensch sich selbst – grundlegender: sein eigenes Selbst – aus technonaturalistischer Perspektive. Damit könnte eine modifizierte Subjektivierungsform", also ein verändertes Selbst- und Weltverhältnis, verbunden sein.[69]

Leistungskenndaten bilden den Dreh- und Angelpunkt für das Selbstverständnis des Menschen in Leistungs(steigerungs)- und Wettbewerbsgesellschaften, in denen er vielfach als „Humanressource" oder gar als „Humankapitel" gefasst wird.[70] Sie tragen dazu bei, Evaluationen vornehmen, Vergleiche anstellen und in Wettbewerb treten zu können. Technonaturalistisches Menschenbild und neoliberale Wettbewerbsgesellschaft stehen in einem engen Bedingungsverhältnis. So führt die Technonaturalisierung den Menschen in eine, wie man sagen könnte, vertiefte positivistisch-kompetitive Existenz eines beschleunigten Globalkapitalismus.

Der Modus des Vergleichens ist nicht allein auf das Aktuale und Gegenwärtige bezogen, sondern richtet sich auf ein (vermeintlich) Mögliches.[71] Wir „erblicken" „das Wirkliche unter dem Bild des Möglichen", wie Ernst Cassirer (1985, 81) in anderem Zusammenhang meinte. Dabei stellt die „Gewinnung dieses Blick- und Richtpunktes […] vielleicht die größte und denkwürdigste Leistung der Technik" dar. •Doch, so wird man sagen müssen: dieser Richtpunkt ist ambivalent. Denn das „Mögliche verleiht erst dem Wirklichen Mangelcharakter", so Sybille Krämer (1982, 17). Im Horizont des Möglichen kann sich der Mensch, jeder Einzelne, als individuelles Defizitwesen oder gar gattungsbezogenes Mängelwesen erfahren. Die Wahrnehmung des aktual Defizitären im Spiegel eines erstrebenswerten, zukünftig

---

und den Fitnesszustand bis hin zu Stimmungen alles, was als quantifizier- und messbar angesehen wird (vgl. Duttweiler et al. 2016).

69   So argumentiert etwa Bröckling (2007) in anderem Zusammenhang. Vor einem derart technomorphen Hintergrund scheinen die unzähligen Versuche unserer Kulturgeschichte gescheitert zu sein, den Menschen als wie auch immer zu verstehende Ganzheit zu entwerfen. – Das Scheitern wird indes nicht als negative Anthropologie angesehen, sondern als eine befreiende Perspektive auf dem Wege zu einer (vermeintlich) neuen Anthropologie.

70   Siehe zur „Leistungsgesellschaft" Böhme (2010) sowie zur „Leistungssteigerungsgesellschaft" Coenen (2008).

71   Zur Kategorie des Möglichen und zur projektiven Temporalität als Zentrum einer dialektischen Technikphilosophie der Medialität, siehe Hubig (2006).

Möglichen bildet den Ausgangspunkt für eine nicht zu sättigende Spirale der Bedürfnisproduktion, die stets *mehr* will und nach *mehr* drängt. Sie glaubt an die Machbarkeit, setzt auf Optimierbarkeit der Leistungsmerkmale, verfolgt einen „Steigerungsimperativ" und folgt einer „Steigerungslogik" (Rosa 2016, 44). Mängel scheinen überwindbar, Leistungskenndaten verbesserbar, die Performance optimierbar: länger leben, weniger schlafen, schneller rechnen, präziser denken, mehr Informationen verarbeiten, sich mehr merken, schärfer sehen. Kurzum, der Technonaturalismus basiert *drittens* auf der (vermeintlich objektivierbaren) Differenz von Möglichem (Zukünftigem) und Wirklichem (Gegenwärtigem): das Mögliche rückt normbildend in den Aufmerksamkeitsfokus und wird normativ zur alleinigen Maßgröße des Wirklichen. So entstehen zentrale Charakteristika des Technonaturalismus – die kenndatengestützte Defiziterfahrung sowie das infinite Steigerungs-, Optimierungs- und Perfektionierungsbedürfnis. Beides wird individualisiert und individuell erfahrbar, bei gleichzeitiger Verwischung der Spuren der Technonaturalisierung. Dass jedoch derartige Wünsche und Bedürfnisse nicht einfach (individuell) da sind, sondern (gesellschaftlich) gemacht werden – diese an sich triviale Einsicht der kritisch-materialistischen Tradition in der Analyse der Kulturindustrie scheint verschüttet zu sein.

Den Wünschen und Bedürfnissen könnte auf unterschiedliche Art und Weise entsprochen bzw. den Defiziten begegnet werden. Doch für den Technonaturalismus sind nicht alle Mittel probat.[72] Er setzt nicht auf Mittel der Aufklärung und des Humanismus wie Kultivierung, Zivilisierung, Moralisierung, Disziplinierung oder ihre späteren Transformationen wie Bildung, Erziehung, Training, sondern vielmehr auf: Technik, Pharmazie, Medizin.[73] In dieser Hinsicht kann

72 So erscheint Neuroenhancement (irrtümlicherweise) als neutrales Mittel, mit dem beliebige Ziele und Zwecke verfolgt werden können – was ein (problematisches) instrumentelles, reduktionistisch verkürztes Technikverständnis darstellt.
73 Siehe hierzu Hübner (2014, 33f.), der Verschiebungen bzgl. der „zweiten Natur" des Menschen, d.h. seiner „Verfasstheit als Kulturwesen" diagnostiziert. Demnach liegt das „eigentliche Problem von Anthropotechniken nicht im Akt der technischen Manipulation, sondern in der hiermit angezielten Antwort auf Herausforderungen", nämlich „in der ‚unkultürlichen' Bewältigung von Schwierigkeiten." (ebd., 35). – Allerdings, so ist einzuräumen, sollte man auch bei der Verwendung des Begriffs „Anthropotechnik" zurückhaltend sein und verstärkt eine semantische Rekonstruktion betreiben. Sloterdijk (1999) etwa ebnet den qualitativen Unterschied der jeweiligen „Techniken" zu schnell ein und erschwert damit eine kritische Urteilsbildung –

mit Günther Anders (1987, 34f.), dem fast vergessenen Zeitdiagnostiker, von „Human Engineering" gesprochen werden.

Der Mensch ist, was er *technisch* aus sich machen kann, er ist sich als technisches (und nicht als kulturelles) Projekt aufgegeben.[74] So wird das individuelle Leben als technisches Optimierungsproblem entworfen und als solches erfahrbar, es wird von einem „Steigerungsimperativ" getrieben – wie in der klassisch gewordenen, anthropologischen Figur des *homo oeconomicus* vorgezeichnet, in dem ökonomische *und* technische Rationalitäten konvergieren.[75] Die konkrete Technisierbarkeit und die technische Machbarkeit, d.h. die Möglichkeit der intentionalen (technischen) Zugänglichkeit des Mentalen, Kognitiven und Selbst, verbunden mit Zweck-Mittel-Entscheidungen des je einzelnen Menschen – das ist die *vierte These* des Technonaturalismus.

Es sind also vier Thesenkomplexe, die den Technonaturalismus kennzeichnen – und die der Verfasstheit des Menschen als Kulturwesen widersprechen: (1) Kausale Geschlossenheitsthese, verbunden mit reduktiven Spielarten der Identitätstheorie oder Epiphänomenalismusthesen (Naturalismus-Annahme), (2) Zerlegbarkeit des Menschen allgemein sowie weitergehend des Kognitiven, Mentalen, Psychischen, d.h. des Selbst in funktionale und quantifizierbare Leistungsmerkmale, basierend auf einer funktionalistischen Sicht (Technomorphie-Annahme), (3) Defiziterfahrung und Steigerungswunsch (Defizitannahme) sowie (4) Möglichkeit und Realisierbarkeit der technischen Optimierbarkeit (Machbarkeits- und Machtannahme). – Dass indes der Technonaturalismus durchaus als inhärent widersprüchlich angesehen werden kann, zeigt sich insbesondere, wenn man den ersten mit dem vierten Thesenkomplex vergleicht. Eine starke Spielart der These der kausalen Geschlossenheit weist eine kaum eliminierbare Spannung zu dem auf, was (technisches) Handeln notwendigerweise voraussetzt, nämlich Willens- und Handlungsfreiheit.[76]

---

schon Erziehung und Moralisierung junger Menschen stellen Anthropotechniken dar.

74   Gewissermaßen findet sich hier eine Kantische Formulierung, allerdings auf technischer Basis, nicht auf aufklärerischer mit dem Ziel der Subjekt- und Mündigkeitsentwicklung.

75   Vgl. auch Rosa (2016, 44). Man sieht, dass der Technonaturalismus eng verbunden ist mit dem vorherrschenden Paradigma der klassischen/neoklassischen Wirtschaftswissenschaften.

76   Schwächere Spielarten indes, etwa lokale Kausalitäten könnten allerdings durchaus mit Handlungsfreiheit kompatibel sein. – Bezüglich starker Spielarten könnte man

6 Technikfolgen im Hier und Jetzt

Zusammenführend kann man sagen, das technonaturalistische Bild des Menschen ist in zweifacher Weise in die visionären Programme des Neuroenhancements eingeschrieben. Es ist einerseits dem Neuroenhancement vorgelagert. Die technonaturalistische Anthropologie, eingebunden in die neoliberale Leistungs- und Optimierungsgesellschaft,[77] stellt ein wirkmächtiges (freilich kaum explizites) Leitbild für Forschung und Entwicklung von Neuroenhancement dar. Andererseits ist der Technonaturalismus eine instantane Folge der Debatte um Neuroenhancement, was zeigt, dass nicht nur faktisch vorliegende Artefakte und Verfahren gesellschaftlich wirkmächtig werden können.

Vor dem Hintergrund dieser gegenseitigen Durchdringung kann man einen kulturellen und gesellschaftlichen Prozess beobachten, der von der „Selbstobjektivierung" des Menschen zu seiner eigenen „Selbstinstrumentalisierung" führt – wie Habermas (2002, 114) in anderem Kontext ausführt.[78] Und mit Günther Anders (1987, 30) kann, ganz analog, eine „Selbst-Verdinglichung" des zum „Human Engineer" transformierten Menschen diagnostiziert werden, der sein Kontrollbedürfnis bis in die Tiefe seiner Kulturnatur, seiner kognitiven Ausstattung, seines Selbst, fortschreibt, ohne es je befriedigen zu können.[79] Der Mensch tritt ein in ein neues, entgrenzendes Selbstverhältnis,[80] er wird *sich* im Kern zum Mittel. Zugespitzt und rekursiv

---

eine Analogie zur berühmten ironischen Äußerung Alfred North Whiteheads (1974, 16) herstellen, nämlich dass jene „Wissenschaftler, deren Lebenszweck in dem Nachweis besteht, dass sie zwecklose Wesen sind, […] ein hochinteressanter Untersuchungsgegenstand" sind. So könnte man sagen: Jene Technowissenschaftler, deren Ziel ein technisches Handeln in einer kausal geschlossenen (Natur-) Welt ist, handeln bzw. argumentieren paradox.

77   Vgl. Maassen, Duttweiler (2012, 427), Makropoulos (2000) und Duttweiler et al. (2016).

78   Habermas bezieht sich auf die Gen- und Biotechnologie, nicht auf Neuroenhancement. Seine Überlegungen sind vielleicht im Bereich des Neuroenhancements noch deutlicher verwendbar.

79   Kulturkritisch identifiziert Anders (1987, 47) eine „angemaßte Selbsterniedrigung" des Menschen, indem er sich anschicke, sich „in gerätartige Wesen zu verwandeln".

80   Zur Thematik der Entgrenzung siehe bspw. Beck, Lau (2004). Diese argumentieren für eine „Grenzpolitik" und eine „Politik der Grenzsetzung" im „Zeitalter der Entgrenzung".

gesprochen: das Selbst steht sich selbst als disponibles Mittel zur Verfügung, wobei die Frage, was vernünftige Zwecke und sinnvolle Ziele sein können, ausgespart bleibt, ebenso wie die, was noch als Mittel ausgewiesen werden kann. Selbstredend deutet sich der Mensch zunächst naturalistisch als Objekt, versteht sich sodann technomorph, setzt sich in ein technisches Selbstverhältnis und entwickelt schließlich im Angesicht des vermeintlich Möglichen ein Bedürfnis zur technikbasierten Selbststeigerung des Selbst.

So fördert die „Einübung in eine Perspektive der Selbstobjektivierung, die alles Verständliche und Erlebte auf Beobachtbares reduziert, [...] auch die Disposition zu einer entsprechenden Selbstinstrumentalisierung" und „Selbstoptimierung" (Habermas 2009, 7). Die „Gewalt der Objektivierung", von der Habermas in Anschluss an Adorno spricht und die man auch bei Husserl in der phänomenologischen Tradition unter dem Begriff der Abstraktion findet,[81] ist etwas, das durch die im Naturalismus vorbereitete, technonaturalistische Selbstmodellierung (mit-) erzeugt ist. Neu ist hier die gegenüber anderen Technologieformen oder Selbsttechnologien gesteigerte Rekursivität, gewissermaßen eine Rekursivität zweiter Stufe, in der sich das Selbst technonaturalistisch auf das Selbst (verändernd) bezieht und sich sodann in die neoliberale Wettbewerbs- und Leistungsgesellschaft ein- und unterordnet. Genaugenommen kommt es also gar nicht mal darauf an, ob sich Neuroenhancement faktisch realisieren lässt. Das Entscheidende ist schon geschehen, insofern sich im Ermöglichungshorizont des Neuroenhancements ein technonaturalistisches Selbstverständnis artikuliert und womöglich sukzessive durchsetzt.

Nun findet sich ein solch technonaturalistisches Verständnis bemerkenswerterweise auch im Zugang Angewandter Ethiker. Diese blenden nicht selten die entscheidende (ethikrelevante) Vorfrage aus, nämlich ob wir den Menschen technomorph in objektivierbare Leistungsmerkmale, messbares Fähigkeiten, kompetitive Kompetenzen und positiv(istisch) bestimmbare Eigenschaften *ex ante* zerlegen sollen.[82] Doch, wenn wir den Menschen derart technonatu-

---

81   Auch Nordmann (2012, 33) betont: „Erst wenn dieser Schritt schon vollzogen wurde und sich das moralische Subjekt schon Gewalt angetan hat, beginnt der Disput zwischen konsequentialistischen und deontologischen Ethiken."

82   Im Spiegel aktueller Wissenschaften vom menschlichen Gehirn betrachtet, erscheinen Argumente, die dies belegen könnten, begründungstheoretisch als schwach. Grenzen der Zerlegbarkeit und der jeweiligen Reduktionen zeigen insbesondere die so genannten Komplexitäts-, Chaos- und Selbstorganisationstheorien, die für jedes

ralistisch entwerfen, sind schon instantane Technikfolgen eingetreten. Mit diesem reduktiven Zugang reduziert sich die Möglichkeit eines kritischen, durchaus im Rahmen einer erweiterten Ethik führbaren Diskurses.[83] Schließlich wären nicht alleine die *Pros und Cons* einer spekulativen Neuroenhancement-Technologie aufzulisten und zu beurteilen,[84] sondern grundlegender und vorrangiger wären Argumente hinsichtlich der Technonaturalisierung des menschlichen Selbst, des Kognitiven und des Menschen insgesamt im Horizont des Gesellschaftlichen (Ökonomischen, Sozialen, Kulturellen) in den Blick zu nehmen, also die Bedingungen der Möglichkeit,[85] und damit die leitenden, meist impliziten Neuroanthropologien mit ihren Neuroreduktionismen.[86]

Verständnis komplexer Systeme, wie etwa das Gehirn, zentral sind (siehe vorletzter Abschnitt in diesem Beitrag; vgl. Schmidt 2015, 197f; Schmidt, Schuster 2003, 194f).

83   Dabei warnte schon von Weizsäcker davor, dass das „Zerschneiden in der Form des Begriffs [...] sein Korrelat [hat] in einem Zerschneiden der wirklichen Welt, einem physischen Zerschneiden, einem Kaputtmachen von etwas, das gar nicht wiederhergestellt werden kann, wo die Einheit nicht wieder zu gewinnen ist." (Weizsäcker 1992, 50)

84   Der vielfach individualethisch verkürzte Zugang der Bio- und Medizinethik wäre – spätestens hier – um sozial- und institutionenethische Aspekte zu ergänzen; aber auch das ist noch nicht hinreichend, insofern gesellschaftstheoretische, wissenschaftstheoretische und metaphysische Aspekte ebenfalls eine Rolle spielen.

85   Damit sind unterschiedliche Bedingungen angesprochen, nämlich naturwissenschaftlich-technische, soziale, kulturelle, politische, ethische u.a.

86   Implizit scheinen einige Angewandte Ethiker mit ihrer Zugangsentscheidung zugleich mit der technonaturalistischen Anthropologie mitzugehen. Nagel und Stephan (2009, 32f.) etwa sprechen von „Fähigkeiten" und legen damit *ex ante* nahe, dass wir den Menschen reduktionistisch via diverse Fähig- und Fertigkeiten, sprich: Eigenschaften, Merkmalen und Kompetenzen, modellieren sollen. Die durchaus relevanten Prinzipien, wie Selbstbestimmung (autonomy), Nichtschädigung (nonmaleficence), Fürsorge und Wohltun (beneficence) oder Gerechtigkeit (justice), die sie in Anschlag bringen, beziehen sich so dann auf diese Eigenschaften, Merkmale und Kompetenzen (ähnlich bei: Galert et al. 2008; Schöne-Seiffert et al. 2009). Die ethisch relevante Vorfrage, nämlich die nach einer Rechtfertigung und Begründung eines solch technonaturalistischen Denkens, das den Menschen *vorab* reduktiv rahmt und als Eigenschaftssumme feststellt, wird nicht gestellt. So setzt auch die Fragestellung „Macht uns die Veränderung unserer selbst autonom?" zu spät, zu wenig grundsätzlich an, da sie gesellschaftstheoretische Dimensionen ausblendet und anthropologisch reduziert ist (vgl. Betzler 2009; vgl. auch Dickel 2011). – Zusammengenommen überlässt der o.g. Ansatz in einer Art „defensiver Strategie", wie Schwemmer (1997, 42) es formuliert, den technonaturalistischen Neuroanthropolo-

Eine solche vorgelagerte Analyse würde dazu beitragen, die impliziten Annahmen sowie die leitenden Interessen einer technonaturalistischen Anthropologie offenzulegen und zu hinterfragen. Ein derartiger Zugang verlangt von der Angewandten Ethik und der Technikfolgenabschätzung eine erweiterte Betrachtungsperspektive, nämlich sowohl hinsichtlich des Gegenstandsfeldes als auch des Technikfolgenbegriffs. So könnte, umfassender, die „technologische Bedingung" (Hörl 2011) mitreflektiert und beurteilt werden, also die grundlegenden, im Horizont des Ermöglichungscharakters von Technik stehenden Bedingungen, die präformierenden Dispositive und leitenden Interessen, die sich als technomorphe Wahrnehmungs-, Denk- und Rationalitätsformen, oftmals unsichtbar, in unserer Lebenswelt kondensieren.

7 Anthropologie wird disponibel, oder: *Wie sollen wir denken*?

Derartige Vorfragen einer praxis- und anwendungsbezogenen (keiner Angewandten) Ethik hat wohl kein anderer so deutlich als ethikrelevant, als integralen Teil von Ethik angesetzt wie Hans Jonas.[87] Mit dem *Prinzip Verantwortung* hat Jonas (1984) nicht nur ein epochenprägendes Werk vorgelegt, in dem er den vielfach rezipierten, zukunftsethischen Imperativ formuliert hat. Jonas hat darüber hinaus, auf Martin Heidegger aufbauend, Ethisches ins Erschließen und Erkennen vorverlagert.[88] Eine solch vorverlagerte, prospektive Ethikkonzeption,[89] die anthropologische und metaphysische Fragen umgreift und sich vor gesellschaftstheoretischen Fragen nicht verschließt, könnte für die Beurteilung des Neuroenhancements hilfreich sein.[90]

---

gen – seien es Mediziner oder Naturwissenschaftler, seien es Sozialwissenschaftler oder gar Philosophen bzw. Angewandte Ethiker – das Feld des vermeintlich objektiven, wertfreien Deutens und Entwerfens des Menschen. Erst danach, also im Anschluss an die dann schon festgelegten Deutungen, setzen sie ein.

87 Siehe aus anderer Perspektive die Rekonstruktion der Vorfragen bei Gehring (2006) in Rekurs auf Foucault u.a. unter dem Stichwort der Biomacht.

88 Das wird heute mitunter recht modisch als „Upstream Engagement" oder „Upstream Ethics" bezeichnet.

89 Allgemein ist im Rahmen der Technikfolgenabschätzung ein derart ausgerichtetes prospektives Konzept von Liebert und Schmidt (2010) entwickelt worden.

90 Es sollte darauf hingewiesen werden, dass Jonas' Ethik – trotz seiner grundsätzlichen Argumentationslinie – durchaus relevante Anwendungsdimensionen umfasst (Jonas 1987).

Angesichts weitreichender Zukunftstechnologien zielt Jonas darauf ab, „das erwähnte Umdenken weit auszudehnen und über die Lehre vom Handeln, das heißt die Ethik, hinaus in die Lehre vom Sein, das heißt die Metaphysik, voranzutreiben" (Jonas 1984, 30). Mit Metaphysik sind handlungsleitende Welt-, Natur- und Selbstverständnisse bezeichnet, wobei diese gerade nicht als kontingente Setzung oder als revisionsimmunes Dogmensystem zu verstehen seien. Vielmehr sei Metaphysik „von jeher ein Geschäft der Vernunft" (Jonas 1984, 94). Nicht *ob* eine Metaphysik – oder eine Selbstbeschreibung des Menschen – vorliegt, ist die Frage, sondern *welche* das sein kann und sein soll. Jonas zielt auf eine rationale Hervorbringung einer der Problemlage adäquaten Metaphysik, kurz: auf eine *Metaphysik*- und *Anthropologiegestaltung* im Horizont von Wissenschaft und Gesellschaft[91] – so der hier durchaus provokative Begriff, der sich nicht zuletzt gegen die Diagnose eines vermeintlich nachmetaphysischen Zeitalters richtet.[92] Damit wird deutlich, dass eine konzeptionell erweiterte Ethik und Technikfolgenabschätzung sich nicht scheuen sollte, im Horizont von Metaphysik und Anthropologie zu agieren, d.h. Metaphysisches zunächst kritisch-analytisch in den Blick zu nehmen und sodann gestaltend tätig zu werden.[93] Ziel wäre es also, eine für den jeweiligen Kontext – hier: Neuroenhancement – adäquate Selbstbeschreibung des Menschen zu entwickeln, die einen normativen Rahmen für eine explizit an Zielen und Zwecken orientierte, gewünschte Gesellschaftsentwicklung darstellt. Eine solche Orientierung ist insbesondere für zukunftsprägende Forschungs- und Entwicklungsprogramme, d.h. für politische Prozesse mit weitreichenden Wirkungen, relevant.

Ein solch praxisbezogene, revisionsorientierte Sichtweise von Metaphysik und Anthropologie findet sich – etwas zurückhaltender und weniger kontrovers formuliert – auch in der pragmatistischen Traditionslinie, wie man in Anlehnung an Michael Hampe betonen kann. Die Klassiker des Pragmatismus legen nahe, so Hampe, dass es eine „wirksame philosophische Kritik ohne spekulative Meta-

---

91 In Anlehnung an das berühmte sozialkonstruktivistische Werk „Shaping technology, building society" von Wiebe E. Bijker und John Law (1994) könnte man das mit Jonas verfolgte Anliegen wie folgt benennen: *Shaping metaphysics, building society*. Jonas ist damit bemerkenswerterweise Pragmatisten wie John Dewey und Charles Sanders Peirce nahe.

92 Selbst Habermas (2002; 2009) sieht mittlerweile – zumindest als Gegenwartsbeschreibung – eine gewisse Relevanz der Metaphysik.

93 Teilweise findet sich eine solche Ausrichtung schon dort, wo in der Technikfolgenabschätzung von Leitbildern und leitbildorientierter Technikgestaltung die Rede ist.

physik nicht geben" kann (Hampe 2006, 20f.). Diese Sichtweise fordert auf, eine Selbstbeschreibung des Menschen, d.h. eine Metaphysik(gestaltung) in ethischer Absicht zumindest zu erwägen – ansonsten werde diese Leerstelle durch implizite (technonaturalistisch ausgerichtete) Metaphysiken gefüllt.[94]

Insgesamt gibt es also vor dem Metaphysischen kein Entrinnen; das gilt auch in einer weiteren Hinsicht. In Anschluss an Jonas und an Klassiker des Pragmatismus wie Peirce und Dewey soll daran erinnert werden, dass wissenschaftliche Methodologie – wie sie bspw. in den Neurowissenschaften und im Neuroenhancement zum Ausdruck kommt – stets eng verbunden ist mit Metaphysischem.[95] Jeder naturwissenschaftlichen Methodologie liegen metaphysische Hintergrundüberzeugungen zugrunde (Bilder von Natur, Welt und Mensch) und jede Methodologie legt metaphysische Konsequenzen nahe – mit Relevanz für die Ethik. „Erst wurde durch dieses [natur- und technowissenschaftliche] Wissen die Natur in Hinsicht auf den Wert ‚neutralisiert', dann auch der Mensch. Nun zittern wir in der Nacktheit eines Nihilismus, in der größte Macht sich mit größter Leere paart, größtes Können mit geringstem Wissen davon, *wozu*" (Jonas 1994, 57). Dieses Orientierungsproblem wird vom Technonaturalismus weiter befördert: Im Zugang wird der Mensch reduktionistisch entworfen und die Frage nach dem *Wozu*, nach den Zielen und Zwecken, wird ausgeklammert. Eingedenk der gesellschaftlichen wie individuellen Folgen fordert Jonas unter Berücksichtigung von Zielen und Zwecken auf, den Zugang zu überdenken. Mit dieser Zugangsthese regt Jonas an, die mit dem Zugang verbundenen metaphysischen und anthropologischen Unterstellungen, mithin die impliziten Selbst- und Weltkonzepte, offenzulegen und sodann veränderte Zugänge zu wählen, die durchaus – im aufklärerischen Sinne – als metaphysisch gelten können.[96]

Jonas` konzeptionell erweiterte Ethik kann auch als *Zugangs-Zukunfts-Ethik* bezeichnet werden, die den Zugang und den entsprechenden Vorfragen ein ent-

---

94   Man könnte, durchaus provokativ, von einer Politizität der Metaphysik (sowie der Metaphysikkritik) sprechen.

95   Und dies entgegen der Sicht von Positivismus, Neopositivismus und Analytischer Philosophie, wie sie sich mitunter in impliziten Prämissen herkömmlicher Technikfolgenabschätzung und Angewandter Ethik findet.

96   Soweit würde Habermas wohl (noch) nicht gehen, doch räumt er mittlerweile – jenseits der formalen Diskursprinzipien – ein: „Sobald das ethische Selbstverständnis sprach- und handlungsfähiger Subjekte im Ganzen auf dem Spiel steht, kann sich die Philosophie inhaltlichen Stellungnahmen nicht mehr entziehen." (Habermas 2002, 27)

sprechendes, nämlich ein ethikrelevantes Gewicht einräumt. Durch die Zugangs-reflexion wird Ethisches ins Erkennen und Erschließen vorverlagert – in Absetzung des von herkömmlichen Bereichsethiken und der Technikfolgenabschätzung mitunter unkritisch akzeptierten Problemdrucks.[97] Diese Vorverlagerung „vermögen wir nur [dann zu erreichen], wenn wir *vor* der anscheinend immer nächsten und allein als dringlich erscheinenden Frage: *Was sollen wir tun*, dies bedenken: *Wie müssen wir denken?*" – so Jonas' akademischer Lehrer Martin Heidegger (2007, 40). Eine solche Vorverlagerung der Ethik wäre von erweiterten Konzepten Angewandter Ethik und Technikfolgenabschätzung anzustreben.[98]

8 Wider die Technonaturalisierung des Kognitiven – eine Kritik aus Perspektive einer kritischen Wissenschaftstheorie der Neurowissenschaften

Eine vorverlagerte Angewandte Ethik und Technikfolgenabschätzung hat eine kritische Funktion, wie von Jonas anregt. Im Raum steht also die Frage, ob es gute Argumente gibt, die es naheLegen, den Menschen technonaturalistisch zu entwerfen – und ihm seine (Selbst-) Bestimmung als Kulturwesen zu entziehen. Zur Klärung könnte ein Blick auf den Stand von Wissenschaft und Technik hilfreich sein.

Nach einer *ersten* Sondierung wäre hervorzuheben, dass Hinweise zugunsten eines Technonaturalismus aus Anwendungsperspektive derzeit nicht in Sicht sind, wie bereits dargelegt. Noch lässt ein zielgenaues, wirkungsvolles und nebenwirkungsarmes Neuroenhancement auf sich warten: bis dato sind kaum isoliert ansteuerbare, spezifische Leistungen des menschlichen Gehirns durch Psychopharmaka verbesserbar.[99] Doch, so könnte technikoptimistisch argumentiert werden, es könnte nur eine Frage der Zeit sein, bis Forschung weiter vorankommt und konkrete Anwendungen möglich werden. Im Erfolgsfall wären dann also Argumente zugunsten einer technonaturalistischen Sicht des Menschen formulierbar. Zusammengenommen scheint der Blick auf die Anwendungsperspek-

---

97 Eine solche Sicht dominiert vielfach, als Ausgangspunkt, konsequentialistische Ethikkonzepte.
98 Hier treffen sich klarerweise Theoretische und Praktische Philosophie.
99 Siehe hierzu die Ausführungen von Lieb (2010), Quednow (2010), Ferrari et al. (2012) und Hoyer, Slaby (2014).

tive keine hinreichende Barriere gegenüber einer Technonaturalisierung darzustellen.

Eine *zweite,* vertiefte Betrachtung ist anzuschließen. Nach dem derzeitigen Stand der Wissenschaften und Technik scheint auch aus grundsätzlicher Perspektive Skepsis gegenüber einer technonaturalistischen Selbst- und Weltbeschreibung angebracht. Im Kern geht es um die Frage, ob der Mensch auf das Gehirn sowie das Gehirn auf feuernde Neuronen reduziert werden kann, welche zudem einer zielgerichteten, technisch-funktionalen Modifikation zugänglich sind. Zugrunde liegt die Frage: Kann eine Sicht, die den Menschen ontologisch und epistemologisch reduktionistisch entwirft, erfolgreich sein? Im Mittelpunkt stehen mithin, wie bereits angedeutet, Spielarten des Reduktionismus. Gefordert wäre eine noch weithin ausstehende *kritische Wissenschaftsphilosophie der Hirnforschung.*[100]

Das Wissen der Hirnforschung, so zeigt sich immer deutlicher, ist aus prinzipiellen Gründen begrenzt. Genau besehen sind epistemische Begrenzungen reduktionistischer Zugänge der Neurowissenschaften nicht verwunderlich. Das menschliche Gehirn gilt als das komplexeste System des Kosmos. Komplexe Systeme weisen prinzipielle und nicht nur temporäre Grenzen für reduktionistische Zugänge auf, wie man von den in der Hirnforschung wohletablierten Strukturtheorien (Selbstorganisations-, Komplexitäts-, Chaostheorien, Synergetik) weiß.[101] Für die Gehirndynamik, also dort, wo das Neuroenhancement ansetzen möchte, sind insbesondere Selbstorganisationsprozesse konstitutiv. Nur aufgrund der Existenz von Selbstorganisationsprozessen sind kognitive Funktionen möglich; nur so können sich neue Muster, Strukturen, Dynamiken, Eigenschaften, Fähigkeiten bilden. Nun basieren Selbstorganisationsprozesse notwendigerweise auf lokalen Instabilitäten, wie man zeigen kann:[102] Um Selbstorganisation zu ermöglichen, bedarf es der Durchgänge durch Zonen der Instabilität. Von sensitiver Abhängigkeit, Bifurkationen und Schmetterlingseffekten ist die Rede. Kleinstes ist von größter Relevanz – wie man es lebensweltlich durchaus von Entscheidungsprozessen, Einsichten („Aha-Erlebnissen") oder Stimmungsumschwüngen kennt.

---

100 Siehe hierzu bspw. Schmidt (2003b), Falkenburg (2012), Hoyer, Slaby (2014) und Schmidt (2015, 197f.).

101 Das ist eine Erkenntnis, die von naturalistischen und technonaturalistischen Positionen nicht hinreichend berücksichtigt wird.

102 Siehe Schmidt (2003b), Schmidt (2008) und Schmidt (2015, 197-222).

Fragt man nun, ob es gute Argumente zugunsten eines Technonaturalismus gibt, ist entscheidend, dass mit der Erkenntnis von instabilitätsbasierter Selbstorganisation als konstitutiver Teil jeglicher neuronal-kognitiver Aktivitäten prinzipielle Grenzen der Hirnforschung verbunden sind – sowohl erkennend theoretisch wie eingreifend technisch – nämlich in vierfacher Hinsicht: Begrenzungen der Prognostizierbarkeit, der Reproduzierbarkeit, der Prüfbarkeit und der Beschreibbarkeit.[103] Das kann hier nur angedeutet werden. Diese Limitationen wären von einer kritischen Wissenschaftstheorie der Neurowissenschaften auszuarbeiten und sie wären als grundlegend für Selbstbeschreibungen des Menschen, für anthropologische Selbstdarstellungen, aufzunehmen. So können die vier Thesen des Technonaturalismus hinterfragt und zurückgewiesen werden.

So kann offengelegt werden, dass *erstens* von Kausalität oder von Determination neuronal-kognitiver Aktivitäten untereinander sowie hinsichtlich des Mental-Kognitiven nicht adäquat gesprochen werden kann, wie der Naturalismus – im Kern verbunden mit der These der kausalen Geschlossenheit – behauptet. Evidenzen für eine streng kausale, gesetzmäßige Gehirndynamik liegen nicht vor. Damit verbunden ist eine Skepsis gegenüber reduktiven Spielarten von Gehirn-Geist-Identitätstheorien. Nach diesen ist das Mentale auf Materielles reduzierbar bzw. lediglich als funktionales Äquivalent ein Epiphänomen der materiellen Grundstruktur und durch dieses monokausal determiniert. – Ob ein technomorphes Verständnis vom menschlichen Gehirn adäquat ist, ist *zweitens* zweifelhaft. Das Gehirn ist plastisch, komplex, zeitigt vielfältige hochdynamische Interaktionen auf unterschiedlichen Zeitskalen, verbunden mit der Entstehung von neuen Strukturen und Mustern. Es in Analogie zu einem materiell-technischen oder gar quasi-mechanischen System mit Funktionseinheiten zu sehen, würde es in seiner dynamischen Eigenart und Einheit verfehlen. So ist auch eine Zergliederung in funktional differenzierte Leistungsmerkmale, die klar abgrenzbar sind, wie die technomorphe Objektivierungsthese, behauptet, zweifelhaft. – Ob die derzeitigen Leistungsmerkmale des Gehirns, d.h. das Aktuelle der Kognition gegenüber dem Möglichen so defizitär sind, wie *drittens* vom Technonaturalismus behauptet, ist fragwürdig. Die biologisch-natürliche Evolution hat schließlich in einem erfolgreichen, auf Selbstorganisation basierenden Suchprozess das Gehirn als

---

103 Dies ist in unterschiedlichen Publikationen, z.B. Schmidt (2003b), Schmidt (2008) und Schmidt (2015, 197-222), gezeigt worden und kann an dieser Stelle nicht wiederholt werden.

integriert-ganzheitlich anzusehendes Beziehungsorgan hervorgebracht.[104] Ob das Gehirn nicht hinsichtlich vieler Leistungskenngrößen als optimal gelten kann, wäre eigens zu erörtern, wobei die damit verbundenen normativen Fragen nach Optimalität explizit zu machen und zu begründen wären. Die Unterstellung eines Defizitären sowie einer Optimierungsnotwendigkeit, wie es der Technonaturalismus vornimmt, ist jedenfalls als universelle These unhaltbar. – Im Horizont von selbstorganisationsfähigen, komplexen, dynamischen Systemen können *viertens* i.A. keine isolierten Zweck-Mittel-Eingriffe, Veränderungen und Manipulationen vorgenommen werden. Komplexe Systeme sind schwer technisierbar und kaum intentional beherrschbar, es gibt Grenzen des technischen Eingreifens und der Technisierung.

Vor diesem Hintergrund kann man fragen, ob Neuroenhancement als Programm der (Selbst-) Technonaturalisierung des Selbst, ja des Menschen insgesamt – das auf Spielarten des Reduktionismus und auf einer reduktiven Neuroanthropologie aufsetzt – nicht überambitioniert, ja überzogen ist, im Kern fehl geht. So sind, wie die exakten Wissenschaften, wie aktuelle Selbstorganisations-, Chaos- und Komplexitätstheorien nahelegen, nicht erst die großen Fragen nach dem Menschen, nach Geist, Bewusstsein, Freiheit, Subjektivität und Selbst derzeit ungeklärt. Fragwürdig ist auch, was unter dem Gehirn, dem Materiellen, Physischen, Neuronalen überhaupt zu verstehen ist. Das Gehirn scheint heute im Ganzen ebenso ungedacht und undenkbar zu sein wie der Geist, wie vielleicht der ganze Mensch. Eine erfolgreiche Reduktion des Geistes auf das Gehirn, des Mentalen auf Materielles – des (in erster Person-Perspektive wahrnehmbaren) Selbst auf eine (über den Umweg der dritten Person-Perspektive technisch verfügbare) Substanz – scheint also weder bevorzustehen noch in Reichweite zu sein. Eine notwendige Bedingung hierfür wäre, dass eine weitreichende, reduktive Deutung und Erklärung des neuronalen komplexen Systems Gehirn – durch das Gehirn selbst, d.h. zirkulär – gelingt. Offenbar haben wir es, was das Gehirn betrifft, eher mit einer nichtreduzierbaren, holistischen, plastischen Prozessualität als mit einer im Prinzip reduktiv erfassbaren Substanzialität zu tun. Um wieviel mehr gilt das für den ganzen Menschen in seiner umfassenden Verkörperung, seiner natürlichen und sozialen Umweltgebundenheit? Es bleibt offenbar, um mit Gerhard Gamm (2004, 15/11) zu sprechen, bei der „Unbestimmtheit der Natur

---

104 Diese auch für eine ethische Urteilsbildung relevante (quasi-) holistische These, dass das Gehirn ein Beziehungsorgan ist, hat Fuchs (2011) dargelegt.

des Menschen" und der „Unausdeutbarkeit des menschlichen Selbst".[105] Die Offenheit des Menschen zur Welt kann ganz offenbar nicht so einfach erklärungstheoretisch reduziert und technisch eliminiert werden.

Die Entzogenheit des Menschen vor einer technonaturalistischen Bestimmtheit ist freilich, in gewisser Hinsicht, selbst eine anthropologische, ja metaphysische Aussage, die allerdings im Rekurs auf aktuelle Wissenschaften gut zu begründen und zu rechtfertigen ist. „Aufgabe der philosophischen, nicht trivialisierenden Metaphysik ist es, die Vereinfachungen, die diese Denkweisen und kulturellen Entwicklungen [wie die des Neuroenhancements] darstellen, mithilfe eines differenzierten Kategoriensystems zu beschreiben und zu kritisieren. Die Metaphysik", so Michael Hampe (2006, 178), „wird so zur Kulturkritik".

Die Ansprüche, die sich in Visionen des Neuroenhancements artikulieren, weisen also, zusammengenommen, Begründungsdefizite auf.[106] Eine Technonaturalisierung des Selbst, des Mentalen und des ganzen Menschen steht faktisch nicht bevor: Recht besehen ist, von der Sache her, „kein neues Menschenbild" durch Hirnforschung und Neurotechnologien in Sicht, so folgert auch Peter Janich (2009). Angewandte Ethik und Technikfolgenabschätzung täten gut daran, derartige Argumentationslinien, die nahe am wissenschaftlich-technischen Kern von Technowissenschaften, hier des Neuroenhancements, angesiedelt sind, als kritisches Moment im öffentlichen wie forschungspolitischen Diskurs zur Geltung zu bringen und, hierauf aufbauend, verstärkt an der Leitbildentwicklung für eine adäquate Wissenschafts- und Forschungspolitik mitzuwirken (Liebert, Schmidt 2010). In diesem Sinne kann eine aufklärerische Funktion von einer recht verstandenen Angewandten Ethik und Technikfolgenabschätzung ausgehen, die durchaus Überlappungen mit der Wissenschaftstheorie, der Kultur-, Technik- und Sozialphilosophie, der Wirtschaftsethik, der neueren Wissenschafts- und Technikforschung, der *Science-Technology-(Society-) Studies* sowie der *Social Epistemology* aufweisen.[107]

---

105 Eine solche Bestimmung des Menschen über Unbestimmtheit sollte nicht primär als *negative Anthropologie* gelesen werden.

106 Siehe hierzu auch die Beiträge in Engel, Hildt (2005), Janich (2008), Clausen et al. (2008), Ebert et al. (2013) und Eilers et al. (2012) sowie Grunwald (2007).

107 Dann findet sich ein enges Wechselverhältnis von Wissenschaft, Gesellschaft und Ethik. „Fragen der Epistemologie sind immer auch Fragen der Gesellschaftsordnung", so Latour (2008, 25) treffend. Analog stellte die Frankfurter Schule heraus: „Kritik an der Gesellschaft ist Erkenntniskritik und umgekehrt".

9 Fazit: Erweiterter Horizont

Die Hintergrundarbeit, wie sie durch eine kritische Wissenschaftsphilosophie der Neurowissenschaften unterstützt werden kann, sollte – nahe an den technologischen Bedingungen (Hörl 2011) – allgemeine Entwicklungstendenzen der wissenschaftlich-technischen Moderne freilegen.

Bei den Visionen des Neuroenhancements handelt es sich um eine Fortsetzung des Objektivierungsprogramms der Moderne, verbunden mit einer Verfügbarmachung und Instrumentalisierung der Natur.[108] Bezog sich das Objektivierungsprogramm einst auf die äußere Natur, die Umwelt, sodann auch auf die innere Natur des Menschen, seinen Körper allgemein und die genetische Ausstattung, so ist es in gewisser Hinsicht nur konsequent, dass es auch vor dem Eigensten des Menschen, seiner personalen Identität, seines Selbstverhältnisses, der innersten Natur, nicht Halt macht.[109] Die einstige äußere Objektivierung lässt sich offenbar fortschreiben bis hin zur innersten Selbstobjektivierung, genauer und stärker noch: zur Selbstobjektivierung des Selbst. Jeder Einzelne würde, sollte Neuroenhancement realisiert werden können, zum *homo faber* seines sodann disponiblen Selbst.[110] Diesem gesellschaftlich induzierten, individuell wirksamen „Steigerungsimperativ", gleichsam ein Sog und Sachzwang des Möglichkeitsraums, könnte sich sodann niemand entziehen (Rosa 2016, 44).

Allerdings, ob jedoch all das, was in der Neuroenhancement-Debatte hinsichtlich des visionären, emergenten Technologietyps verhandelt wird, faktisch möglich sein wird, ist zweifelhaft, aber auch in gewisser Hinsicht (zunächst) unerheblich, wie ausgeführt. Angewandte Ethik und Technikfolgenabschätzung sind herausgefordert. Vorgeschlagen wurde in diesem Beitrag eine Erweiterung der konzeptionellen Perspektive. Bei emergenten Technologien gibt es Technik-

---

108 Vgl. u.a. Horkheimer, Adorno (1990).

109 In dieser Linie wurden die Programme des Neuroenhancements gar in die Tradition der Aufklärung gerückt, etwa von der so genannten transhumanistischen Bewegung (Kritik: Hübner: 2014).

110 So könnte man auch von einer Selbst-Technonaturalisierung des Selbst sprechen, was durchaus veränderte Selbst- und Weltbezüge impliziert. Dass mit der Ermöglichung von Neuroenhancement eine „Explosion" und keine „Erosion der Verantwortung" für das Selbst verbunden wäre, die eine „erschreckende Dimension" umfassen könnte, welche sich der Mensch genötigt sehen würde, für sich und sein Selbst zu übernehmen, hat Sandel (2015, 108) hinsichtlich biomedizinischer Technik allgemein offengelegt. Der spätmoderne Mensch hat sodann „keine Möglichkeit [mehr], sich der Last der Entscheidung [...] zu entziehen (ebd.: 110).

folgen im Hier und Jetzt, instantane Technikfolgen, also nichtmodale Technikfolgen, die nicht notwendigerweise im engeren Sinne materiell-artefaktisch-
gegenständlich sind, doch stets an Vor- und Feststellungen eines Materiellen, an
Technisches, gebunden sind. Das Wesentliche passiert schon im Hier und Jetzt,
also in dem, was heute vor- und festgestellt wird; es steht im Kontext einer technonaturalistischen Selbstmodellierung des menschlichen Selbst und seiner
Einbettung in eine neoliberale Politikform einer global ausgerichteten, kompetitiven Leistungs(steigerungs)gesellschaft. Der Mensch versteht sich technisch
über Funktionen, konstituiert sich objektivierend und ordnet sich messbare
Leistungskenndaten zu. Die Summe der Leistungskenndaten kennzeichnet
sodann das, was den Menschen ausmacht – den einzelnen wie die Gattung.
So prägen heutige (Selbst-) Beschreibungen und Bilder des Selbst im Umfeld des
Neuroenhancements aktuelle (wie morgige) Denkweisen, Wahrnehmungsarten
und Rationalitätsformen. Zugespitzt und provokativ kann mit Alfred Nordmann
gesagt werden: „Die ‚Katastrophe' [ist] eine metaphysische, gleichgültig ob auf
unsere veränderten Auffassungen eine wirklich neue und andere Technik folgt."
(Nordmann 2012, 38)

In Frage steht die Verfasstheit des Menschen als Kulturwesen. Menschenbilder *sind* nicht, sie werden gesellschaftlich gemacht und sozial konstruiert –
wie auch Bedürfnisse, Wünsche, Visionen, die sich im Diskurs über das Neuro-
enhancement artikulieren. So zeigt sich im Horizont des Neuroenhancements,
wie eng Anthropologie und Metaphysik einerseits und Ethik andererseits aufeinander bezogen sind. Menschenbilder sind dabei im sozial konstruierten Gesell-
schaftsrahmen aus ethischer Perspektive durchaus kritisch beurteilbar und sodann disponibel gestaltbar. Das scheint dringend notwendig, schließlich sind
Metaphysiken, wie sie in Selbstbeschreibungen der Menschen zu Tage treten,
konstitutiv für menschliche Handlungen und ihren normativen Beurteilungsrah-
men, so Michael Hampe (2006, 178): „Werden diese Trivialisierungen des Denkens [z.B. die Selbstbeschreibung der Menschen im Rahmen des Technonatura-
lismus] kulturelles Allgemeingut, so beginnen die Menschen auch nach ihnen zu
handeln." Die Debatte um Neuroenhancement regt also an, anthropologische und
wissenschaftsphilosophische Vorfragen auf dem Wege zu einer technonaturalistischen Selbstbeschreibung in den Blick zu nehmen – und als zentrale Aspekte
von Technikfolgenabschätzung und Angewandten Ethik anzuerkennen. Es ist
ratsam, zunächst das Denken selbst zu durchdenken, Begriffsarbeit zu leisten,
Narrationen und Visionen nachzuvollziehen, Interessen und Zwecke zu explizieren, Metaphern und Metaphysiken zu dekonstruieren, Programme und Politiken

offenzulegen – also: Analysen und Interpretationen vorzunehmen, mithin Phänomenologie und Hermeneutik von Wissenschaft und Technik, von Forschung und Entwicklung zu betreiben. Möglicherweise zeigt sich sodann, dass es in der gegenwärtigen Debatte um Neuroenhancement nicht primär um ein neues Mittel und eine neue Technik geht, sondern um eine neue Selbstbeschreibung der Menschen für eine neue Gesellschaft.

Der zentrale Fokus liegt also nicht in der reduzierten Frage nach der Veränderung der kognitiven Leistungsfähigkeit, sondern umfassender in der Frage nach der kulturellen Transformation der menschlichen Selbst- und Weltverhältnisse, und auf dieser Basis in der Frage nach der Transformation der Gesellschaft.[111] Der Diskurs um Neuroenhancement ist, recht besehen, einer um die uns leitenden (Selbst-, Menschen-, Gesellschafts-) Bilder, die die Gegenwart wie die Zukunft unserer spätmodernen Gesellschaften prägen. Kurzum, es geht um die Frage, in welcher Gesellschaft und in welcher Kultur wir *heute* (miteinander) leben wollen.[112]

Literatur

Albus JS, Meystel AM (2001) Engineering of Mind: An Introduction to the Science of Intelligent Systems. New York

Anders G (1987) Die Antiquiertheit des Menschen (1956). München

Beck U (1986) Risikogesellschaft. Auf dem Weg in eine andere Moderne. Frankfurt a.M.

Beck U (2007) Weltrisikogesellschaft. Auf der Suche nach der verlorenen Sicherheit. Frankfurt a.M.

Beck U, Lau C (Hg) (2004) Entgrenzung und Entscheidung: Was ist neu an der Theorie reflexiver Modernisierung? Frankfurt a.M.

Beecroft R, Schmidt JC (2014) Scenario Mapping. Vom Systemmodell zum argumentativen Gedankenexperiment; In: Decker M, Bellucci S, Bröchler S, Nentwich M, Rey L, Sotoudeh M (Hg) (2014) Technikfolgenabschätzung im

---

111 Vgl. hierzu Coenen (2008), Grunwald (2013) sowie Coenen et al. (in diesem Buch).

112 Diese Fragen wären dann von einer erweiterten Angewandten Ethik und einer umfassenderen Technikfolgenabschätzung zuallererst anthropologisch, gesellschaftstheoretisch und kulturphilosophisch sowie wissenschafts- und techniktheoretisch aufzuschließen und zu bearbeiten.

politischen System. Zwischen Konfliktbewältigung und Technologiegestaltung. Berlin, S 39-45

Betzler M (2009) Macht uns die Veränderung unserer selbst autonom? Überlegungen zur Rechtfertigung von Neuroenhancement der Emotionen. Philosophia Naturalis 46(2): 167-212

Bijker WE, Law J (Hg) (1994) Shaping Technology, Building Society. Studies in Sociotechnical Change (1992). Massachusetts

Böhme G (1993) Am Ende des Baconschen Zeitalters. Studien zur Wissenschaftsentwicklung. Frankfurt a.M.

Böhme G (2008) Invasive Technisierung. Technikphilosophie und Technikkritik. Graue Edition. Zug/Schweiz

Böhme G (Hg) (2010) Kritik der Leistungsgesellschaft. Bielefeld

Brenninkmeijer J (2010) Taking care of one's brain changes people's selves. History of the Human Sciences 23(1): 107-126

Bröckling U (2007) Das unternehmerische Selbst. Soziologie einer Subjektivierungsform. Frankfurt a.M.

Cassirer E (1985) Form und Technik (1930). In: Cassirer E (1985) Symbol, Technik, Sprache (1927-1933). Hamburg, S 39-92

Clausen J, Müller O, Maio G (2008) Die „Natur des Menschen" in Neurowissenschaft und Ethik. Würzburg

Coenen C (2008) Schöne neue Leistungssteigerungsgesellschaft? TAB-Brief 33: 21-27

De Carolis M (2011) Technowissenschaft und menschliche Kreativität. In: Hörl E (Hg) (2011): 281-305

Dickel S (2011) Enhancement-Utopien. Baden-Baden

Dupuy JP (2004) Complexity and Uncertainty. A Prudential Approach to Nanotechnology; in: European Commission (Hg) (2004) Nanotechnologies: A Preliminary Risk Analysis on the Basis of a Workshop. Brussels, 1-2 March 2004, S 71–93

Duttweiler S, Gugutzer R, Passoth JH, Strübing J (Hg) (2016) Leben nach Zahlen. Self-Tracking als Optimierungsprojekt? Bielefeld

Düwell M (2011) Menschenbilder und Anthropologie in der Bioethik. Ethik Med 23: 25-33

Ebert U, Riha O, Zerling L (Hg) (2013) Der Mensch der Zukunft. Hintergründe, Ziele und Probleme des Human Enhancement. Sächsische Akademie der Wissenschaften zu Leipzig. Stuttgart/Leipzig

Ehrenberg A (2004) Das erschöpfte Selbst. Frankfurt a.M.

Eilers M, et al. (Hg) (2012) Verbesserte Körper – gutes Leben? Bioethik, Enhancement und die Disability Studies. Praktische Philosophie kontrovers. Frankfurt a.M.

Elliott C (2003) Better than Well. American Medicine meets the American Dream. New York/London

Engels EM, Hildt E (Hg) (2005) Neurowissenschaften und Menschenbild. Paderborn

Falkenburg B (2012) Mythos Determinismus. Wieviel erklärt uns die Hirnforschung? Berlin

Farah M, Illes J, Cook-Deegan R, Gardner H, Kandel E, King P, Parens E, Sahakian B, Wolpe PR (2004) Neurocognitive Enhancement: What can we do and what should we do? Nature Reviews Neuroscience 5(5): 421-425

Ferrari A, Coenen C, Grunwald A (2012) Visions and Ethics in Current Discourse on Human Enhancement. Nanoethics 6: 215-229

Foucault M (1993) Technologien des Selbst. In: Foucault M, et al. (Hg) (1993) Technologien des Selbst. Frankfurt a.M., S 21-62

Freud S (1947) Eine Schwierigkeit der Psychoanalyse (1917). Gesammelte Werke, Band XII (Werke aus den Jahren 1917-1920). Frankfurt

Fuchs T (2013) Das Gehirn – ein Beziehungsorgan (2008). Stuttgart

Fukuyama F (2002) Our Posthuman Future: Consequences of the Biotechnology Revolution. New York

Galert T, et al. (2009) Das optimierte Gehirn. Gehirn und Geist 11: 40-48

Gamm G (2004) Der unbestimmte Mensch. Zur medialen Konstruktion von Subjektivität. Berlin

Gehring P (2006) Was ist Biomacht? Frankfurt a.M.

Gesang B (2007) Perfektionierung des Menschen. Berlin/New York

Gloede F (2007) Unfolgsame Folgen. Begründungen und Implikationen der Fokussierung auf Nebenfolgen bei TA. Technikfolgenabschätzung. Theorie und Praxis 16(1): 45-54

Grin J, Grunwald A (Hg) (2000) Vision assessment: Shaping technology in 21st century society. Berlin/Heidelberg

Grunwald A (2007) Orientierungsbedarf, Zukunftswissen und Naturalismus. Das Beispiel der ‚technischen Verbesserung' des Menschen. Deutsche Zeitschrift für Philosophie 55(6): 949-965

Grunwald A (2008) Auf dem Weg in eine nanotechnologische Zukunft. Philosophisch-ethische Fragen. Freiburg

Grunwald A (2012) Synthetische Biologie als Naturwissenschaft mit technischer Ausrichtung. Plädoyer für eine ‚Hermeneutische Technikfolgenabschätzung'. Technikfolgenabschätzung. Theorie und Praxis 21(2): 10-15

Grunwald A (2013) Die „technische Verbesserung" des Menschen. Mögliche Wege in die gesellschaftliche Realität; In: Ebert U, Riha O, Zerling L (Hg) (2013) Der Mensch der Zukunft. Hintergründe, Ziele und Probleme des Human Enhancement. Sächsische Akademie der Wissenschaften zu Leipzig. Suttgart, S 62-80

Grunwald A (2015) Die hermeneutische Erweiterung der Technikfolgenabschätzung. Technikfolgenabschätzung. Theorie und Praxis 24(2): 65-69

Habermas J (2002) Die Zukunft der menschlichen Natur. Auf dem Weg zu einer liberalen Eugenik? Frankfurt a.M.

Habermas J (2009) Zwischen Naturalismus und Religion. Frankfurt a.M.

Hampe M (2006) Erkenntnis und Praxis. Zur Philosophie des Pragmatismus. Frankfurt a.M.

Harris J (2007) Enhancing Evolution. The ethical case for making better people. Princeton/Oxford

Heidegger M (2007) Die Technik und die Kehre (1962). Stuttgart

Horkheimer M, Adorno TW (1990) Dialektik der Aufklärung (1944). Frankfurt a.M.

Hörl E (Hg) (2011) Die technologische Bedingung. Beiträge zur Beschreibung der technischen Welt. Berlin

Hoyer A, Slaby J (2014) Jenseits von Ethik. Zur Kritik der neuroethischen Enhancement-Debatte. Deutsche Zeitschrift für Philosophie 62(5): 823-848

Hubig C (2006) Die Kunst des Möglichen I. Technikphilosophie als Reflexion der Medialität. Bielefeld

Hübner D (2014) Kultürlichkeit statt Natürlichkeit. Ein vernachlässigtes Argument in der bioethischen Debatte um Enhancement und Anthropotechnik. Jahrbuch für Wissenschaft und Ethik 19: 25-57

Janich P (Hg) (2008) Naturalismus und Menschenbild. Hamburg

Janich P (2009) Kein neues Menschenbild. Frankfurt a.M.

Jonas H (1984) Das Prinzip Verantwortung. Versuch einer Ethik für die technologische Zivilisation (1979). Frankfurt a.M.

Jonas H (1987) Technik, Medizin und Ethik. Praxis des Prinzips Verantwortung (1985). Frankfurt a.M.

Jonas H (1997) Das Prinzip Leben. Ansätze zu einer philosophischen Biologie (engl. 1966; dt. 1973 unter dem Titel: Organismus und Freiheit). Frankfurt a.M.

Keil G, Schnädelbach H (Hg) (2000) Naturalismus. Frankfurt a.M.

Kant I (2011) Über Pädagogik (1803). Baltimore/Charleston

Karafyllis NC (2009) Facts or Fiction? A Critique on Vision Assessment as a Tool for Technology Assessment. In: Sollie P, Düwell M (Hg) (2009) Evaluating New Technologies. Dordrecht, S 93-117

Kramer P (1994) Listening to Prozac. New York

Krämer S (1982) Technik, Gesellschaft und Natur. Versuche über ihren Zusammenhang. Frankfurt a.M.

Latour B (2008) Wir sind nie modern gewesen. Versuch einer symmetrischen Anthropologie. Frankfurt a.M.

Lieb K (2010) Hirndoping: Warum wir nicht alles schlucken sollten. Mannheim

Liebert W, Schmidt JC (2010) Towards a prospective technology assessment: challenges and requirements for technology assessment in the age of technoscience. Poiesis & Praxis 7: 99-116

Marcuse H (2008) Der eindimensionale Mensch. Studien zur Ideologie der fortgeschrittenen Industriegesellschaft (1964). München

Maasen S, Duttweiler S (2012) Neue Subjekte, neue Sozialitäten, neue Gesellschaften. In: Maasen S, et al. (Hg) (2012) Handbuch Wissenschaftssoziologie. Wiesbaden, S 417-428

Maasen S, Sutter B (Hg) (2007) On Willing Selves. Neoliberal Politics vis-à-vis the Neuroscientific Challenge. Houndmills Hampshire

Makropolous M (2000) Historische Kontingenz und soziale Optimierung. In: Bubner R, Mesch W (Hg) (2000) Die Weltgeschichte – das Weltgericht? Stuttgart, S 72-92

Metzinger T (2000) Auf der Suche nach einem neuen Bild des Menschen. Die Zukunft des Subjekts und die Rolle der Geisteswissenschaften. Spiegel der Forschung / Forschungsmagazin 17(1): 58-67

Metzinger T (2009) Der Ego-Tunnel. Eine neue Philosophie des Selbst. Berlin

Meyer-Abich KM (1997) Praktische Naturphilosophie. München

Meyer-Abich KM (2010) Was es bedeutet, gesund zu sein. Philosophie der Medizin. München

Nagel SK, Stephan A (2009) Was bedeutet Neuro-Enhancement? Potentiale, Konsequenzen, ethische Dimensionen. In: Schöne-Seifert B, Talbot D, Opolka UB, Ach JS (2009): 19-47

Nordmann A (2004) Was ist TechnoWissenschaft? Zum Wandel der Wissenschaftskultur am Beispiel von Nanoforschung und Bionik. In: Rossman T, Tropea C (Hg) (2004) Bionik. Berlin, S 209-218

Nordmann A (2007) If and Then: A Critique of Speculative NanoEthics. Nanoethics 1: 31-46

Nordmann A (2011) The Age of Technoscience. In: Nordmann A, et al. (Hg) (2011) Science Transformed? Debating Claims of an Epochal Break. Pittsburgh, S 19-30

Nordmann A (2012) Die unheimliche Wirklichkeit des Möglichen: Kritik einer zukunftsverliebten Technikbewertung. In: Eilers M, et al. (2012): 23-40

Nordmann A (2013) Visioneering Assessment. On the Construction of Tunnel Visions for Technovisionary Research and Policy. Science, Technology and Innovation Studies 9(2): 89-94

Osborne TS (2001) Techniken und Subjekte. Von den Governmentality Studies zu den Studies of Governmentality. In: Demokratie, Selbst, Arbeit. Mittelungen des Instituts für Wissenschaft und Kunst (IWK) 2/3: 12-16

Passmore J (2000) The perfectibility of man. Indianapolis

Peterson AL (2001) Being Human. Berkeley

President's Council on Bioethics (2003) Beyond Therapy. Biotechnology and the Pursuit of Happiness. Washington, DC

Quednow BB (2010) Ethics of Neuroenhancement. A Phantom Debate. Biosocieties 5: 149-156

Roco MC, Bainbridge WS (Hg) (2002) Converging Technologies for Improving Human Performance. Nanotechnology, Biotechnology, Information Technology, and Cognitive Science. Arlington/Virginia

Rosa H (2016) Resonanz. Eine Soziologie der Weltbeziehung. Berlin

Savulescu J, Bostrom N (Hg) (2009) Human Enhancement. Oxford

Sandel MJ (2015) Plädoyer gegen Perfektion (2007). Berlin

Sauter A, Gerlinger K (2011) Pharmakologische Intervention zur Leistungssteigerung als gesellschaftliche Herausforderung. TAB-Arbeitsbericht 143. Berlin

Schmidt JC (2003a) Zwischen Feststellung und Offenheit. Eine einleitende Skizze zu einigen anthropologische Dimensionen der Neurowissenschaften. In: Schmidt JC, Schuster L (2003): 9-42

Schmidt JC (2003b): Beschränkungen des Reduktionismus. Die Geist-Gehirn-Debatte im Lichte von Chaos- und Komplexitätstheorien. In: Schmidt JC, Schuster L (2003): 194-227

Schmidt JC (2008) Instabilität in Natur und Wissenschaft. Eine Wissenschaftsphilosophie der nachmodernen Physik. Berlin

Schmidt JC (2011) The Renaissance of Francis Bacon. On Bacon's Accout of Recent Nano-Technosciences. NanoEthics 5(1): 29-41

Schmidt JC (2015) Das Andere der Natur. Neue Wege zur Naturphilosophie. Stuttgart

Schmidt JC, Schuster L (Hg) (2003) Der entthronte Mensch? Anfragen der Neurowissenschaften an unser Menschenbild. Paderborn

Schwemmer O (1997) Die kulturelle Existenz des Menschen. Berlin

Schöne-Seifert B, Talbot D, Opolka UB, Ach JS (Hg) (2009) Neuro-Enhancement. Ethik vor neuen Herausforderungen. Paderborn

Sloterdijk P (1999) Regeln für den Menschenpark. Frankfurt a.M.

Sloterdijk P (2009) Du musst dein Leben ändern. Über Anthropotechnik. Berlin

Sturma D (1997) Philosophie der Person. Die Selbstverhältnisse von Subjektivität und Moralität. Paderborn

Vollmer G (1995) Auf der Suche nach der Ordnung. Stuttgart

Wehling P (2013) Vom Schiedsrichter zum Mitspieler? Konturen proaktiver Bioethik am Beispiel der Debatte um Neuro-Enhancement. In: Bogner A (Hg) (2013) Ethisierung der Technik – Technisierung der Ethik. Der Ethik-

Boom im Lichte der Wissenschafts- und Technikforschung. Baden-Baden, S 147-172

Weizsäcker CF von (1992) Die Sterne sind glühende Gaskugeln und Gott ist gegenwärtig. Freiburg

Whitehead AN (1974) Die Funktion der Vernunft (1929). Stuttgart

Wils JP (Hg) (1997) Anthropologie und Ethik. Biologische, sozialwissenschaftliche und philosophische Überlegungen. Tübingen/Basel

Wimmer R (1995) Anthropologie und Ethik. Erkundungen in unübersichtlichem Gelände. In: Demmerling C, Gabriel G, Rentsch T (Hg) (1995) Vernunft und Lebenspraxis. Philosophische Studien zu den Bedingungen einer rationalen Kultur. Frankfurt a.M., S 215-245

Wolbring G (2008) Why NBIC? Why human performance enhancement? European Journal of Social Science Research 21: 25-40

Autorenhinweise

Ach, Johann S., Priv.-Doz., Dr. phil.; Studium der Philosophie, Kath. Theologie, Soziologie und Erwachsenenbildung. Seit 2003 Geschäftsführer und Wiss. Leiter des Centrums für Bioethik der Universität Münster.

Beck, Birgit, Jun.-Prof. Dr. phil.; Studium der Philosophie und Geschichte. 2009-2011 wiss. Mitarbeiterin der Universität Passau, Stipendiatin der Barbara-Wengeler-Stiftung, Promotion in Philosophie 2012; 2011-2017 wiss. Mitarbeiterin der WWU Münster und am Institut für Ethik in den Neurowissenschaften des FZ Jülich, seit 2017 Jun.-Professorin für Ethik und Technikphilosophie an der TU Berlin.

Bolt, Ineke, Jun.-Prof. Dr. phil.; Juniorprofessorin am Ethik-Institut des Departments für Philosophie und Religionswissenschaften der Universitaet Utrecht, Niederlande, außerdem Juniorprofessorin am Department für Medizinethik und Philosophie der Medizin des Erasmus Medical Center in Rotterdam, Niederlande.

Coenen, Christopher, Dipl.-Pol.; seit 2002 am Institut für Technikfolgenabschätzung und Systemanalyse (ITAS) des Karlsruher Instituts für Technologie (KIT), davon 2002-2009 am Büro für Technikfolgen-Abschätzung beim Deutschen Bundestag (TAB); 2008-2009 Leiter des Projekts ‚Human Enhancement' (Europäisches Parlament); seit 2012 ‚KIT-Experte' (Medienansprechpartner) für das Thema ‚Human Enhancement'; Herausgeber der Zeitschrift ‚NanoEthics. Studies of New and Emerging Technologies'.

Erny, Nicola, Prof. Dr. phil.; Studium der Philosophie, Alten Geschichte und Italianistik; Habilitation für Philosophie; 2009 Gastprofessur an der Leuphana Universität Lüneburg; seit 2010 Professorin für Philosophie an der Hochschule Darmstadt.

Ferrari, Arianna, Dr. phil.; Senior Scientist am Institut für Technikfolgenaschätzung und Systemanalyse (ITAS) am KIT in Karlsruhe; Studium der Philosophie in Mailand und Tübingen, Promotion in Philosophie in Tübingen und Turin; Wissenschaftliche Mitarbeitin an der TU Darmstadt und an dem Centrum für Bioethik der Universität Münster; seit 2010 am ITAS.

© Springer Fachmedien Wiesbaden GmbH, ein Teil von Springer Nature 2018
N. Erny et al. (Hrsg.), *Die Leistungssteigerung des menschlichen Gehirns*,
https://doi.org/10.1007/978-3-658-03683-6

Gerspach, Manfred, Prof. Dr. phil.; lehrte 1994-2014 Behinderten- und Heilpädagogik am Fachbereich Gesellschaftswissenschaften und Soziale Arbeit der Hochschule Darmstadt, z. Zt. Seniorprofessor am Institut für Sonderpädagogik der Goethe-Universität Frankfurt.

Grunwald, Armin, Prof. Dr. rer. nat.; Studium der Physik, Philosophie und Mathematik, Promotion in Physik, Habilitation in Philosophie; seit 1999 Leiter des Instituts für Technikfolgenabschätzung und Systemanalyse (ITAS) am Karlsruher Institut für Technologie (KIT); seit 2002 Leiter des Büros für Technikfolgenabschätzung beim Deutschen Bundestag (TAB); seit 2007 Professor für Technikphilosophie und Technikethik am KIT.

Gutmann, Mathias, Prof. Dr. phil. Dr. rer. nat.; Institut für Philosophie, KIT. Studium der Philosophie und Biologie, Juniorprofessur für Anthropologie zwischen Biowissenschaften und Kulturforschung 2003-2008. Seit 2008 Professur für Technikphilosophie an der Universität Karlsruhe (TH) bzw. KIT.

Harnacke, Caroline, Jun.-Prof. Dr. phil.; Juniorprofessorin für Angewandte Ethik an der Universitaet Tilburg, Niederlande. Promotion in Philosophie an der Universitaet Utrecht, Niederlande, in 2015.

Herrgen, Matthias, Dr. phil., M. A.; Studium der Anthropologie und Philosophie an der Johannes Gutenberg-Universität in Mainz, Herausgeber des Jahrbuchs Interdisziplinäre Anthropologie (mit Gerald Hartung), zuletzt wissenschaftlicher Mitarbeiter an den Philosophischen Seminaren der Bergischen Universität Wuppertal und der Westfälischen Wilhelms Universität, Münster.

Hildt, Elisabeth, Prof. Dr. rer. nat.; Biochemiestudium, interdisziplinäre Promotion und Habilitation in Ethik in den Biowissenschaften. 2008-2014 Koordination der Forschungsstelle Neuroethik/Neurophilosophie am Philosophischen Seminar der Johannes Gutenberg-Universität Mainz. Seit 2014 Professorin für Philosophie und Direktorin des Center for the Study of Ethics in the Professions am Illinois Institute of Technology, Chicago.

Joksimovic, Ljiljana, Dr. med. (YU), MPH; Studium der Medizin, Postdiplomstudium der Gesundheitswissenschaften und Sozialmedizin, Public Health. Fachärztin für Psychosomatische Medizin und Psychotherapie, Psychoanalyse. Leitende Oberärztin der Klinik für Psychosomatische Medizin und Psychotherapie des LVR Klinikums Düsseldorf Kliniken der Heinrich-Heine Universität Düsseldorf. Vorstandsmitglied der Akademie für Psychoanalyse Düsseldorf.

Kaminsky, Carmen, Prof. Dr. phil.; Studium der Philosophie, Amerikanistik, Anglistik und Pädagogik; Promotion und Habilitation in Philosophie; 2008 Gastprofessur an der Universität Wien; seit 2002 Professorin für Sozialphilosophie und Ethik an der Technischen Hochschule Köln.

Lüttenberg, Beate, Dr. rer. nat. M.A.E.; Studium der Biologie, Promotion in Molekularbiologie/Genetik, Master of Advanced studies in applied Ethics; Wissenschaftliche Mitarbeiterin in der Forschungsabteilung der Mund-, Kiefer- und Gesichtschirurgie des Universitätsklinikums Münster, wissenschaftliche Mitarbeiterin am Centrum für Bioethik der Westfälischen Wilhelms-Universität Münster; seit 2009 stellvertretende Leiterin der Geschäftsstelle des Centrums für Bioethik.

Maio, Giovanni, Prof. Dr. med., M.A. phil.; Studium der Medizin und Philosophie, Habilitation für Ethik in der Medizin; Lehrstuhl für Medizinethik an der Universität Freiburg, Direktor des Instituts für Ethik und Geschichte der Medizin.

Poskowsky, Jonas, M.A. Politische Kommunikation; Studium der Sozialwissenschaften und der Politischen Kommunikation; seit 2010 wissenschaftlicher Mitarbeiter im Projektbereich Sozialerhebung am Deutschen Zentrum für Hochschul- und Wissenschaftsforschung (DZHW, vormals HIS-Institut für Hochschulforschung).

Schmidt, Jan Cornelius, Prof. Dr. rer. nat.; Studium der Physik, Philosophie und Pädagogik, Promotion in Physik, Habilitation in Philosophie; Vertretungs- und Gastprofessuren in Jena, Klagenfurt und Wien; 2006-2008 Professor für Technikphilosophie am Georgia Institute of Technology, Atlanta; seit 2008 Professor für Wissenschafts- und Technikphilosophie an der Hochschule Darmstadt.

Stroop, Barbara, Dr. phil., Studium der Fächer Philosophie und Englisch auf Lehramt, Promotion in der Philosophie; 2010-2013 Wissenschaftliche Mitarbeiterin der Kolleg-Forschergruppe „Theoretische Grundfragen der Normenbegründung in Medizinethik und Biopolitik", Westfälische Wilhelms-Universität Münster, 2013-2015 Referendariat am Gymnasium am Moltkeplatz, Krefeld, seit 2015 Studienrätin am Helmholtz-Gymnasium, Essen.

Tress, Wolfgang, Prof. (em.) Dr. med., Diplom-Psychologe, Facharzt für Psychosomatische Medizin und Psychotherapie, Psychoanalytiker; 1990-2016 Direktor der Klinischen Institutes und der Klinik für Psychosomatische Medizin und Psychotherapie, Medizinische Fakultät der Heinrich-Heine-Universität Düsseldorf.

Wulf, Marc-André, Dr. med., M. A. (phil.); Studium der Humanmedizin, Philosophie und Geschichte, Promotion in Humanmedizin; Facharztausbildung 2005 bis 2011, Facharzt für Psychosomatische Medizin und Psychotherapie, Zusatzbezeichnung Psychoanalyse; Arzt und wissenschaftlicher Mitarbeiter der LVR-Klinik Düsseldorf, Klinken der Heinrich-Heine-Universität Düsseldorf von 2008-2013, seither niedergelassen als ärztlicher Psychotherapeut und Psychoanalytiker in eigener Praxis.

Printed in the United States
by Bookmasters

Printed in the United States
By Bookmasters